"十三五"国家重点图书出版规划项目

城市安全风险管理丛书

编委会主任:王德学　总主编:钟志华　执行总主编:孙建平

城市住宅小区安全风险防控

Safety Risk Management in Urban Residential District

柴志坤　主 编　郭晋生　周 嵘　杨 韬　夏子清　副主编

图书在版编目(CIP)数据

城市住宅小区安全风险防控 / 柴志坤主编. —上海：同济大学出版社，2021.3

（城市安全风险管理丛书 / 钟志华总主编）

“十三五”国家重点图书出版规划项目

ISBN 978-7-5608-9664-9

Ⅰ.①城… Ⅱ.①柴… Ⅲ.①城市—住宅—公共安全—风险管理—研究—中国 Ⅳ.①TU241②D630.8

中国版本图书馆 CIP 数据核字(2020)第 268976 号

“十三五”国家重点图书出版规划项目

城市安全风险管理丛书

城市住宅小区安全风险防控

Safety Risk Management in Urban Residential District

柴志坤　主编　郭晋生　周　嵘　杨　韬　夏子清　副主编

出 品 人：华春荣

策划编辑：高晓辉　吕　炜　马继兰

责任编辑：高晓辉

助理编辑：吴世强

责任校对：徐春莲

装帧设计：唐思雯

出版发行　同济大学出版社　www.tongjipress.com.cn

（地址：上海市四平路 1239 号　邮编：200092　电话：021-65985622）

经　　销　全国各地新华书店、建筑书店、网络书店

排版制作　南京文脉图文设计制作有限公司

印　　刷　上海安枫印务有限公司

开　　本　787mm×1092mm　1/16

印　　张　17

字　　数　424 000

版　　次　2021 年 3 月第 1 版　　2021 年 3 月第 1 次印刷

书　　号　ISBN 978-7-5608-9664-9

定　　价　88.00 元

内容简介

住宅小区是当今城市居民居家生活的基本场所,既有边界清晰、相对独立的空间,又因产权关系、物业运行管理、居民共同居住形成一系列社会关系,因而住宅小区既是现代城市基本的居住生活模式,也是独特的社会关系单元。本书从理论和实践两个方面论证了住宅小区作为城市公共安全的基础,其影响着城市居民的生命、健康和财产安全,影响着城市居民的生活质量,是城市安全风险防控的基本单位,对打造中国特色城市安全风险防控体系具有重要意义。本书根据现实情况,把自然灾害、建筑安全、设备设施及市政供给系统安全、建筑防火、环境污染和公共卫生、社会治安 6 个方面作为住宅小区安全风险防控的重点,运用现代风险管理理论,分析每一类灾害事故的特点、危害、对住宅小区安全的影响,以及目前治理过程中存在的问题,提出实施风险防控的路径和措施,特别是体制机制建设的要求和措施,并对风险辨识、风险评估、风险处置方法的运用作了详细介绍。另外,本书还介绍、讨论了新一代信息技术、保险机制在住宅小区安全风险防控中的运用及其发挥的作用,强调改革创新,跟上时代的发展,提升风险防控的效能。

本书是城市管理者、公共安全管理者、物业管理从业人员了解、学习、实践住宅小区安全风险防控的好帮手。

作者简介

柴志坤

男，经济学博士。北京天鸿控股（集团）有限公司党委书记、董事长，全联房地产商会副会长、全联房地产商会城市更新分会会长。

柴志坤是中国地产行业 20 余年发展的参与者和见证者。他带领公司在北京、上海、杭州、南京、济南等全国 10 余座城市累计开发和管理项目 50 余个，操盘规模逾千万平方米，其中北京万象新天和上海北岸长风商务区均成为其所在城市的知名作品。他带领公司涉足房地产开发、社区服务、文化教育、科学艺术、节能环保、产业园区、金融创投等领域。

随着经济转型升级，柴志坤在产城融合领域推动长沙（国家）广告产业园、莆田未来城等超大体量城市综合体的开发，同时加快资源融合，与新华通讯社、中央美术学院、中信资本控股有限公司、福建创业投资有限公司、山东海洋投资有限公司、齐鲁交通发展集团有限公司、湖南卫视、北京华联集团投资控股有限公司等建立了长期的战略合作伙伴关系，积极推动企业的转型与发展。

“城市安全风险管理丛书”编委会

《城市住宅小区安全风险防控》编撰者

主　编　柴志坤

副主编　郭晋生　周　嵘　杨　韬　夏子清

编　撰　刘爱明　张　鹏　鄂俊宇　董　有　刘才丰　朱立新
李晓萍　董利琴　黄小宏　褚迎宏　王大鹏　李思成
蔡龙飞　陈　正　黄　赞　王　锐　张　伟　熊传龙
韩飞宇　隋晓明　李　彤　郑伟锋　郑旨林　高　莹
谢　毅　朱娟花　王图亚　孙春燕　王　楠　蔚世鹏
刘松岭　佘志山　梁津民　夏华敏　杨　柳　徐红霞
耿　雪　张　展　陈瑞芳　杨　平　崔志林　王军亮
周　洋　杨忠治　何　静　徐迎春

承担单位　全联房地产商会城市更新分会

总序

浩荡40载，悠悠城市梦。一部改革开放砥砺奋进的历史，一段中国波澜壮阔的城市化历程。40年风雨兼程，40载沧桑巨变，中国城镇化率从1978年的17.9%提高到2017年的58.52%，城市数量由193个增加到661个（截至2017年年末），城镇人口增长近4倍，目前户籍人口超过100万的城市已经超过150个，大型、特大型城市的数量仍在不断增加，正加速形成的城市群、都市圈成为带动中国经济快速增长和参与国际经济合作与竞争的主要平台。但城市风险与城市化相伴而生，城市规模的不断扩大、人口数量的不断增长使得越来越多的城市已经或者正在成为一个庞大且复杂的运行系统，城市问题或城市危机逐渐演变成了城市风险。特别是我国用40年时间完成了西方发达国家一二百年的城市化进程，史上规模最大、速度最快的城市化基本特征，决定了我国城市安全风险更大、更集聚，一系列安全事故令人触目惊心。北京大兴区西红门镇的大火、天津港的“8·12”爆炸事故、上海“12·31”外滩踩踏事故、深圳“12·20”滑坡灾害事故等等，昭示着我们国家面临着从安全管理1.0向应急管理2.0乃至城市风险管理3.0的方向迈进的时代选择，有效防控城市中的安全风险已经成为城市发展的重要任务。

为此，党的十九大报告提出，要“坚持总体国家安全观”的基本方略，强调“统筹发展和安全，增强忧患意识，做到居安思危，是我们党治国理政的一个重大原则”，要“更加自觉地防范各种风险，坚决战胜一切在政治、经济、文化、社会等领域和自然界出现的困难和挑战”。中共中央办公厅、国务院办公厅印发的《关于推进城市安全发展的意见》，明确了城市安全发展总目标的时间表：到2020年，城市安全发展取得明显进展，建成一批与全面建成小康社会目标相适应的安全发展示范城市；在深入推进示范创建的基础上，到2035年，城市安全发展体系更加完善，安全文明程度显著提升，建成与基本实现社会主义现代化相适应的安全发展城市。

然而，受制于一直以来的习惯性思维，当前我国城市公共安全管理的重点还停留在发生事故的应急处置上，突出表现为“重应急、轻预防”，导致对风险防控的重要性认识不足，没有从城市公共安全管理战略高度对城市风险防控进行统一谋划和系统化设计。新时代要有新思路，城市安全管理迫切需要由“强化安全生产管理和监督，有效遏制重特大安全事故，完善突发事件应急管理体制”向“健全公共安全体系，完善安全生产责任制，坚决遏制重特大安全事故，提升防灾减灾救灾能力”转变，城市风险管理已经成为城市快速转型阶段的新课题、新挑战。

理论指导实践，“城市安全风险管理丛书”（以下简称“丛书”）应运而生。“丛书”结合城市安全管理应急救援与城市风险管理的具体实践，重点围绕城市运行中的传统和非传统风险等热点、痛点，对城市风险管理理论与实践进行系统化阐述，涉及城市风险管理的各个领域，涵盖城市建设、城市水资源、城市生态环境、城市地下空间、城市社会风险、城市地下管线、城市气象灾害以及城市高铁运营与维护等各个方面。“丛书”提出了城市管理新思路、新举措，虽然还未能穷尽城市风险的所有方面，但比较重要的领域基本上都有所涵盖，相信能够解城市风险管理人士之所需，对城市风险管理实践工作也具有重要的指南指引与参考借鉴作用。

“丛书”编撰汇集了行业内一批长期从事风险管理、应急救援、安全管理等领域工作或研究的业界专家、高校学者，依托同济大学丰富的教学和科研资源，完成了若干以此为指南的课题研究和实践探索。“丛书”已获批“十三五”国家重点图书出版规划项目并入选上海市文教结合“高校服务国家重大战略出版工程”项目，是一部拥有完整理论体系的教科书和有技术性、操作性的工具书。“丛书”的出版填补了城市风险管理作为新兴学科、交叉学科在系统教材上的空白，对提高城市管理理论研究、丰富城市管理内容，对提升城市风险管理水平和推进国家治理体系建设均有着重要意义。

钟志华

中国工程院院士

2018年9月

前言

本书是“城市安全风险管理丛书”中的一册，所讨论的中心问题是住宅小区的安全风险防控——城市公共安全中不可缺少的一部分，而且对于城市安全风险管理，其作用越来越重要。

经过几十年的发展，关于风险及风险管理的研究已经形成比较完整的理论体系，涉及诸多领域，特别是随着“风险社会”概念的流行，关注、研究者越来越多。讨论住宅小区的公共安全风险防控已然成为一个具体领域中的一项实际工作。本书从实际出发，以问题为导向，注重在理论与实践相结合的基础上展开讨论，用新的视角研究固有的领域，以拓宽视野。

研究公共事务管理，把社区作为最基本的单位——社会关系单元，是普遍的方法；把住宅小区作为基本的空间-社会单元，应该还是尝试性的。一旦引入新的基点，就必然要涉及政府部门、社区、物业公司、居民（业主）之间的相互关系，涉及其职责分工和互动协同，即体制机制问题。所以，本书花了许多笔墨在住宅小区安全风险防控的制度安排上。从一定程度上来说，解决体制机制问题更重要，也更有用。

既然是研究风险管理问题，某些细节性的讨论，包括技术细节的讨论就不可避免，因此，操作方法的介绍也是本书重点。为了便于实际运用，本书还专门介绍了一些案例。

本书共 9 章，大致可分为 3 个部分。

第 1 章是本书的总论，对研究城市住宅小区安全风险防控所涉及基本概念和理论问题作了解析，指出住宅小区作为现代城市居民居住生活的场所，应该纳入城市公共安全管理体系。针对城市住宅小区安全风险防控的现状和存在的问题，提出现阶段的主要任务是“强化理念、理顺机制、建立体系”。

第 2 章至第 7 章是本书的分论，分别从自然灾害、建筑安全、设备设施及市政供给系统安全、建筑防火、环境污染及公共卫生、社会治安 6 个方面，对住宅小区安全治理，特别是风险防控作了讨论，分析了这 6 类风险的特点、危害、对住宅小区运行的影响，以及目前治理过程中存在的问题，提出了实施风险防控的路径和措施，并对风险辨识、风险评估、风险处置方法作了详细介绍。

第 8 章、第 9 章构成本书的第 3 部分，分别介绍、讨论了新一代信息技术、保险机制在住宅小区安全风险防控中的运用；强调在新的历史时期，充分发挥公共安全风险防控的作用，运用新一代信息技术建立风险管理平台是大趋势。

本书在编写过程中得到了中国疾病预防控制中心、广西南宁市住房和城乡建设局、北京建筑大学、中国建筑科学研究院有限公司、广西大学土木建筑工程学院、北京天鸿控股（集团）有限公司、同济大学城市风险管理研究院、中国铁塔股份有限公司北京市分公司、当代置业（中国）有限公司、北京建筑技术发展有限责任公司、北京筑福建筑科学研究院有限责任公司、中国平安财产保险股份有限公司、北京安馨天工城市更新建设发展有限公司、北京世国建筑工程研究中心、中梯企业管理集团有限公司、上海远方基础工程有限公司、中震（北京）工程检测股份有限公司的大力支持，以及众多城市更新和既有建筑改造领域专家们的悉心指导和帮助，在此表示衷心感谢。

鉴于作者调查研究能力有限，本书编写存在的遗漏或不足之处恳请广大读者批评指正。

编　者

2020 年 7 月于北京

目录

1 城市住宅小区安全风险防控概述

城市的基本功能之一是居住，住宅小区是承接城市居住功能的基本单元。

住宅小区的运行安全是城市公共安全的基础，影响着城市居民的生命、健康和财产安全，影响着城市居民的生活质量。住宅小区不安全，居民不幸福。

20 世纪 80 年代以来，我国经历了经济的巨大发展，城市化提速，城市规模扩大、人口剧增，居住建筑规模性开发建设在城市建设中所占比例越来越大，这改变了传统城市的格局，与之相伴随的是城市住宅小区在运行安全方面所面临的种种新的挑战。因此，我们需要完成一种转型——走向城市住宅小区安全风险防控。

1.1 住宅小区及其运行安全

1.1.1 住宅小区的概念界定

何谓“城市住宅小区”？似乎每个人都明白其所指，却又很难精准定义。在现实中，人们常常从不同层面使用和界定它。

1. 城市规划层面

在城市规划的层面，住宅小区可以归属城市居住区①的范畴之中。城市居住区是指城市中住宅建筑相对集中布局的地区。以满足居民物质与生活文化需求为原则，城市居住区可分为 15 分钟生活圈居住区、10 分钟生活圈居住区、5 分钟生活圈居住区和居住街坊四个层级。[1]

1）15 分钟生活圈居住区

15 分钟生活圈居住区是以居民步行 15 分钟可满足其物质与生活文化需求为原则划分的居住区范围；一般由城市干路或用地边界线所围合（用地面积规模为 130～200 公顷），居住人口规模为 50 000～100 000 人（17 000～32 000 套住宅），配套设施完善。[1]

2）10 分钟生活圈居住区

10 分钟生活圈居住区是以居民步行 10 分钟可满足其基本物质与生活文化需求为原则划分的居住区范围；一般由城市干路、支路或用地边界线所围合（用地面积规模为 32～50 公顷），

---

① 居住区是指一定空间范围内，由城市道路或用地边界线所围合，住宅建筑相对集中的居住功能区域。通常根据居住人口规模、行政管理分区等情况可以划定明确的居住空间边界，界内与居住功能不直接相关或是服务范围远大于本居住区的各类设施用地不计入居住区用地。

居住人口规模为 15 000～25 000 人(5 000～8 000 套住宅),配套设施齐全。[1]

3) 5 分钟生活圈居住区

5 分钟生活圈居住区是以居民步行 5 分钟可满足其基本生活需求为原则划分的居住区范围;一般由支路及以上级城市道路或用地边界线所围合(用地面积规模为 8～18 公顷),居住人口规模为 5 000～12 000 人(1 500～4 000 套住宅),配建社区服务设施。[1]

4) 居住街坊

居住街坊是由支路等城市道路或用地边界线围合的住宅用地(用地面积规模为 2～4 公顷),是住宅建筑组合形成的居住基本单元;居住人口规模为 1 000～3 000 人(300～1 000 套住宅),配建便民服务设施。[1]

2. *居住模式层面*

人们居住、生活在城市,但在不同的历史条件下,在不同的城市发展阶段,人们居住、生活的具体方式会有所差别。在历史的延续和影响下,在同一时代、同一城市,人们的居住、生活方式也会不尽相同。

1) 城市住宅小区

城市住宅小区是指按照城市统一规划建设、达到一定规模、基础设施配套齐全、已建成投入使用的相对封闭的住宅区域,它与房地产的商业性开发和住房的集中建设相关联,日常运行实行物业管理。城市住宅小区可以满足人们最基本的生活起居需求,是现代城镇居民普遍的居住生活模式。

在市场经济条件下,具有经营资格的房地产开发公司通过招、拍、挂的方式取得土地使用权后开发经营住宅小区,依据市场行情确定住房销售定位,对住宅小区进行差异化建设,按规划要求建设基本的公共服务配套设施,并注重住宅小区的环境品质,建设绿地景观、道路及停车设施。居民通过市场购买、租赁成为住宅小区业主或使用人,由此与开发商、物业公司、社区管理者形成复杂的权利义务关系。图 1-1 为北京万科城市花园住宅小区,住宅建筑规划有序,以绿地、小区道路合理分隔,形成一个封闭空间,建有配套生活服务设施,是比较典型的正规开发的住宅小区。

2) 单位大院

单位大院是新中国成立后,随着计划经济发展在城市中逐渐形成的独特的聚居模式。二十世纪五六十年代,在计划经济背景下,一些单位自建家属集中居住区,以"单位"为单元进行管理,同一单位的人的生活甚至工作、学习都在同一个半封闭式的区域内完成,俗称"大院",这是新中国建设初期我国特有的一类聚居模式,具有鲜明的时代特征。单位大院除集中的居住建筑外,通常配套了齐全的生活设施,基本上形成了某种程度上可自给自足的小社会。单位大院的主要类型包括部队、机关、学校、工厂等大院。囿于建造年代和当时的经济技术条件限制,此类房屋建设标准较低,与目前的设计标准相比,其舒适性和安全性较低。

图 1-1 北京万科城市花园住宅小区

1998 年我国实行住房体制改革后，职工拥有了住房所有权，单位大院内的居民结构逐渐复杂，原有生活服务设施或转制、外包，或废弃、推倒、重建改为他用，日常管理由单位自管向外包给物业公司转化。图 1-2 是新中国成立初期建设的北京广播器材厂生活区，是比较典型的单位大院。

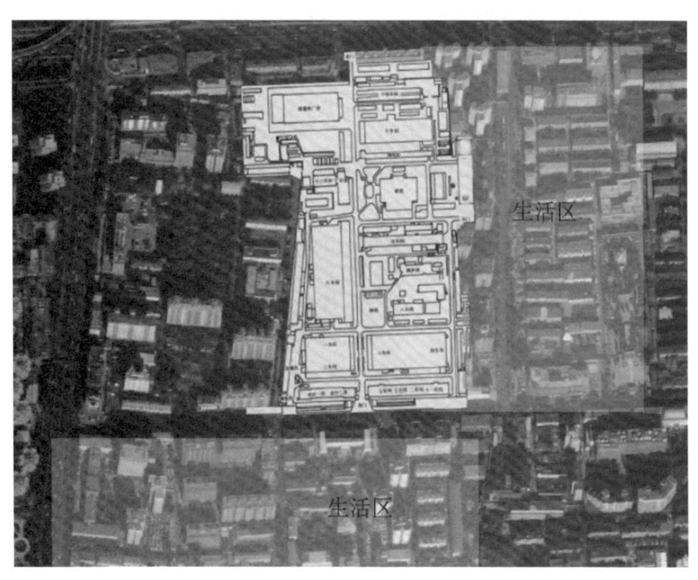

图 1-2 北京广播器材厂生活区

3）传统街坊制居住区

街坊也称“街巷”，是由城市道路或居住区道路划分、用地大小不定、无固定规模的居住地块，对外形成街道，对内形成院落，服务设施因环境条件而异。[2]与现在的住宅相比，街坊式住宅更强调空间的围合。本书对传统街坊制居住区作更宽泛的理解，把我国城市中传统的以平房院落为主的老街区都归为这一类。

按现代居住生活需求，传统街坊制居住区往往公共市政设施差、非成套住宅多、院落规模小，很难实施现代的物业管理。

4）城中村和棚户区

在城市中除上述 3 种居住模式外，还有一种居住模式，即城中村和棚户区。

城中村和棚户区是许多大城市在城市化过程中伴随城市规模快速扩张出现的现象，与现代化的城市面貌形成鲜明的对比，成为光鲜的城市建筑名片背后的阴影。图 1-3 是广州石牌村。

图 1-3　广州石牌村

在城市快速扩张过程中，由于房地产开发速度的不均和土地产权问题，原本位于郊区的村落随着周边土地的征用被新建城市区域所包围，成为新的城市肌理中相对破败且不受规划控制的区域。同时在城乡接合部，当土地使用权并未被完全纳入规划管理时，会自发形成一些自主建设的区域，拥有土地使用权的居民在没有规划管控的条件下自行建造房屋，供出租或其他用途。这些城市规划未能或未来得及进行管控的区域为大量外来人口和城市低收入人口提供了廉价的居住空间，其存在满足了部分城市边缘人群的需求。此类居住区通常配套条件差，建设较为无序，但区位优势明显，周边商业发达，有些邻近城市主流商圈，但由于土地使用权和房屋产权归属难以梳理，涉及的拆迁补偿费用高，动迁难度大，安全问题多，往往成为城市发展建设中难以彻底解决的疥癣之疾，也成为城市管理上的难题。

3. 社会治理层面

在社会治理层面，使用最频繁的概念是“社区”，它与住宅小区有着十分密切的关系。

1) 社区

“社区”源自西方社会学，是西方社会学、政治学、人类学等许多学科常用的一个术语。不同的研究者给出的定义不同，但就其共性而言，社区描述的是以共同地域生活为基础形成社会关系群体的现象，它以共同地域空间为载体，以共同地域生活为纽带，形成共同的利益、文化认知，与社会自治相关联。有研究者认为，社区属于一种功能彼此关联的群体，大家在某个阶段生活在某个区域，处在同样的社会体系之中，拥有大体上相同的价值观与文化理念，体会到自身属于一个拥有自治与独立性的社会实体。[3]

在我国，社区不仅仅是学术研究的对象，也是社会管理实践的对象。较权威的关于社区的定义来自中共中央办公厅、国务院办公厅转发的《民政部关于在全国推进城市社区建设的意见》。该意见明确规定：“社区是指聚居在一定地域范围内的人们所组成的社会生活共同体。”2000 年我国开始推进城市社区建设，以街道、社区为核心，基本确立了社区治理的框架。在治理结构上，大部分城市形成了“市—区—街道办事处—社区”的纵向体制，也就是社区治理的纵向结构，最终确立了基层政府对社区居民委员会（以下简称“居委会”）的实质领导。在实践中，社区在空间范围上与原有的居委会相一致，社区管理机构与居委会合体运行，已成为街道办事处层级下进行社会管理、提供公共服务的一种区域细分。当然，在治理目标上，还是希望政府的管理与居民的自治能够结合。有学者做了这样的概括：①社区是一个区域性社会，是一定地域范围内人们社会生活的共同体，具备政治、文化、维系及服务功能；②社区是固定地理区域范围内的社会成员以居住环境为主体，行使社会功能、创造社会规范，与行政村同一等级的行政区域。[4]

2) 社区与住宅小区的关系

社区与住宅小区皆以一定的地域空间为载体。社区是以人为基本单元的空间系统单元，更倾向于是社会关系的概念；住宅小区是城市化进程中产生的一种空间，是一种现代的居住生活模式。[3]社区的空间范围一般要大于住宅小区，在一个社区内可能有多个住宅小区。

居民是以上二者的主体，保障居民的正常起居、居住安全，提供相关的公共服务，是社区与住宅小区一致的责任和目标。

社区事务包括社会生活的诸多方面，既有来自政府部门的行政性事务、政府面向社区居民提供的各种公共服务，也有社区居民自我管理、自我服务的各类事务；住宅小区则相对单一，主要涉及居民的居住生活。

社区管理对住宅小区的运行具有重要影响，社区管理机构、居委会是住宅小区安全风险防控的重要参与方，并担负一定的组织领导责任。

综上，住宅小区的本质是城镇居民普遍采用的一种现代的居住生活模式。鉴于讨论的是居住生活安全问题，本书倾向于对城市住宅小区作比较宽泛的理解：凡以居住功能为主，有一定的住宅规模，在地域空间上能够实行封闭管理或能有明确的划分，实施物业管理或有相关机构负责日常运行管理的住宅区，都可视为住宅小区。

1.1.2 住宅小区的功能和特点

1. 住宅小区的硬件构成

完整的住宅小区，其物质硬件构成一般如下：

(1) 住宅，指住宅小区居民居住的房屋，是住宅小区的主体建筑。

(2) 基本生活配套设施，主要包括教育、医疗卫生、文化体育、商业服务、金融邮电、社区服务、行政管理、市政公用 8 类设施 40 项内容，如托儿所、卫生站、文化活动站、综合便民店、储蓄所、社区服务中心等。

(3) 建筑附属设备与配套市政公共设施，指供水、排水、供暖、供电、供气、网络通信、安保消防、电梯等住宅小区建筑的附属设备及配套市政公共设施。

(4) 绿化景观设施，指供小区居民休憩休闲使用的绿地、花园、步道、水景、活动场地等。

(5) 车库，即地上或地下机动车停放设施。

2. 住宅小区的功能

住宅小区的功能可以从不同角度来归类解析。

1) 从住宅小区硬件构成角度

(1) 居住功能。住宅是人类生存和发展的最基本的生活资料之一，也是人类自身再生产不可缺少的条件。住宅可以为人们提供避风遮雨、繁衍后代的居住栖身之处，是家的物质承载，这是住宅小区最重要也是最基本的功能。住宅小区首先要为城市居民提供居家生活场所和生活环境。[5]

(2) 服务功能。住宅小区是城市居民居家过日子的地方，所以住宅小区的基本生活配套设施应该为居民提供基础性的、便利的生活服务，如蔬菜食品供应、餐饮服务、托幼服务、养老服务等。

(3) 经济功能。住宅小区也是市场经济活动的载体。一是住宅小区的物业管理是一种有偿的委托管理，体现着一种交换关系，是经济行为。二是各种生活服务都是商业性的。三是住宅既是人们最基本的生活资料，又是人们使用时间长、价值量大的商品，其本身涉及保值增值的问题。住宅小区房屋设备完好、环境品质高、安全、秩序井然、居民相处融洽，房产就会有吸引力，处于增值状态；反之，房产价格就会下跌，资产就会贬值。因此，住宅小区管理是经营型的。

(4) 社会功能。住宅小区是居民共同居住的地区，居民之间免不了要发生各种关系，还有一些社会团体、治安部门、商业服务业机构、文化教育部门、银行、邮电部门等，也要介入住宅小区之中，他们或者执行社会管理职能，或者为居民提供相应的服务，从而围绕住宅小区形成了一个相互影响、相互制约的社会网络。从一定意义上说，居民可以通过所居住的住宅小区，建构自己的社会关系和社会资源。

(5) 教育功能。住宅小区的环境品位、居民的交往氛围、安全状态、社区的管理都会对居民,特别是青少年产生潜移默化的影响。

2) 从住宅小区与居民需求关系的角度

这里主要讨论住宅小区在满足居民不同层次需求方面能够发挥什么样的功能。根据马斯洛需求层次理论,人的需求可分为生理需求(physiological needs)、安全需求(safety needs)、社交需求(social needs)、尊重需求(esteem needs)和自我实现需求(self-actualization needs)5 类,由较低层次到较高层次依次排列。这 5 种需求在住宅小区都会发生。一个好的住宅小区应该能够以自己的资源和方式,恰当地满足居民不同层次的需求:

(1) 能够满足居民的基础生活需求,即满足居民对基本衣食住行的需求。住宅小区可以提供舒适的居住条件、方便的生活服务、优美的绿化环境,使得一个人、一个家庭可以安置在其中。

(2) 能够给人以安全感。住宅小区管理严格,秩序井然,房屋设备安全可靠,风险事件能够得到及时有效的处置,可以使人安心地在其中居住生活,这种居住安全是人的安全需要的基础构成,实际上也是本书研究的主题和意义。

(3) 能够为居民交往创造条件。一方面,通过环境创造交往空间;另一方面,通过组织活动创造交往机会,塑造和睦的邻里关系。在人的一生中,儿童、少年、老年阶段对住宅小区的社交需求是强烈的。

(4) 能够使居民感受到平等和有尊严。住宅小区应保证业主的权利、租户的权利得以行使,业主和租户与物业公司、社区管理机构等组织打交道时双方是平等的,其合理诉求能够得到满足,不受歧视。

(5) 能够使居民有幸福快乐感。一方面,居民在居住生活时感到满足,幸福快乐;另一方面,吸引、鼓励居民参与住宅小区的治理,使其发挥才智,获得荣誉。

综上,可以从住宅小区满足居民不同层次需求的状况来评价其功能发挥程度和优劣档次。

3. 住宅小区的特点

1) 居住功能单一,相对封闭独立

住宅小区以住宅建筑为主体,居住功能单一,相对封闭独立,居民集中居住。住宅小区内一切设施都是为居民居住便利而设计、构建的,不包括社会物质生产等城市其他功能,这样便于管理与服务,便于提高城镇居民的居住条件和水平。虽然一些大型住宅小区也规划建设了大型商业设施、中小学校,但这已经是社区或城市一级的配套、发展要求,在空间和管理上与住宅小区是可以区分开来的。[6]

2) 人口密度高、结构复杂

由于城市土地紧缺,住宅小区以多层或高层住宅为主,建筑密度大,形成了住宅小区内人口密度高、结构复杂的特点。居民以家庭为单位居住在住宅小区内,人口结构以年龄划分,可以涵盖各个年龄阶段。从经济收入、文化程度、职业范围等方面来看住宅小区的人口结构,会发现住宅小区包括社会多个阶层。如此复杂、众多的人口相对封闭、集中、长期居住在一起,久而久之,相互影响而形成独特的"小区文化",形成独特的人文环境。[6]

3）房屋产权多元,公用设施共有

从产权形式看,住宅小区有以房改房①为主的,有以商品房为主的,有以社会保障房(如经济适用房、公租房)为主的,也有多种产权房混合的、租买混合的。住宅小区产权形式多元复杂。

从一个住宅小区内部看,一个住宅小区由众多具有居民个人产权的房屋组成,居民个人对自己拥有产权的住房享有占有权、处置权(包括出售、出租、抵押、赠予、继承)等法律允许范围内的一切权利,形成了住宅小区房屋产权主体多元的局面。

与住宅小区房屋所有权多元相对的是住宅小区公用设施的共有,住宅的公共部分、小区的公共绿地等属于业主共有。这种状态会带来管理上的复杂性。[7]

4）管理上多元共治,合作博弈

住宅小区管理呈多主体参与的格局,既有代表政府的社区,又有代表居民的业主委员会(以下简称"业委会"),还有物业公司,有的住宅小区还存在房屋产权单位②(房改房小区、单位大院一般会有这种情况)。在管理过程中,各方既目标一致、合作协同,又因为利益不同,存在矛盾冲突,互相博弈。

5）实施物业管理

物业管理是现代住宅小区的管理服务业态,已成为一个产业。住宅小区作为居民一种现代的居住生活模式,与实施物业管理密不可分,从一定意义上讲,物业管理的实施保障着居民方便、有序、现代的家居生活。所以,物业公司在住宅小区管理中的地位十分特殊,它既是受托者,又是管理主体,也是服务的提供者,代表市场的机制和力量。

1.1.3 住宅小区运行安全

1. 住宅小区运行安全的含义

可以从以下 3 个方面理解城市住宅小区运行安全的基本含义。

(1) 住宅小区运行安全属于公共安全,是城市公共安全的组成部分。所谓公共安全,是指公众的生命、身体健康以及重大财产的安全。"公众"是相对于"个人"和"国家"而言的,既指社会公众整体,也包含多数人及不特定人。对于住宅小区而言,运行安全的主体是居民,住宅小区运行安全是居民的公共安全。

(2) 公共安全的基本内容包含生命、身体健康、重大财产 3 个方面,是指公众的生命、健康、重大财产不受损害、不受侵害。住宅小区运行安全,并不是指在小区运行过程中的一切方面、所有问题,而是指与居民生命、健康、重大财产相关联的安全问题。由于住宅小区的财产结构特点,这里所说的财产包含公共财产。

(3) 安全需求是人类的基础性需求,其中除了生命、健康、财产安全之外,还包含其他内容,

① 房改房或称"已购公有住房",是指城镇职工根据国家和县级以上地方人民政府有关城镇住房制度改革政策规定,按照成本价或者标准价购买的已建公有住房。

② 房屋产权单位指房改房的建设单位。

比如职业安全、精神层面的安全感等。住宅小区是居民日常生活起居的空间，是孩子、老人主要的活动空间，所以它的秩序状况十分重要，没有基本的秩序，居民就会紧张，会处在不安的状态中。所以秩序构成了住宅小区运行安全的一个内容。

综上，城市住宅小区运行安全是城市公共安全的组成部分，是指在日常生活中保障住宅小区居民的生命、健康以及重大财产的安全及公共秩序。

2. 影响住宅小区运行安全的突发事件

公共安全是指公众的生命、身体健康、重大财产不受损害、不受侵害，处在正常的良性状态。如果这种状态被打破，进入不安全的状态，很可能是发生了意外的突发事件，致使不特定人甚至多数人的生命、健康受到伤害，受到威胁，发生重大的财产损失。

《中华人民共和国突发事件应对法》将"突发事件"定义为：突然发生，造成或者可能造成严重社会危害，需要采取应急处置措施予以应对的自然灾害、事故灾难、公共卫生事件和社会安全事件。突发事件具有突发性、紧急性、严重性、不确定性、社会性以及程序化与非程序化决策的特征。根据《中华人民共和国突发事件应对法》《国家突发公共事件总体应急预案》，可对我国突发事件主要类型作如下概括（表 1-1）。

表 1-1　　我国突发事件主要类型

类别		致灾因子
自然灾害	地震	地震
	气象灾害	暴雨、台风、雪灾、极端气温、大雾、寒潮等
	海洋灾害	风暴潮、海浪、咸潮等
	地质灾害	泥石流、滑坡、地面沉降等
	水旱灾害	洪涝、干旱等
	生物灾害	外来物种入侵等
	森林草原灾害	森林、草原火灾等
事故灾难		工矿商贸企业各类安全事故
		公共设施设备事故
		环境污染与生态破坏
		交通运输事故
		化学品爆炸、毒气泄漏、核辐射等事故
公共卫生事件		传染病疫情
		群体性不明原因疾病
		职业危害
		食品安全
		动物疫情

(续表)

类别	致灾因子
社会安全事件	恐怖袭击
	群体性事件
	经济安全事件
	涉外突发事件
	重大刑事案件

资料来源:《应急管理概论:理论与实践》,闪淳昌,薛澜。

可以看出,突发事件与公共安全密不可分,突发事件实际上就是指对社会公共安全造成危害的安全类事件。所以,公共安全与突发事件在管理实践中属于同类概念。

突发事件中,有许多与城市、与城市住宅小区相关,或者说会影响城市公共安全,影响居住区的公共安全。参考对突发事件的描述和分类,结合住宅小区的功能特点,对影响城市住宅小区运行安全的突发事件作如下定义:城市住宅小区的突发事件是指对住宅小区运行安全造成危害的意外事件,具体有 4 类。

(1) 自然灾害,如地震、暴雨、台风、滑坡、雷击等。一座城市在遭受暴风、内涝、地震等灾害侵袭时,城市住宅小区是灾害的直接受体,灾害会对建筑物造成损毁,并危及居民的生命、健康。研究发现,自然灾害对不同类型的住宅小区具有不同的损害特点,如传统街坊制居住区和单位大院由于房屋老旧以及老龄人口的问题,灾害发生时易损性较高,而商品房小区易损性相对低一些。

(2) 安全事故,指住宅小区运行过程中突然发生的,伤害人身安全和健康,或者损坏设备设施,或者造成经济损失的,导致居民无法正常居住生活的意外事件,包括:建筑安全事故,如房屋开裂、倒塌等;设备设施运行事故,如电梯伤人、燃气泄漏爆炸等;火灾事故;环境污染事件。

(3) 公共卫生事件,指会对住宅小区发生影响的传染病疫情。传染病疫情在一定条件下会发生社区级传播,需要作出防控响应。

(4) 治安事件,即由外界第三人的过错和违法行为,给住宅小区居民造成人身损害和重大财产损失的伤害事件,主要包括刑事犯罪和治安类事件。当前随着市场经济的发展,我国人口流动频繁,社会各阶层收入差距增大,由此产生的治安问题如入室盗窃、抢夺、抢劫、故意伤害、故意杀人等常常发生在住宅小区,给住宅小区运行安全带来压力。[8]

维护住宅小区的运行安全,说到底,就是要通过各种有效的方法,预防上述 4 类突发事件的发生,或者在事件发生后,能够快速处置,有效降低伤害和减少损失,保持住宅小区的正常生活秩序。

本书将对上述 4 类突发事件所引发的安全风险问题分别予以讨论,同时,结合城市住宅小区的特点以及影响住宅小区运行安全的突发事件的历史分布情况,把安全事故类突发事件细分为建筑安全事故、设备设施及市政供给系统安全事故、火灾事故、环境污染事件 4 类,分别讨论。

3. 住宅小区运行安全的意义

社区是现代社会的基本组织单元,住宅小区是承接社区的物质空间。在城市公共安全治理中,社区、住宅小区是基础，其安全风险防控的能力和水平，在一定程度上决定着城市的公共安全状况。

在国际社会的防灾减灾理念中，社区参与和自治是降低灾害风险的关键因素，近年来提出的社区灾害风险管理(Community-based Disaster Risk Management, CBDRM)和备灾型社区(Community-based Disaster Preparedness, CBDP)概念，重点都在于强调社区内部力量应对灾害的主观能动性，侧重于灾害管理中各环节的相互协调，其最终目标是基本一致的，即降低社区脆弱性，提高社区承受灾害影响的能力。对社区现状、脆弱性、管理机构和所辖群体的应灾能力进行综合分析和判定，是为了对风险指数高的社区提出相应的改善措施，消除和减少可控的高风险和高脆弱性因素，从而达到减灾的目的。

国外在韧性社区①方面的建设起步较早，获得非常高的关注。2005年于日本召开的全球减灾会议中明确的兵库行动框架，反复指出从国家与社区两个层面出发，构建应对灾害的韧性，强调构建韧性居住区的关键意义，倡导利用适应性政策把风险减小至能够承受的范围内，以恢复受损项目等办法来构建韧性居住区。其后，不少国家的部分城市均确立了韧性战略。尽管不同城市所面对的灾害有所差别，具体计划也不完全一样，但是通过梳理总结可发现其相同之处在于，注重提升城市综合防范与适应灾害的水平，进而达到韧性且安全的城市发展目的。[3]

我国在21世纪初出现了以社会治安为基点的平安城市、平安社区的理念，中央相关部门组织了平安城市创建试点工作，一些城市也开展了平安社区创建的活动。在防灾减灾规划和实施中，社区层面的工作开始得到更多的关注。

但就现实情况看，我国住宅小区、社区的公共安全状况并不令人乐观。全国火灾警情数据显示，近年来各类住宅发生的火灾数量一直居高不下，且造成大量的人员伤亡。随着气候环境的变化，极端气候如强对流天气等增加，给城市、居住区带来灾害。社会治安案件中也有相当一部分发生在住宅小区。住宅建筑安全事故也时有发生。

2010年5月7日，广州"5·7"特大暴雨因洪涝次生灾害死亡6人，全市102个镇(街)受水浸，109间房屋倒塌，受灾人口32 166人。②

2011年4月25日，北京市大兴区旧宫镇一楼房发生火灾，事故造成17人死亡，24人受伤，30余人被安全疏散救出。③

2012年7月21日，北京遭遇特大暴雨袭击。北京及其周边地区遭遇61年来最强暴雨及洪涝灾害。截至8月6日，北京已有79人因此次暴雨死亡。④

2013年11月22日，青岛输油管道发生连续爆炸，事故使街道、周边社区受到严重损失，共计62人死亡、136人受伤。⑤

---

① 韧性社区是指以社区共同行动为基础，整合内外资源，有效抵御灾害与风险，并从有害影响中恢复，保持可持续发展的能动社区。

② 广州"5·7"特大暴雨淋走5.438亿元.腾讯新闻，2010-05-12.

③ 北京旧宫镇一四层楼房发生火灾 已造成17死24伤.中华人民共和国中央人民政府，2011-04-25.

④ 2012年7月21日北京"7·21"特大暴雨发生城市内涝和山洪灾害.中国山洪灾害防治网，2012-07-21.

⑤ 国务院调查报告揭示青岛输油管道泄漏事故教训.中华人民共和国中央人民政府，2014-01-11.

2014 年 4 月 4 日，浙江省宁波市奉化区大成路居敬小区一幢 5 层住宅倒塌，事故造成 1 死 6 伤。①

2015 年 6 月 14 日，贵州省遵义市红花岗区延安路一栋 9 层居民楼发生局部垮塌，造成 4 人死亡。②

2016 年 10 月 10 日凌晨，浙江省温州市鹿城区双屿街道发生一起楼房倒塌事故，一幢约 6 层楼高的楼房发生部分垮塌，多人被掩埋，造成 22 人死亡。③

2017 年 7 月 21 日，上海市嘉定区曹安公路华江路口一幢 3 层楼房部分倒塌，现场共搜救出 6 人，其中 5 人经抢救无效死亡。④

2018 年 11 月 12 日，万科在广东省中山古镇的在建项目昇海豪庭发生坍塌事故，坍塌面积达 2 000 平方米，无人员伤亡。⑤

2019 年 8 月 28 日，深圳市罗湖区船步街和平新居 71 栋靠西面一栋居民楼的楼体倒塌。⑥

这些灾害、事故案例，让人触目惊心。改进并加强住宅小区公共安全治理，实施安全风险防控，提升住宅区的韧性，提升居民的安全感，任重道远。

1.2 风险管理的理念与发展

1.2.1 风险的含义

风险，是人们对世界的不确定性和不确定性事件所带来的危害的认知。风险概念起初被用于保险业，保险业的风险是指损失的可能性。从 19 世纪开始，风险理论出现在经济学领域；20 世纪，风险理论逐步被引入工程和科学领域，后来被政策领域引用；“9·11”事件之后，“风险管理”成为公共安全管理研究的重点内容。[9]

值得注意的是，1986 年德国社会学家乌尔里希·贝克[10]在其著作《风险社会》中首次提出“风险社会”的概念，他认为风险社会是一个不可感知的社会，具有全球性、政治性、制度性、较大危害性和关联性，当代社会就具有风险社会的特征。风险社会概念得到全世界广泛关注，关于风险社会的研究获得迅速发展。

正是由于风险的概念进入许多领域，得到广泛的研究，人们对风险的解释与界定各种各样。国际风险管理师协会界定风险为对人类生命、健康、财产或者环境安全产生的不利后果的可能；《澳大利亚-新西兰风险管理标准》认为风险是对目标产生影响的某些事情发生的机会，它以因

---

① 建设施工中楼房突然坍塌 商品楼质量刺痛公众神经.中国财经，2014-12-22.

② 贵州 9 层居民楼坍塌 4 人遇难 10 多年前已反映问题.中广网，2015-06-15.

③ 浙江温州楼房倒塌致 22 人身亡 现场搜救基本结束.中华网，2016-10-11.

④ 上观快讯|曹安公路华江路口 3 层楼房部分倒塌，共搜救出 6 人，5 人抢救无效死亡.搜狐，2017-07-22.

⑤ 万科在建楼盘发生坍塌 面积达 2 000 m^2 现场触目惊心.新浪财经，2018-11-15.

⑥ 深圳一居民楼突然倒塌 45°角靠在隔壁楼上 现场曝光.腾讯网，2019-08-28.

果关系和可能性来衡量;联合国有关报告将风险定义为由自然或人为因素相互作用而导致的有害后果的可能性或预期损失;乌尔里希·贝克基于风险社会理论将风险界定为系统地处理现代化自身引致的危险和不安全感的方式。

因本书讨论主题是城市住宅小区安全风险防控,特对风险概念作如下定义(即本书将在这个界定的范围内使用风险的概念):风险是指某种特定的危险性突发事件发生的可能性与其产生后果的组合。

风险是由风险因素、风险事故和损失三者构成的统一体。风险因素是指引起或增加风险事故发生的机会或扩大损失程度的条件,是风险事故发生的潜在原因;风险事故是造成生命财产损失的偶发事件,是造成损失的直接的或外在的原因,是损失的媒介;损失是指非故意的、非预期的和非计划的经济价值的减少。

由于风险概念的内容宽泛,人们在实际使用时,常常落足于概念内容的某一方面,形成了指代上的差别,或者说强调的重点不一样,如讨论风险种类时,所谓治安风险、灾害风险、交通风险,强调的是损害,实际指代的就是灾害、事故本身;讨论风险防控时,落足于危险性突发事件发生的可能性,强调的是突发事件形成条件、因素的可知、可测、可控;讨论风险程度时,则是对其可能性和后果的综合评价。因此,我们需要对看到的、使用的各种各样的风险概念进行仔细辨别。从风险防控的角度,本书主张把城市公共安全突发事件与突发事件风险加以区别。

1.2.2 风险管理的基本理念和意义

风险,暗含世界存在的不确定性和不确定性事件所带来的危害,提供了人们认识外部世界的一种视角,随着探究的拓展和深化,风险管理理论不断发展。

风险管理系统化研究开始于20世纪60年代,以梅尔《企业的风险管理》和威廉姆斯《风险管理与保险》为标志。到20世纪70年代,风险管理出现在技术性事故研究中,随后澳大利亚、新西兰、美国等西方国家先后开展风险管理相关研究。不同组织、不同学者的研究有不同的侧重,形成了不同的理论。总体来看,对于现代风险管理理论,至少应该把握住以下6点:

(1) 风险是可以预测的,也是需要重视的。著名的海恩法则指出,事故的发生是量积累的结果,每一起严重事故的背后必然有29起轻微事故、300起未遂先兆以及1 000个事故隐患;墨菲定律指出,任何一个事件,只要具有大于零的概率,就不能假设它不会发生。

(2) 风险管理是一个过程,是面临风险者进行风险识别、风险估测、风险评价并对风险实施有效控制的过程,周而复始。

(3) 风险管理的对象是风险因素(致灾因子),即引起或增加风险事故发生的机会或扩大损失程度的因素。风险管理是对这些因素的控制,风险防控是风险管理的核心。

(4) 风险管理的目的是有效控制风险,避免、降低风险,以小成本获得较大的安全保障。

(5) 风险管理的标准流程包括风险辨识、风险评估和风险处置三个环节。

(6) 风险管理强调系统应对,即以风险预防为核心,同时包括事件发生中的控制和事后的善后，是“事前科学预防”“事中有效控制”“事后及时救济”的结合。

下面把风险管理与应急管理作一个比较。

应急管理着眼于突发事件发生过程的有效处置、控制，以降低事件带来的危害。突发事件具有突发性、紧急性、严重性、不确定性、社会性以及程序化与非程序化决策的特征，所以它的处置必须科学、完备、合理。而风险管理则强调预防，着眼于导致突发事件产生的各种因素、条件的控制，以避免突发事件的发生或降低其发生概率。如果把突发事件的形成—发生—影响列成一个时间轴，二者的重心放在了不同的时段。当然，应急管理也含有预防控制的要求。《中华人民共和国突发事件应对法》第五条规定，“国家建立重大突发事件风险评估体系，对可能发生的突发事件进行综合性评估，减少突发事件的发生，最大限度地减轻重大突发事件的影响”；第二十条规定，“县级人民政府应当对本行政区域内容易引发自然灾害、事故灾难和公共卫生事件的危险源、危险区域进行调查、登记、风险评估，定期进行检查、监控，并责令有关单位采取安全防范措施”。在公共安全领域，风险管理和应急管理二者是交叉互补的。

此外，应急管理的对象——突发事件也与公共安全相关，处在公共安全的范围里；风险管理含义更宽一些，涉及的领域更多一些，比如企业经营中的风险管理。

本书以城市住宅小区安全风险防控为主题，实际上是从风险管理出发，把重点放在了住宅小区安全风险因素的防控方法的讨论上。

1.2.3 住宅小区风险管理发展的现状

住宅小区是城市构成的基本要素，是社区的重要组成部分，在风险管理的实施上，必然会受到城市、社区的制约并与其保持大体的同步。故在讨论住宅小区风险管理发展现状时，首先简单介绍我国城市、社区两级的相关情况。

1. 城市安全风险管理的发展和存在的问题

2003 年“非典”之后，中国开始建立以“一案三制”①为核心的应急管理体系，并将应急管理上升为法定行为。一方面，应急管理本身就包含有建立重大突发事件风险评估体系、预防控制事件发生的要求。另一方面，时代变化和新的安全需求使应急管理出现新的发展趋势：应急管理由减轻灾害向减轻灾害风险、加强风险管理转变；由单纯减灾向可持续发展转变；应对主体由国家扩大至地方各级政府，由单一的政府组织扩大至非政府组织、民营企业、普通公众等社会各阶层；应急机制由以“应急响应”为重心向以“应急准备”为重点转变[11]；引入并强调风险管理，将风险管理作为贯穿于应急管理全过程的重要机制，充实应急准备阶段工作内容。也就是说，应急管理工作的深入，推动了风险管理的应用和发展。

在这一时期，政府还组织开展了防灾减灾、社会治安综合治理等专项工作，其中也都含有风险预防控制的内容。

---

① 一案为国家突发公共事件应急预案体系，三制为应急管理体制、运行机制和法制。

但是，就体系性建设和应用深度看，我国城市安全风险管理尚处在起步阶段，还面临着许多矛盾和问题。公共安全风险管理的法律法规不够完善；缺乏系统的风险管理协调机制；部分民众安全意识薄弱，缺乏自我保护意识和自救能力；缺乏制度化的教育与训练机制。

2. 城市社区安全风险管理的发展和存在的问题

社区安全风险管理是城市安全风险管理的组成部分，二者发展过程基本吻合。有研究者采用问卷调查方法对中国社区应急管理模式进行调查和分析，在 11 座城市发放问卷 1 500 份，回收 1 220 份。在充分肯定进步的同时，该调查认为从基于社区的灾害风险治理基本框架的治理理念、组织结构和治理机制三大构成要素来看，主要存在以下不足。

(1) 治理理念仍需转变。调查发现部分公众防灾减灾意识仍然薄弱，对于社区等基层单位和公众在防灾减灾中的重要性仍然没有正确的认识，部分公众仍然认为防灾减灾主要依靠政府应急管理公共部门。相当一部分公众对自救互救的重要作用没有正确认识，自救互救意识仍比较薄弱。

(2) 组织机构仍不完善。从调查结果来看，社区灾害风险治理的组织机构建设是社区灾害风险治理中十分欠缺的一环，组织机构不健全，其人员配备以及志愿者队伍均不够齐全，这无疑会影响灾害风险治理的绩效。

(3) 社区灾害风险治理运行机制不优。调查显示，社区居委会与政府应急管理部门沟通协调情况，以及与企业、社会团体、居民等公众沟通协调情况均不够理想。居民在危机发生时，主要依靠政府应急管理部门，而很少依靠社区居委会等基层单位。公众参与应急活动的程度还较低，参与志愿者活动受各种因素制约，参加防灾救灾志愿者队伍的意愿较低。[12]

3. 住宅小区安全风险管理的发展和存在的问题

根据城市和社区安全风险管理的情况，结合住宅小区的功能结构特点和实际运行情况，对住宅小区安全风险管理的发展态势，可以作出下述判断：从整体看，住宅小区安全风险防控工作有所展开，积累了一些经验，有了一定的基础，处于起步阶段。推动住宅小区安全风险防控的进一步发展，需要重点解决好以下问题。

(1) 在政府层面，安全风险管理的认知不深刻，风险防控的实战能力偏弱。目前，风险管理的理念已为各级政府所接受，并和应急管理一起开始付诸实践，风险、风险防控的提法出现在许多领导的讲话中，出现在政府文件中。但大家对风险管理的认识不深，掌握的方法不多，对社区、住宅小区公共安全方面的实际风险状态缺少清晰、全面的把握，对如何结合实际找出防控的重点和办法缺少深入的思考。同时，从管理机制看，我国现行的社区风险管理办法是按照突发事件类型指派对口部门(公安、消防、卫生、民防等)进行专门管理，各个对口部门之间基本各自为政，相互之间责任不明。看起来负责部门多，实际上缺乏一个统一的、强有力的责任主体，责任分工不明，缺乏有效的统筹，一旦发生突发事件，各部门之间信息、资源共享度低，责任推诿会造成人力、物力、时间的浪费。

(2) 在社区层面，职责定位不明，协调和资源配置能力偏低。目前，社区在安全风险管理和应急管理中都属于配角，停留在配合上级及相关救援部门开展应对、处置等工作的层面。对住宅小区潜在风险的评估和风险预警还未纳入日常工作体系，对住宅小区的隐患缺乏细致的风险评估和规划。社区安全风险管理的组织机构不健全，人员配备不足，现有人员安全风险的知识、能力不够。社区能够调动的资源少，与政府部门、企业、社会团体、居民的沟通协调情况均不够理想。

(3) 在住宅小区日常管理方面，物业公司赋能不够，作用发挥不足。物业公司负责住宅小区日常管理，对住宅小区的情况熟悉，对居民的情况相对比较了解，本身也承担着一部分安全管理工作，如小区安保、设备设施运行管理、房屋管理和维修等。但物业公司在住宅小区安全风险管理中的职责定位在法律政策上并不明确，缺少法律上的赋能。典型的例子是物业公司对违规装修的住户无能为力，可以罚款，但房屋结构通常已经无法复原。在物业管理经费中，能够用于安全风险防控的不多。由于各种原因，住宅小区的应急硬件设施管理不到位。到目前为止，许多城市在应急管理的硬件设施方面投入了大量的财力，尤其是一些大中城市的公安机关自建监控点，采用联网或复接方式接入社会单位的图像监控点，街面的监控探头处处可见。条件较好的住宅小区安装了防盗门、监控探头、消防器材等。这些设施在一定程度上提高了城市风险管理的有效性，但投入使用一段时间后就会发生运行问题，如部分探头因维修不及时，影像不能显现或显现不清楚；一些住宅小区虽装有消防栓、灭火器，但由于时间长了失去了原有的功能，有的则是由于居民没有掌握相应的使用技能，硬件设施形同虚设。[13]

(4) 在居民层面，部分居民风险意识薄弱，参与程度低。目前我国城市住宅小区居民的风险意识普遍比较薄弱，表现如下：①重视程度不高，部分居民认为小区公共安全事件发生的概率不高，自己不一定会碰上；②认为防灾减灾、安全风险防控是政府的事，采取“等、靠、要”的态度；③自救意识和能力弱，对安全风险防范的知识了解少，实践能力不足。某次消防安全隐患调查显示，消防通道被占用、堵塞现象占安全隐患的 30%以上，有些居民不知道消防通道与自身安全的关系，堆放生活用品和杂物的现象司空见惯。上海市有近 91.4%的被调查者认为自己“缺乏防灾减灾相关知识技能，希望更多地了解掌握”。部分居民参与程度低表现在：对社区、对所居住小区的安全风险防控工作关注不多，发现问题多采取“事不关己，高高挂起”的态度；对住宅小区、社区组织的安全教育、防灾减灾活动参与度低；志愿者组织建立难，已建立起来的，参加者年龄普遍偏大，活动也有些形式化。[13]

(5) 住宅小区应急预案缺乏针对性。近年来我国“一案三制”的应急管理工作已取得了显著进展，已形成从国家总体预案到专项预案、部门预案、地方政府及部门预案、企事业单位预案和重大活动预案的应急预案体系，在突发事件应对过程中发挥了重要作用。一些住宅小区根据上级要求，制订了常见的自然灾害类突发公共事件的应急预案。但大多数应急预案缺乏针对性，没有经过演练和实践的考验，有的应急预案只是模仿上级部门的预案内容，对风险情况的介绍、可能发生的各类突发公共事件的情景描述等相对较少，住宅小区的特殊性和内外可利用资源部门之间的合作、协调在预案中未得到充分体现。应急预案在内容的针对性、操作性、制订程序的规范性、合作协调性等方面还需进一步完善。居民对预案的知晓率有待提高。例如，某次调查结果显示,参加过学校、工作单位或居住小区消防演习的人数只占被访者的47%。[13]

(6) 老旧住宅小区安全隐患问题突出。老旧住宅小区作为一种历史产物,存在地域狭小、人口密集、住户成分复杂、安全防范设施不完善、制度管理相对落后等问题,往往存在着较大安全隐患。如排水系统不畅,每当暴风雨来袭时,居民家中进水,家具被泡;部分居民违规装修,私搭乱建,房屋结构存在安全隐患;电气线路老化和居民超负荷用电,使用电设施存在火灾隐患;卫生监管不到位,公共卫生环境相对较差。此外,老旧住宅小区多处于城市核心地带,交通便捷且户型相对较小,是租房人士优选居所,这造成人口置换频繁,流动性大,入室、攀爬类盗窃案件频发。

(7) 传染病疫情等公共卫生事件引发的安全风险日益突出。由于城市人口密集、流动性大,可能引发传染病疫情的公共卫生事件对城市的安全产生极大威胁,特别是一些新的传染性病毒,由于人们的认知度低,缺少有效药物和疫苗,极易导致传染病流行,给居民的生命与健康带来威胁,并易造成大范围的社会恐慌。进入21世纪后,我国发生了两次大规模的传染病疫情,即2003年的"非典"和2020年的新冠肺炎疫情,两次都发生了社区级的传播,造成巨大的社会影响,政府通过采取非常规性措施,例如封城、社区隔离,才控制住了疫情,但所造成的损失是空前的。这对城市的安全风险防控,对社区、住宅小区的安全风险防控,提出了新的挑战。

1.2.4　城市公共安全风险管理的发展趋势

城市是一个巨大的地理空间存在,它聚集了大量的人口,承载着人的生产生活等各种活动。在城市建设和运行中,与灾害、事故等突发事件相关联的安全风险是必然存在的,但风险是可以预测的。总结以往经验教训,会发现一个规律:除了不可避免的自然灾害,几乎所有风险都是可预防、可控制的,关键在于人们是否有足够的风险意识,以及是否有系统的应对措施。所谓风险管理,就是工作重心从"以事件为中心"转向"以风险为中心",从单纯"事后应急"转向"事前科学预防""事中有效控制""事后及时救治",这样就可以降低事故的发生概率和损害程度。[14]

构建以公共安全为核心的城市风险管理体系,是提升城市公共安全水平、提高人民群众的幸福感、建设现代城市不可缺少的一环,也是城市安全风险管理工作的重点。应当在现有的日常安全管理体系和应急管理体系基础之上,对其进行大幅优化,构建一个能够做到事前科学地"防",事中有效地"控",事后把影响降到最低、损失降到最少的"救",三者相结合的管理体系。

1. 实现五个"转变"

构建以公共安全为核心的城市风险管理体系,需要实现五个"转变"。

(1) 转变管理观念,从"以事件为中心"转向"以风险为中心"。我们知道,具体事件难以预测,风险却是可以辨识的。为使风险降到最低,就必须克服围绕具体事件制订管理措施的局限,更为系统地审视城市风险,将风险分析作为制定政策和管理的依据。要通过各种形式加强对社会各界,尤其是各级领导干部的城市风险意识教育。

(2) 转变应对原则,从习惯"亡羊补牢"转向自觉"未雨绸缪"。所谓"人无远虑,必有近忧",在当下的复杂环境中,我们不能存有任何侥幸心理,凡事都要重视潜在的问题、预估可能的后果、做好最坏的打算、争取最好的结果。政府财政投入应更多考虑“未雨绸缪”的工作,并作出制度性安排。

(3) 转变工作重心,从“事件处置”转向“风险防控”。当城市进入风险管理阶段,除日常安全管理、应急管理工作外,更需要关注事前和事中阶段。在市级层面应尽快设立城市运行风险预警指数分析和发布机制,运用大数据手段,对城市风险进行集成分析,实时预警可能发生的风险,及时采取应对措施。

(4) 转变工作主体,从“行政单方主导”转向“发挥市场作用”,鼓励社会参与。城市风险管理,需要政府部门统一规划、引导支持,但决不能由政府一家唱“独角戏”。面对纷繁复杂的风险带来的压力,仅凭政府单方的人力、物力、财力也难以支撑,必须充分发挥市场在资源配置中的决定性作用,并鼓励社会组织、基层社区和市民群众充分参与。

(5) 转变政社关系,从“被动危机公关”转向“主动引导公众”。一旦发生危机事件,第一时间告知真相、引导舆论,是城市管理者的重要任务。随着互联网和社交媒体的迅猛发展,突发事件发生后的信息扩散已经不同于以往,社会舆论的形成速度也远超过往。因此,城市管理应当尽快走出过去被动危机公关的状态,以更为主动、积极的姿态引导公众。要充分利用新媒体手段,在第一时间披露真实情况、核心信息,引导公众情绪;在日常工作创新中综合运用社交媒体等手段,保持政府同公众的有效沟通,引导公众成为城市风险管理的有力支持者、共同参与者。[14]

2. 建立两个平台

构建以公共安全为核心的城市风险管理体系的重点之一是建立两个平台,实现共享互通,统筹风险管理。

(1) 搭建综合预警平台。构建集风险管理规划、识别、分析、应对、监测和控制于一体的全生命周期的风险评估系统,在统一规范的标准基础上,加强各行业与政府间的安全数据库建设,整合各领域已建风险预警系统,构建覆盖全面、反应灵敏、能级较高的风险预警信息网络,形成城市运行风险预警指数实时发布机制。

(2) 健全综合管理平台。在风险综合预警平台基础上,强化城市管理各相关部门的风险管理职能,完善城市管理各部门内部运行的风险控制机制,建立跨行业、跨部门、跨职能的“互联网+”风险管理大平台,并以平台为核心,引导相关职能部门和运营企业进行常态化风险管理工作。[14]

3. 建立三个机制

构建以公共安全为核心的城市风险管理体系的另一重点是建立三个机制,实现多元共治。

(1) 三位一体,构建风险共治机制。充分发挥政府、市场、社会在城市风险管理中的优势,构建政府主导、市场主体、社会主动的城市风险长效管理机制。政府主导城市风险管理,做好公共安全统筹规划、搭建风险综合管理平台、主动引导舆情等工作,同时对相关社会组织进行统一领导和综合协调,加大培育扶持力度,积极推进风险防控专业人员队伍建设。市场主体指运营企业规范行业生产行为,提供专业技术和信息资源,充分发挥市场在资源配置方面的优势,形成均衡的风险分散、分担机制。社会公众主动参与,鼓励社会组织、基层社区和市民群众充分参与,如加强社区综合风险防范能力的建设,在已有的社区风险评估和社区风险地图绘制试点基础上,进一步推广和完善社区风险管理模式,真正实现风险管理社会化。

(2) 精细化管理,完善风险防控机制。实现风险的精细化管理,首先要完善城市风险源发现机制,通过社会参与途径多元化,结合移动互联等时代背景,应对城市风险动态化带来的管制难点,如补齐风险源登记制度短板,对责任主体、风险指数、应对措施做到"底数清""情况明";其次要促进智能物联网、人工智能等先进技术的推广应用,形成系统、适用的"互联网+"风险防控成套技术体系;最后要提升各领域的安全标准,建立统一规范的风险防控标准体系,为城市综合风险管理奠定基础。

(3) 多管齐下,健全风险保障机制。一方面完善法律法规保障机制,借鉴国内外城市安全管理经验,根据所在城市运行发展的新形势、新情况、新特点,加强顶层设计和整体布局,提高政策法规的时效性和系统性,建立高效的反馈机制。简化流程,提高效率,进一步强化城市建设、运行及生产安全的防范措施和管理办法。另一方面引入保险机制,创新保险联动举措,促进保险公司主动介入投保方的风险管理中,防灾止损,控制风险,并通过保险费率浮动机制等市场化手段,形成监控结果与保险费挂钩的制度,要求企业和个人进行行业规范和行为约束,从而建立起以事故预防为导向的保险新机制,达到政府、保险公司、投保方"三赢"的效果。[14]

1.3 风险防控的方法及其运用

1.3.1 风险防控的工作流程

根据新的风险管理理论,风险防控的标准工作流程包括三个环节:风险辨识、风险评估、风险处置,三个环节相互连接,构成一个整体。

(1) 风险辨识。风险辨识是指找出事物面临的各种风险,识别并确认潜在的风险,鉴别风险的来源、范围、特性及其行为或现象相关的不确定性。在调查研究和全面分析的基础上,准确罗列风险点和风险源。通过风险辨识要明确可能发生什么、为什么会发生、会怎样发生、主要受影响对象是什么等基本问题。

(2) 风险评估。风险评估是指在对风险进行深入分析的基础上,评价风险的等级、发生的概率,把所有可能面临的风险按照紧急程度和需要受重视的程度排序,以便能够更加合理、有效地分配组织有限的资源。

(3) 风险处置。风险处置是指根据风险评估的结果,选择风险处置相关策略,制订应对方案并予以实施。对等级低、危害小的风险进行监控;对等级高、危害大的风险,通过技术手段和人防手段进行针对性处置,降低风险可能性和可能造成的严重后果;对于潜在的隐形风险,通过法律、协议、保险或者其他途径,实行部分或全部转移的策略。风险处置环节还包括对实施过程、效果的监测。[15]

风险防控工作的核心思想是主动发现风险,主动预防控制,以防范事故、灾害等突发事件的发生，减小其危害性。风险防控的工作流程强调突出重点，对风险进行排队，优先处置紧急的、危害性大的风险点。风险防控的工作流程要求风险处置科学合理，要与现有的资源条件结合起来考虑，如果防控的成本高于风险带来的损失，防控就失去了合理性。风险防控在实践中是一个不断调试改进的过程，所以风险防控的工作流程不是一次性单向运作，而是螺旋式的盘旋提升。

1.3.2 风险辨识的方法

1. *辨识范围*

按照系统工程的观点，从物的不安全状态（设备、设施和场所的自身缺陷等）和人的不安全行为（主动行为、过失行为等）以及管理体系条件三方面入手，风险辨识的范围应覆盖常规的和非常规的活动。不仅要考虑组织本身的活动，同时要考虑相关方活动带来的危害因素。[16]对住宅小区而言，进行风险辨识的范围包括但不限于以下内容。

（1）所有住宅小区运行管理过程中的常规和非常规活动。

（2）所有进入住宅小区的人员的活动。

（3）住宅小区内的所有设备、设施。

（4）重点监控物业服务项目（如业主装修、消防通道、水箱清洗等），以及工程施工建设项目（如老旧住宅小区的局部改造等）。

（5）安全要害部位：如易发火灾、爆炸等重大事故的场所。

2. *辨识方法*

可用于风险辨识的方法很多，详见表 1-2。这些方法各有利弊和适用范围，在此重点介绍德尔菲法和实际调查＋检查表。

表 1-2　风险辨识的方法

名称	定义	适用范围	优点	缺点
检查表	将项目可能发生的潜在风险列于表上，供识别人员进行检查核对，用来判断某项目是否存在表中所列或类似的风险	适用于类似资料积累很丰富或风险管理人员经验丰富的情况	可根据经验确定风险，工作量较小	依赖资料与经验，对新项目不适用
风险识别清单	由专业人员根据多年风险管理经验总结编制的常见风险列表	适用于小的、简单的项目	提供通用性的风险框架	可能不全面
流程图	通过流程分析识别风险可能发生在哪个环节或哪些地方，以及项目流程中各个环节对风险影响的大小	适用于流程清楚的项目	可根据流程找到风险，操作便捷	不能定量
头脑风暴	通过营造一个无批评的自由会议环境，大家畅所欲言，产生大量创造性意见的过程	适用于小的、简单的项目	简单易行	可能不全面

（续表）

名称	定义	适用范围	优点	缺点
情景分析	通过有关数字、图表和曲线等对项目未来的某个状态进行详细的描述或分析，识别引起风险的关键因素及其影响程度	适用于有大量精确数据作基础的小项目风险识别	可精确定量	计算复杂，需要大量数据
德尔菲法	对所要预测的问题征得专家意见后，进行整理、归纳、统计，再反馈给专家并征求意见，直到得到稳定的意见	适用于没有经验的项目	简单易行，相对科学	主观判断因素过多
决策树分析法	利用树枝形状的图像模型来表达项目风险的识别问题，同时能描述项目风险发生的概率、后果及风险发展的动态	适用于详细的定量分析	可定量分析	计算复杂，需要足够的有效数据作基础

资料来源：《城市住宅社区公共安全风险管理体系研究：以广州为例》，王晓静。

1）德尔菲法

德尔菲法本质上是一种反馈匿名函询法，其大致流程如下：在对所要预测的问题征得专家的意见之后，进行整理、归纳、统计，再匿名反馈给各专家，再次征求意见，再集中，再反馈，直至得到稳定的意见。这一过程大致可以分为四个步骤(图 1-4)。

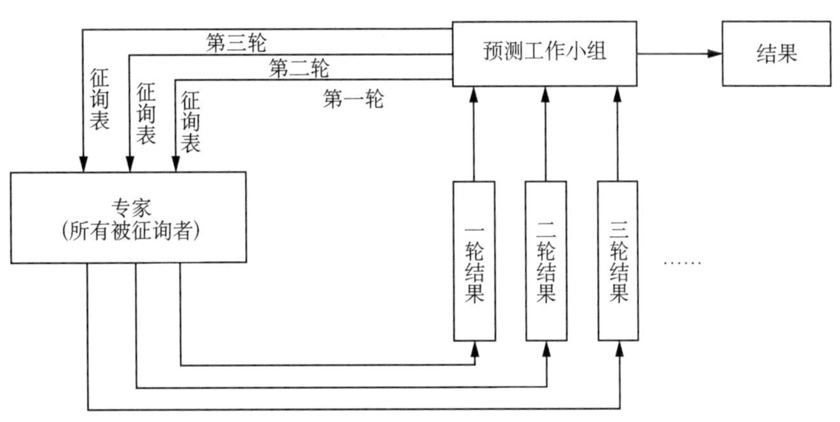

图 1-4　德尔菲法风险辨识流程

（资料来源：《防雷安全工作风险管理初探》，陈晓元，刘凤姣，徐永胜，吴晓伟）

2）实际调查＋检查表

具体流程如下。

(1) 管理者访谈。如对街道、社区主要领导和安全相关科室进行访谈，梳理住宅小区开展的安全基础工作，整理社区安全基础信息。

(2) 安全生产记录检查分析。如检查、梳理物业公司及住宅小区内生产经营单位的检查记录，分析辖区经营单位主要的基础安全隐患类型。[17]

(3) 群众及各方代表访谈。如邀请住宅小区楼门组长、治安志愿者代表、物业代表、业委会代表共同商议，从居民和物业角度梳理各项安全情况。[17]

(4) 环境调查。如通过走访调查，观察、识别、记录社区公共区域临时施工、交通、消防方面的安全风险。[17]

(5) 重点场所调查。如对住宅小区的重点场所、重点设备，从消防安全、电气安全、环境安全(包括交通、卫生)、有限空间安全、特种设备安全和社会治安 6 个方面进行查看，查找风险。

(6) 整理出风险问题列表。

1.3.3 风险评估的方法

风险的评估方法有多种，各有利弊，详见表 1-3。

表 1-3　风险评估的方法

名称	定义	适用范围	评价
模糊综合评价法	用模糊数学对受到多种因素制约的事物或对象作出一个总体评价	解决模糊难以量化的问题，适合各种非确定性问题	结果清晰、系统性较强
层次分析法	一种多目标决策方法，将对象进行结构分层并在此基础上对相关因素两两比较、统筹排序	解决由相互关联、相互制约的众多因素构成的复杂而缺少定量数据的系统的问题	简洁实用，被广泛应用
模糊层次分析法	一种将模糊数学与层次分析法相结合的系统评价方法	难以用经典数学方法量化描述的问题	适用领域广泛
突变评价法	一种基于突变理论和势函数模型的综合评价法	用于探索自然和社会中的突变现象，综合评估风险	吸收层次分析法、模糊综合评价法优点，但结果值过高(趋近于 1)
矩阵图法	将概率与影响的估计值简单相乘，构建一个矩阵，对风险进行排序，可用于确定风险类别(低、中、高、极高)	根据历史数据进行风险分析，为风险应对措施提供指导；一般项目都适用	在实际中难以得到相应的历史数据
鱼刺图法	又称因果图、特性要因图，是一种重要的事故分析方法	分析事故成因、归类及对策	逻辑性强，较为科学
专家打分法	利用专家的经验等隐性知识，直观判断各种项目风险特征值	适用于流程简单的项目	可靠性完全取决于专家的经验与水平
综合风险指数评估法	利用单因素风险程度值加权平均得出的综合风险指数	项目工程安全评估或社会稳定性评估等	量化方法过于复杂，涉及太多的参数

资料来源：《城市住宅社区公共安全风险管理体系研究：以广州为例》，王晓静。

实践中，矩阵图法是比较常用的一种风险评估方法，基本原理是根据危险源识别确定的危害及影响程度(L)与危害及影响事件发生的可能性(P)的乘积，确定风险的大小(R)，即 $R=L\times P$。

经过对风险因素的分析、危险等级的评定，城市住宅小区安全风险最后可归为 4 类。

(1) 极高风险。存在极易引起大面积人员伤亡或巨额财产损失隐患的，需要立即整改并采取有效的临时风险控制措施。

(2) 高风险。存在极易引起人员伤亡或财产损失隐患的，需要立即整改并采取有效的临时风险控制措施。

(3) 中风险。存在引起人员伤亡或财产损失隐患的可能，需要制订计划整改并采取有效的临时风险控制措施。

(4) 低风险。存在安全风险，建议采取措施以降低风险。[17]

1.3.4　风险控制措施的制定与实施

风险控制措施策划是指根据城市住宅小区风险源识别和风险因素评价的结果，针对可能的风险制定风险应对计划和措施。根据现代风险管理理论，可沿着下述思路来思考。

(1) 风险规避。这是一类从根本上放弃或放弃使用有风险的项目资源、项目技术、项目设计方案等，从而避开项目风险的应对措施。例如，坚决不在项目实施中采用不成熟的技术。

(2) 风险遏制。这是一种从遏制引发风险原因的角度出发应对风险的措施。例如，对可能因财务状况恶化而造成的项目风险(如因资金链断裂而造成烂尾楼工程项目等)，采取注入新资金的保障措施就是一种典型的项目风险遏制措施。

(3) 风险转移。主要用来对付那些概率小，但是损失大(超出了承受能力)或者责任单位很难控制的风险。例如，通过购买保险的方法将风险转移给保险商，就属于风险转移措施。

(4) 风险化解。即从化解风险的角度出发，去控制和消除引发风险的具体原因。例如，对于可能出现的住宅小区运行管理团队内部和外部的各种冲突风险，可以通过采取双向沟通、调解等各种消除矛盾的方法去解决，这就是一种风险的化解措施。

(5) 风险消减。这是无预警信息风险的主要应对措施之一。例如，对于一个工程建设项目，在因雨天而无法进行室外施工时，采用尽可能安排项目团队成员与设备从事室内作业的方法就是一种风险消减的措施。

(6) 风险储备。这是用于应对无预警信息风险的一种主要措施，特别是对于那些可能造成巨大损失的风险，应该积极采取这种风险应对措施。例如，储备资金和时间以应对项目风险、储备各种灭火器材以应对火灾、购买救护车以应对人身事故的救治等都属于风险储备措施。

(7) 风险容忍。指用于那些风险发生概率很小且风险所能造成的后果较轻的风险事件的应对。这是一种最常使用的风险应对措施，但是要注意必须合理地确定不同组织的风险容忍度。

(8) 风险分担。指根据风险的大小和相关利益者承担风险能力的大小，分别由不同的相关利益主体合理分担风险。这种风险应对措施多数采用合同或协议的方式确定风险的分担责任。[18]

值得注意的是，在风险控制措施的制定与实施中，一是要考虑现有资源的情况；二是要考虑内部和外部利益相关者的风险承受度和能力；三是要有时限上的要求；四是要考虑法律、法规和其他方面的要求。

1.4 建立住宅小区安全风险防控体系

不同城市，公共安全治理的发展态势和所面临的主要问题会有所差异。不同突发事件，其安全风险防控的方法、要求会有所不同。每个住宅小区由于地理位置不同、居住人群不同、形成的历史及文化氛围等不同，对风险、各类灾害的认识以及处理灾害的能力和经验等也会有所差异，所存在的问题也会有所不同。但总体上，根据我国城市公共安全风险防控的发展趋势、风险管理的规律，住宅小区安全风险防控在现阶段的主要任务是强化理念、理顺机制、建立体系。

1.4.1 强化安全风险防控的理念

习近平总书记 2016 年在唐山调研考察时指出，要努力实现从注重灾后救助向注重灾前预防转变，从应对单一灾种向综合减灾转变，从减少灾害损失向减轻灾害风险转变。① 这实质上是强调公共安全管理要向风险防控转型。

从国际经验看，社区风险管理是发达国家防灾策略中的重要理念，强调灾害防御中人的主观因素的参与，强调提升全民应灾能力，以减轻未来可能发生的灾害损失。

在我国，需要在党政机关、社会组织、民众中，强化安全风险防控的观念，理解风险防控的重要性和它所能够带来的效益，提升全社会的风险意识。由于党政机关是公共安全管理的主导者，不仅仅要建立风险防控的理念，还要学习、了解风险管理的理论和方法，学习、了解各方的做法，积累自己的经验。

强化安全风险防控的理念，除了宣传教育培训，最为重要的是制度建设，把风险防控纳入现行的公共安全管理体系之中，并将其作为重点。要作出制度性的安排，形成长效机制。

1.4.2 把住宅小区作为城市安全风险防控的基本单位

国际经验特别重视社区层级的风险防控，形成了一套办法，如防灾减灾中的韧性社区建设。我国在社会治安领域也有平安社区建设的尝试。公共安全风险防控，社区是一个重要的层级，也是一个有待加强的层级，许多研究和实践在社区层级展开。把住宅小区作为城市安全风险防控的基本单位，与社区的安全风险防控并不矛盾，而且有利于推进城市公共安全风险防控。因为社区尚在发展和健全之中，在社会治理中是有待加强的领域，特别是在居民自治方面，而住宅小区在城市中已成为居民普遍的居住生活方式，在管理方面经过近 30 年的实践有了一定的积累。此外，一般情况下，住宅小区在空间、设施设备方面自成体系。把住宅小区作为城市安全风险防控的基本单位，不仅有其可行性，而且可以为城市安全风险防控建设增加一个抓手。

---

① 习近平在河北唐山市考察.新华社，2016-07-28.

把住宅小区作为城市安全风险防控的基本单位，最重要的是政府的认知和定位，需要政府及其各个部门把住宅小区纳入公共安全治理的体系中去，并将其作为一个基本单位来对待；要认真研究住宅小区的特点和承担能力，给予针对性的指导。当然，政府也要统筹住宅小区与社区的风险防控，处理好二者的关系。这是一个有待实践、需要创新的课题。

1.4.3 发挥政府的主导作用

在我国目前的环境下，政府居于公共安全治理的主导地位。实施公共安全风险防控，把住宅小区作为城市安全风险防控的基本单位，政府同样居于主导地位，而且必须发挥主导作用，当然，这种主导作用的发挥较以前是需要有所改进的。

(1) 要把安全工作考核的重点从事故处置和应对逐步转移到风险防控方面来，通过正面激励和负面约束的方式引导各级政府更加重视风险防控工作。[19]

(2) 加大对基层(社区、住宅小区)风险治理的资源投入，全面提升基层组织风险防控能力，包括保障财政经费投入，参照国际标准进行人员配置，建设高质量的专业人才队伍，提供齐全的安全设施设备。

(3) 加强部门间协同。目前的管理体制是按专业部门分兵把口，各自形成自己的一套体系，有碎片化的倾向。要加强部门间的协同，形成风险防控的总体规划设计，信息共享，政策相互衔接，行动相互照应，提高效率，减轻基层负担。要整合各领域已建风险预警系统，构建覆盖全面、反应灵敏、能级较高的风险预警信息网络，形成城市运行风险预警指数实时发布机制，逐步建立起城市的综合预警平台。要建立跨行业、跨部门、跨职能的“互联网＋”风险管理大平台，并以平台为核心引导相关职能部门和运营企业进行常态化风险管理工作。这两个平台都要给住宅小区留出端口。[14]

(4) 各级党政机关要主动减少发动各类专项整治的频率和次数，将原有“运动式”治理的执法内容更多地融入年度和季度工作重点等常规性工作模式中，或者直接将重要的专项整治制度化、常规化；地方政府要逐步减少对监管部门的临时性指令任务，将以往的临时性监管任务尽可能在年度工作安排中常态化地表现出来。[14]

(5) 制定政策，引导、加强老旧城区、老旧住宅区的综合性改造，提升安全设施设备的完好性和技术水平。

1.4.4 赋能物业公司

现代住宅小区的一个基本特点是实施物业管理。物业公司事实上已经承担着部分安全管理工作，如住宅小区的安保，同时还承担着住宅小区建筑、设施设备的运维，是住宅小区秩序的日常管理者，对住宅小区的情况也最熟悉。进一步赋能物业公司，拓展其安全服务的业务范围，使其成为住宅小区安全风险防控的日常管理者与服务者，是一个现实的选择，也是安全管理社会化的一条路径。

(1) 要从法律制度上明确物业公司在住宅小区公共安全管理方面的地位和责任，使安全管理成为法定的委托事项。

(2) 物业公司要提升自身能力，培养安全风险管理方面的人才，提升全员安全意识，逐步扩大安全服务的业务范围，成为合格的安全服务商。

(3) 建立安全服务经费的筹措支付机制。物业公司提供安全服务是需要收费的，这是市场行为，居民(业主)享受这方面的服务必须付费，否则一切就无法运行。居民与物业公司在收费方面历来存在很大的矛盾，政府要加以引导，建立合理的协商机制。

(4) 政府可以采用购买服务的方式，将一部分由政府部门承担的安全管理方面的事务性工作交由物业公司做，一方面借此扶持物业公司，另一方面可减轻自身负担，用专业化来提升工作效率。

1.4.5 培育风险防控的主体

现代安全风险防控是多主体参与的过程。在住宅小区，除政府部门、物业公司外，社区组织、居委会、业委会、居民，也都应该是安全风险防控的参与者、责任者、作用发挥者，是不可缺少的主体构成。从国际经验看，这些基层的民间主体的参与程度、作用发挥程度，标志着社区发展、公共安全治理的成熟与否。然而，在我国现实条件下，这些主体尚处于“发育”阶段中。社区组织和居委会处于一体运行模式，不仅居委会作为居民自治组织发挥作用有限，而且社区作为政府社会治理的一个层级，其职能配置、工作机制都处于初级阶段。业委会是住宅小区居民(业主和实际使用者)的代表，参与住宅小区的管理，在法律上已经明确了它的地位，但实际成立业委会的住宅小区是少数，能够有效发挥的作用就更少。居民是住宅的业主，当然是住宅小区的主体，但该主体目前对住宅小区安全防控权利和义务的认知相当薄弱，实际参与程度低。因此，把社区组织、居委会、业委会、居民培育成为安全风险防控的主体，成为具有自觉性的合格的主体，是建立住宅小区安全风险防控体系的一大任务，而且是长期任务，具体做法如下。

(1) 就社区组织/居委会而言，重点是明确社区、住宅小区的安全治理职责，并赋予其相应的资源，纳入其工作体系和考核目标体系。政府的职能部门要指导、支持社区的安全风险防控工作，创造条件，培育能力，要把社区建成协助政府及其职能部门落地安全管理、组织居民和区内单位参与安全风险防控的结合点和交互平台。

(2) 就业委会而言，要积极推动各个住宅小区组建业委会，并把参与住宅小区安全治理作为其法定的职责。

(3) 就居民而言，重点是要通过各种渠道对民众进行安全风险意识的普及和教育，使其明白自身应该承担的义务。可以从指导每户居民制订家庭应对灾害的风险管理计划入手，以家庭为单位学习和掌握基本的水、电、煤气等方面的事故常识和应对方法，了解家庭周围的避难避险设施和疏散线路，准备适量的家庭防灾设施和物资储备，定期检查、更换，并为有老年人和残疾人的家庭准备一份信息联系卡，从而增强安全风险意识，提高风险防控能力。此外，政府要有鼓励居民参与的措施，要创造条件。[13]

（4）提升居民的风险意识。由社区牵头，建立住宅小区安全管理联席会议制度，成员包括居委会、业委会、物业公司、小区内商家代表，根据议题内容，邀请政府相关部门参加。住宅小区安全管理联席会议属于议事协调机构，其基本职责如下：通报城市、社区的公共安全形势，住宅小区安全风险方面发生的问题；研究政府提出的安全管理任务的落实，研究住宅小区风险排查中发现的问题的解决方案，研究住宅小区风险防控和应急工作中存在的突出问题，提出相应的解决措施和方案；协商各方以及居民提出的问题、建议；组织安全风险防范宣传和应急演练；协商资源的调动、经费的筹措；等等。

（5）建立居民参与的互动平台。居民的广泛关注和参与，是住宅小区和社区公共安全风险治理和应急处置中最重要、最困难的事情，建立起有效的机制还需要长期艰苦的探索，但有一项基础工作应该做，就是建立居民参与的互动平台。通过这样一个平台，居民可以得到安全风险防控的各种信息，了解社区、物业安全管理工作的情况，提交发现的问题并提出自己的意见，在出现突发事件时组织响应行动。要设法把每一个家庭都拉进这个“群”里。

解决居民的关注和参与问题，有这样几条原则需要坚守：①信息公开；②有问有答；③居民提出的意见要有回复；④要有正面的激励；⑤要使居民感受到在安全感方面的受益；⑥付出的代价是经济合理的，不能负担过重。

1.4.6 充分利用新一代信息技术

一方面，规范相关部门的数据报送和披露机制，使真实可靠的数据得到记录和公开，是公共安全风险治理的第一步，同时可推进跨部门的数据共享和信息互通。另一方面，大数据技术利用海量、实时、多维和细颗粒度的行为数据，在高级算法的支持下，对某个现象得出规律性的认识，可以辅助管理和决策。除在整个城市的尺度上由政府组织智慧化建设外，住宅小区也需要建立实用、简单、方便的信息平台。

1.5 典型案例：北京市西城区在城市社区风险治理中的经验与启示[20]

德国社会学家乌尔里希·贝克在《世界风险社会》一书中提出，人类正步入“风险社会”。中国城市化快速发展，迅速扩大的城市规模与基础设施建设、城市管理水平不匹配；同时，人口和家庭结构发生了一系列变化，人口老龄化、人口流动性增强、家庭原子化等降低了个人和家庭面对风险的韧性。可以说，中国也正步入一个“高风险社会”。

社区是社会的基本组成单元，是各种突发事件最直接的承受者，而社区居民则是风险直接的影响对象与应对者。因此，以社区为立足点，开展风险治理成为关键。作为首都的核心城区，北京市西城区以社区为出发点，在坚持政府主导的前提下，积极探索创新，引入市场机制和社会机制，充分调动企业、社会组织和居民的积极性，使其共同参与社区风险治理。本节分析了西城区在风险治理中的典型做法和经验，以期为其他城市的风险治理提供可借鉴之处。

1.5.1 主要做法和经验

1. 创新激励手段，鼓励多元参与

风险治理强调多元主体参与。以灾害防救为例，虽然政府在灾害防救过程中发挥主导作用，但以往经验表明，单纯由政府实施的自上而下的灾害管理体制并不是万能的，往往需要其他社会力量的补充和完善。除政府外，企业、各种非营利组织、社区组织、志愿者组织等也是风险治理的重要实施者和参与者。西城区创新激励手段，鼓励多种力量参与地区风险治理，其具体做法如下。

1）通过政府购买服务，吸纳社会组织参与

西城区每年设立一定的政府购买服务资金，将大部分的安全建设项目委托给社会组织实施，政府从“运动员”的角色还原为“教练员”和“裁判员”，其中两个有代表性的项目是平房区冬季采暖安全促进项目、区安全社区综合促进项目。

（1）平房区冬季采暖安全促进项目。由于北方平房冬季采暖仍以煤炉为主，为提高居民对安全使用煤炉的认识，增强自我防范能力，通过政府购买社会服务的形式，西城区委托北京市城市系统工程研究中心和北京市理化分析测试中心用专业仪器对地区 100 户平房家庭进行了环境检测，针对每个监测点出具居家气体检测诊断书，对发现的隐患当场提出了整改建议。

（2）区安全社区综合促进项目。相对西城区原有的 7 条街道，西城区南城的 8 条街道(属原宣武区)安全基础相对薄弱，为加强南城整体安全建设，西城区通过政府购买社会服务的形式，委托全国安全社区技术支持中心(北京市城市系统工程研究中心)对南城整体安全社区建设提供技术指导，全程参与社区风险评价、工作方案制订、安全促进项目策划与实施以及安全项目评估一系列风险管理流程。

2）鼓励和培育志愿者组织，创新志愿者参与形式

西城区根据各街道不同区域的传统、文化和风险情况，因地制宜，采用适宜的渠道和形式鼓励和培育志愿者组织。展览路街道充分发挥社区 2 773 名楼门组长队伍的纽带作用，以楼门文化建设为切入点，以政府、社会、居民共同出资、出物、出力的方式，从单一的“警示性宣传”向“知识性、服务性宣传”转变，通过楼道“客厅化”、安全知识展、主题楼道建设等活动，在楼道内搭建居民自我学习、自我保护的平台，方便了社区治安信息的广泛传播。白纸坊街道在所辖 18 个社区组建了治安、消防、交通、城管等各类居民志愿者队伍 10 余支，志愿者人数达 4 350 人，其中防震减灾志愿者 200 余人。社区工作人员积极组织社区志愿者进行日常治安、消防巡视，加强邻里守望责任意识，利用重大节日、会议等精心设计活动，发挥志愿者服务和示范效应，鼓励志愿者积极参与安全工作。街道还成立了“坊间青年志愿服务营”，建立心理疏导突击队等特色志愿服务小分队，不断规范和壮大青年志愿者队伍，并在辖区 19 个单位及团组织中推选出“白纸坊

十大青年先锋”，打造志愿服务品牌。

3）多渠道并行，鼓励企业参与

除大力引入社会力量参与社区风险治理外，西城区还通过多种渠道引入企业。

（1）引入市场机制，直接购买企业的安全产品和服务。例如，月坛街道出资聘请研发公司，提供科技手段和信息化技术，开发了月坛地域安全隐患预警系统软件。

（2）鼓励企业承担社会责任。通过设立表彰大会、奖励资金，鼓励企业为所在社区提供所需公共安全相关产品和服务。目前，北京市健宫医院等数家民营医院已参与到地区安全建设中，通过定期为所在地居民免费提供急救讲座、现场急救培训的方式，提高居民自救、互救能力。望康动物医院等个体企业也组织宠物医疗专家定期向宠物饲养者和社区居民免费讲解预防犬只咬伤的知识和急救办法。

社会力量和市场力量共同参与风险治理有利于满足不同群体的异质性需求。在这一过程中，不仅能提升政府的治理能力，还培育了一批优质的社会组织，增强了基层抗风险能力。

2. 加强风险监测，重视事前预防

在风险治理中，事前预防是关键。为加强对地区风险的监测，西城区主要街道均建立了综合性的风险监测系统。下面以白纸坊街道为例介绍。

（1）召开了社区风险辨识及事故与伤害监测工作会，邀请西城区消防支队、交通大队、安全生产办、派出所、社区卫生服务中心和社区居委会参加，研讨落实各项事故与伤害监测的具体工作。全面开展社区风险诊断，通过数据分析、问卷调查、实际走访以及隐患排查等方式，明确社区存在的隐患及其原因，撰写了《社区风险诊断报告》。

（2）完善事故与伤害的监测和报告制度。街道安全工作委员会到交通、公安、消防、医疗、安全监察等职能部门走访，帮助确立事故与伤害监测制度。消防支队负责辖区火灾事故监测，每年提交《火灾事故分析报告》；派出所负责辖区治安案件监测，每年提交《警情分析报告》；交通大队负责交通事故统计，每年提交《交通事故分析报告》；安全监察部门负责安全生产事故统计，每年提交《安全生产管理分析报告》；社区卫生服务中心建立了首诊伤害监测机制，每年提交《居民事故与伤害分析报表》。

（3）通过“访、听、解”活动，深入基层了解社区居民的安全需求。“访”是组织工作人员深入社区调查研究，进行安全隐患排查；“听”是通过召开居民代表会、调查问卷等形式，搜集百姓对于安全的诉求；“解”是开展有关工作，解决居民反映的问题。

通过上述工作建立了综合性的风险监测系统，定期对各类事故与伤害进行监测分析并报白纸坊安全社区创建办公室，为风险源的辨识、安全促进项目的设计与效果评估和持续整改计划的制订提供了依据。

3. 重点提高基层风险应对能力

突发事件发生后，基层是受影响最直接的单元，也是最先响应的单元，因此要培养和提升民众发现风险以及自救、互救的意识和能力。西城区整合辖区资源，建立社区安全宣传教育和培

训体系，向社区工作人员、居民宣传安全知识，培训安全技能，其做法如下。

1）定期面向公众开展防灾减灾教育和演练活动

以万寿公园为例，公园面积约 4.7 公顷，日接待游人 3 000 余人，是全国第一个较完善的防灾避险节水节能型公园。与公园应急避难场所的应急资源相呼应，园内的防灾减灾安全教育基地既是防灾减灾安全知识教育平台，又是应急预备指挥所。社区充分利用万寿公园和公共安全宣传教育基地资源，开展针对社区居民、学校、单位的防灾减灾安全宣教和演练活动。

完善公园应急避险指挥系统管理。加强应急避险系统、雨水回灌系统、太阳能光伏电站的管理，确保避难场所功能正常运转；加强避难场所水电设施、指示标识、救灾物资等的保管、补充和更新；完善公园应急避险指挥系统，包括指挥中心报警装置、通信设备等的升级维护，明确各部门职责和任务分工，规范应急程序，等等；加强避难场所人员管理和专业培训，每年定期开展防灾减灾应急演练活动，锻炼应急救援队伍，提高救护人员协同作战和应急处置的能力。

依托万寿公园和公共安全宣传教育基地，开展防灾避险科普教育和演练活动。社区面向居民、单位职工、中小学生开展多项科普宣传教育活动，普及地震等灾害应急和救助常识。经常性组织单位、学校及社区居民参观学习，普及公共安全知识，进一步增强全社区灾害风险防范意识，广泛宣传灾害自救、互救知识。每年五月，万寿公园均会开展地震应急演练活动，参加演练行动的包括职能部门人员、医护人员、志愿者队伍和社区居民。累计共接待辖区单位、社区居民、中小学生 9 500 余人次，放映科普影视 48 场，发放地震火灾综合应急包 270 个，在公园、社区、校园、单位共安放展板 600 块，发放宣传材料 43 000 余份。

2）委托社会组织为社区工作人员、居民提供应急宣讲

为了提高基层应急避险能力，通过政府购买社会服务的形式，西城区引入了北京市城市系统工程研究中心，依托各街道的安全教育基地，通过现场授课的方式，针对社区工作人员、居民、企事业单位从业人员和中小学生等群体开展了包括儿童居家安全、老年人跌倒预防、灭火技能培训、火灾紧急逃生等在内的系列安全教育课程。通过这些课程和培训，基层应急能力得到了一定提高。

3）公共安全宣传教育渠道多样化

由安全生产监督管理局牵头，结合“安全生产月”活动，借助“国际民防日”“世界红十字日”“防灾减灾日”等重大纪念日，组织开展了一系列以公共安全为主题的大型室外宣传活动。为了让公共安全的概念走进社区、走近居民，区应急办、区人防局、区残联、红十字会等部门合作开展自救、互救培训项目，将救助知识送进机关、企业、学校、特殊人群，累计共组织 6 319 人次参加应急救护培训。

4. 关注社会弱势群体

在地区风险治理中，易遭受伤害的弱势群体是重点关注对象。每个社区均针对社区弱势群

体(例如学生、老年人、残疾人等)开展了风险评估,并单独设定安全促进项目。下面以白纸坊街道的校园安全促进项目和广内街道的精神残疾人员安全促进项目为例进行说明。

1) 白纸坊街道校园安全促进项目

在该项目开展过程中,辖区各中小学校逐步健全了校舍安全管理、门卫值班管理、校园监控系统、食堂管理、消防安全管理、交通安全管理、学生体育运动及社会实践活动管理等全方位安全监管机制,实行层层负责制,管理责任到人。进一步完善学校各项应急预案,并结合预案每年进行 1～2 次疏散演习。

该项目进一步完善校园及周边地区的专门巡逻机制,形成了巡警、派出所警力、协警力量三级巡逻网络,11 所需要重点看护的小学、幼儿园每所配备看护力量为 1 警、2 巡防、4 治安,其他一般看护的学校每所配备看护力量为 2 巡防、4 治安。在学校附近的两个主要十字路口分别部署 1 辆巡逻车待命,以备应急出警,预防各类案件的发生;考虑到部分中小学建在胡同内,街巷较为狭窄,限制了巡逻和出警的机动、灵活性,街道出资 2 万余元购置了 6 辆专用电动自行车,组建了一支 12 人的巡防队伍(包括派出所民警 2 名和巡防队员 10 名),主要负责在中小学、幼儿园上下学的高峰时段校园周边主要路口和路段的看护。联合治安志愿者队伍,每天定时定岗在学校周边进行安全巡逻。组织志愿者巡防力量在 7 时至 8 时和 16 时 30 分至 17 时 30 分学生上下学等重点时段,对辖区所有小学派专人看守。

此外,项目定期对校园周边的环境秩序开展专项清理整治行动,包括对学校及幼儿园周边占道经营等违法行为进行清理整治,对周边治安环境、地区重点精神病人进行排查登记等。

2) 广内街道精神残疾人员安全促进项目

广内街道在此项目中对精神残疾人员进行风险评估,并建立健康档案。街道残联与广内卫生服务中心对社区 312 名精神残疾人员开展了风险评估,并进行分级管理,为每一位患者建立精神病人管理档案,以便及时掌握患者的病情变化。为了更好地为辖区精神残疾人员服务,街道每年组织精神卫生知识培训,累计培训社区残协工作者 54 人次。依托温馨家园,开展职业康复训练。街道成立了一支技能培训师队伍,目前有培训师 3 人,指导社区内轻度智力残疾人员进行编织、布贴画等康复技能训练,提高其劳动技能,增加其收入。

通过丰富多彩的文化娱乐活动,广内街道精神残疾人员安全促进项目开展得有声有色。街道定期组织精神残疾人员集体过生日、外出购物、采摘、游园等,促进他们走出家庭、融入社会,极大地稳定了该类人群的情绪,缓解了病情,提高了他们参与社会活动的积极性。

5. 坚持评估与持续改进,不断完善风险治理流程

在城市社区风险治理中,西城区各街道坚持评估与持续改进,不断完善风险治理流程。各街道定期对前一年的地区安全建设工作进行评估,从中发现问题,并将其作为下一步持续改进的依据。评估主要包括:

(1) 过程评估。街道安全工作委员会办公室定期评估各安全促进工作组的工作计划、项目开展及工作进度。评估主要依据工作组各次协调会的工作汇报及各工作组的上报资料。

（2）事故与伤害记录数据评估。街道安全工作委员会办公室每半年一次根据交通、消防、社会治安及安全生产四个方面的数据进行分析，对事故和伤害数据出现上升的领域进行重点分析，找出存在的问题，督促相关部门予以整改并报整改计划。

（3）居民满意度调查。在辖区发放居民满意度调查问卷，由居民从环境安全、治安安全、交通安全、消防安全、居家安全等几方面打分，并对现有安全工作提出建议。

（4）外部评估。西城区社会建设领导小组办公室对地区风险治理项目进行评估，并提出相关建议。

1.5.2 启示

1. 风险治理应坚持政府主导

政府必须在风险治理中坚持主导作用，这并不是说政府必须提供所有风险治理相关的产品服务，而是说政府必须承担投资主体的角色，由政府主要出资来推动风险治理。同时，政府应承担起监管者和评估者的角色，对风险治理工作的推进进行及时监管，对所投资的项目进行评估。

2. 风险治理应推动多元参与

在政府管理和公共部门中引入市场和社会力量，推动多元力量共同参与社区风险治理，使政府从“运动员”的角色还原为“教练员”和“裁判员”，不仅有利于吸纳专业性社会组织来提供更高质量的服务，弥补政府管理成本高、效率低的不足，还有利于增强政府对民众安全需要的响应能力。

参考文献

[1] 中华人民共和国住房和城乡建设部.城市居住区规划设计标准：GB 50180—2018[S].北京：中国建筑工业出版社，2018.

[2] 程道平.现代城市规划[M].北京：科学出版社，2004.

[3] 王图亚.既有居住区抗震韧性评价与提升策略研究[D].北京：中国建筑科学研究院，2019.

[4] 滕五晓.社区安全治理：理论与实务[M].上海：上海三联书店，2012.

[5] 周宇，顾祥红.现代物业管理[M].大连：东北财经大学出版社，2001.

[6] 高炳华.物业管理操作实务[M].北京：中国人民大学出版社，2016.

[7] 安静.物业管理概论[M].北京：化学工业出版社，2008.

[8] 彭勇.房地产高效风险防范[M].北京：中国建筑工业出版社，2010.

[9] 王晓静.城市住宅社区公共安全风险管理体系研究：以广州为例[D].焦作：河南理工大学，2015.

[10] 贝克.世界风险社会[M].吴英姿，孙淑敏，译.南京：南京大学出版社，2004.

[11] 闪淳昌，薛澜.应急管理概论：理论与实践[M].北京：高等教育出版社，2012.

[12] 周永根.中国社区应急管理模式调查与分析[J].湖南社会科学，2020(1)：165-172.

[13] 王晓芸.社区风险管理：提高防御灾害能力的基石[J].求实，2011(Z1)：197-199.

[14] 孙建平.城市安全风险防控概论[M].上海：同济大学出版社，2018.

[15] 马小飞.风险社会视域下城市公共安全风险防范与应急管理策略研究[J].中国应急救援，2018(1)：20-24.

[16] 方圆标志认证集团有限公司.质量、环境及职业健康安全三合一管理体系的建立与实施[M].2 版.北京：中国标准出版社，2012.

[17] 周晓峰，马英楠，高星.城市社区安全风险管理实践若干问题探析[J].安全，2019，40(3)：25-29.

[18] 戚安邦.项目管理学[M].天津：南开大学出版社，2007.

[19] 孙柏瑛.安全城市　平安生活：中国特(超)大城市公共安全风险治理报告[M].北京：中国社会科学出版社，2018.

[20] 张秋洁，马英楠，朱伟.北京市西城区在城市社区风险治理中的经验与启示[C]//洪毅.2016 年城市风险与应急管理论坛论文集.北京：国家行政学院出版社，2016.

2　城市住宅小区灾害风险防控

广义而言,灾害指由人为、自然因素或二者共同导致出现危害人类生命、财产或者生存环境的现象或过程。国内外研究者认为,灾害是一种会影响城市、影响社会,甚至使城市、社会长时间无法承受其影响或恢复能力的现象。灾害有两个显著特点:一是规模巨大,二是通常因突然的物理冲击造成损害。本书把灾害的范围限定在城市中,本章主要考虑由自然因素导致的灾害,即自然灾害。

人类社会正遭受着越来越严峻的自然灾害威胁,因城市财富高度集中,自然灾害造成的损失也越来越巨大。住宅小区是构成城市的基本单元,同时也是城市防灾的基本构成单元。住宅小区的安全性、防灾减灾能力越来越受到社会的重视。住宅小区的灾害风险防控,是住宅小区公共安全治理的重要组成部分,也是城市防灾减灾、公共安全治理的重要组成部分。

2.1　城市灾害及住宅小区防灾现状分析

2.1.1　影响住宅小区的主要灾害种类

一般说来,所有城市灾害都可能对住宅小区产生损害性影响。灾害种类不同,作用机制各异,所造成的后果就会有差异。从历史经验看,影响住宅小区的主要灾害有地震、飓风或台风、暴雨、滑坡等地质灾害。

地震灾害。地震是一种破坏力极大的自然灾害。我国是地震灾害发生频繁的国家之一,城镇地区人口高度集中,在突发的地震灾害下,房屋建筑一旦发生严重破坏和倒塌,会造成大量的人员伤亡。1976 年唐山大地震、2008 年汶川地震等强烈地震,城市几乎被夷为平地,因房屋破坏直接造成的人员伤亡占总伤亡的绝大部分。唐山大地震发震时间为凌晨,人们在睡梦中遭遇强震,几十万人在突发的灾害中被夺去了生命,为人们遮风挡雨、提供庇护的家园瞬间成为坟墓。

台风灾害。随着环境气候的变化,城市极端气候(如强风暴雨)出现的频次增加。大风在城市中瞬间能达到非常高的强度,从而形成巨大的破坏力,造成建筑损害、树木断倒、广告牌倒塌、高空坠物,进而导致人员伤亡、财产损害。台风灾害一般发生在沿海地区。台风灾害虽然目前可以有相对准确的预测,但每年台风在我国东南沿海地区登陆期间,狂风和随之而来的暴雨仍会给城市和乡村带来一定程度的破坏,虽不会像地震灾害一样在短时间内造成房屋设施的破坏和人员伤亡，但因强风造成的房屋附属设施和围护构件掉落伤人、强降雨引发的内涝等也会造成损失，影响居民的正常生活秩序。

暴雨灾害。暴雨灾害主要指因暴雨造成城市内涝。目前我国城市排洪设防标准相对较低，加上原有自然水系被破坏，雨水渗透能力差、排洪不畅，短时会造成内涝积水，进而导致财产损失，如小汽车被淹，一楼住房、店铺进水，严重时也有可能导致人身伤害。2020 年 5 月 21 日夜间至 22 日早晨广州发生强降雨过程，降雨的强度、范围均超历史纪录：黄埔区鸣泉山庄发生浅表层小型山体滑坡及伴生泥石流，致 4 间房屋倒塌，9 人受困，其中，7 人安全撤离、2 人遇难；黄埔区开源大道隧道有车辆被困，4 人逃生、2 人溺亡。①

地质灾害。城市地质灾害主要是滑坡、泥石流、塌陷等。2010 年 8 月 7 日 22 时，甘肃省甘南藏族自治州辖区舟曲县突降强暴雨，引发了县城北面的罗家峪沟和三眼峪沟山体滑坡，形成特大山洪泥石流灾害。泥石流由北向南冲进县城，阻断白龙江，形成堰塞湖，回水使全县三分之二区域被淹，造成上千人死亡，大量房屋和基础设施被彻底摧毁，损失惨重。[1]

2.1.2 城市灾害的作用特征

1. 直接破坏性大

以地震灾害为例。强烈地震可对住宅小区的建筑物产生严重破坏，从而导致人员伤亡和经济损失。房屋建筑结构是由各类构件组成的整体，当地震烈度超出建筑设防标准或建筑质量不合格时，在强烈地震作用下，建筑局部或整体被破坏，非结构构件的破坏也会对建筑物的功能产生重大影响。另外，地震砂土液化、地形变化可使地基产生不均匀沉降，地基承载力下降，加重建筑结构破坏。地震还可对住宅小区的基础设施（如电力设施、供水设施、燃气设施等）造成破坏，严重影响居民的正常生活和应急救灾、恢复重建工作的开展。[2]

台风的破坏力也是很大的。以 2017 年第 13 号台风“天鸽”对澳门的影响为例，“天鸽”台风灾害共造成澳门 10 人遇难，244 人受伤。遇难人员中，有 7 人在地下停车场、地下水窖、地铺等地下场所因溺水死亡，其余 3 人因高空坠落、行进滑倒、车辆碾轧等原因死亡。“天鸽”台风正面影响澳门时，恰逢风暴潮叠加天文大潮，双潮叠加导致内港短时水位增高，居民在地下停车场未能及时撤出而丧生。另外，建筑物损毁、高空坠物、树木倒压等因素是导致人员受伤的主要原因。尽管历史上澳门也曾发生过因台风灾害造成极为严重的人员伤亡事件，但此次灾害是近几十年来造成人员伤亡最严重的自然灾害事件。②

2. 易引发次生和衍生灾害

随着人口和财富不断向城市聚集，各种系统和因素的耦合不断增强，城市的复杂性、脆弱性特征愈加突出。突发灾害除造成直接破坏以外，易引发一系列次生和衍生灾害，加重

① 广州市官方通报近两日特大暴雨情况：已致 4 人遇难.澎湃，2020-05-22.

② 摘自《澳门“天鸽”台风灾害评估总结及优化澳门应急管理体制建议》报告.

损失。

地震灾害发生之后，出现次生灾害、衍生灾害（图 2-1）的概率高，导致破坏范围、规模和程度的扩张与加重，几类灾害之间还会相互作用，阻碍城市功能的恢复和正常的生活生产秩序。由地震作用引起的建筑和工程设施的破坏属于直接破坏，由于建筑和设施的破坏造成的燃气管道泄漏或电器短路等会引发次生火灾；河流堤坝的破坏可能引发次生水灾；崩塌、滑坡、泥石流等地表破坏会加重房屋和设施的破坏；供水系统的破坏，会直接影响居民生活；而作为各城市基础设施重要保障的供电系统一旦被破坏，其后果更为严重，直接影响居民正常生活秩序的维护和应急救援、恢复重建的顺利进行，对社会稳定和经济发展造成更为长远的负面影响。

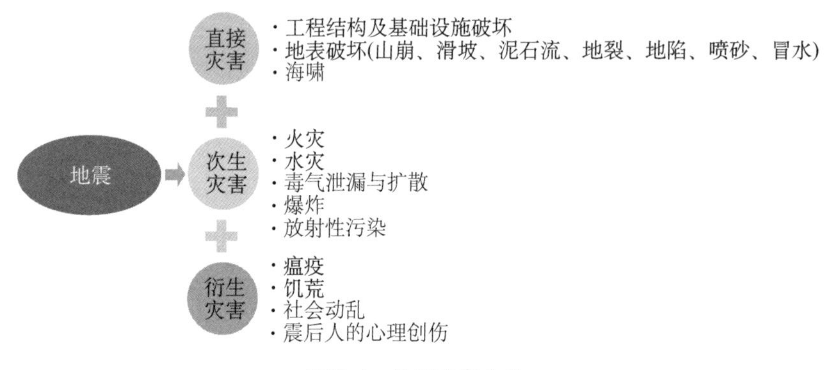

图 2-1　地震灾害分类

“天鸽”台风灾害导致澳门供电、供水、通信设施损毁严重。澳门电网全黑、全澳停电，超过 25 万户居民受到影响。由于水厂受风灾、水浸、断电和通信中断等影响，部分区域供水暂停，灾害发生 6 天后，全澳生产及生活供水才全面恢复正常。受海水倒灌等因素影响，澳门低洼街区和地下停车场水浸十分严重，造成居民财产损失。[3]

灾后的应急和恢复工作如果不能及时开展，还可能带来非常严重的环境卫生问题，具有暴发疫情的潜在风险。通常在灾害发生后受停水、停电等因素影响，市民生活环境受到严重破坏，不及时采取措施，便存在引起各种传染病和疫情的风险。

3. 易造成非物质层面的负面影响

灾害对城市住宅小区非物质层面的负面影响主要包括对居民心理健康的损害及对社区层级的社会经济结构的破坏。

灾害本身具有突发性和后果的严重性等特征，赖以生活的家园遭受灾害的破坏会对居民造成强烈的精神刺激，使其出现各种应激反应。居民心理的反应可分为轻度心理应激、严重心理应激、极严重心理应激 3 个层级，这 3 种应激反应的相同之处在于：产生恐慌的状态，降低认知，导致盲目从众、慌乱无措的情景。

住宅小区是城市的基本单元，其社会结构往往具有离散性，在缺乏统一管理的情况下，灾时更易因应对不当而加重和扩大灾害的负面影响。研究表明，灾时城市住宅小区的社会经济结构受负面影响的程度与居民心理应激有直接联系(图 2-2)。

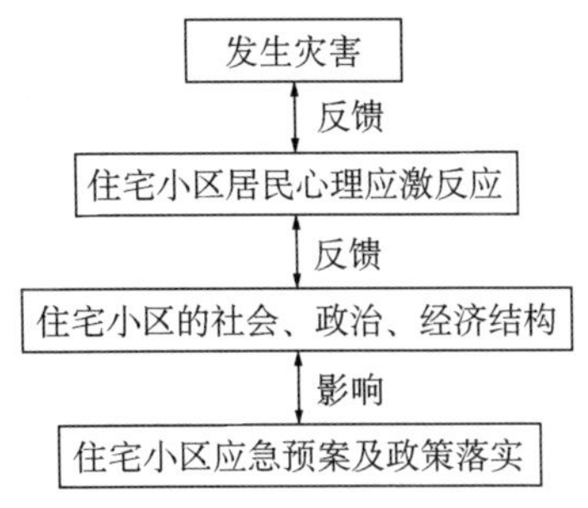

图 2-2 城市住宅小区居民灾害心理应激与社会经济结构

（资料来源：《抗震防灾视角下城市韧性社区评价体系及优化策略研究》，杨雅婷）

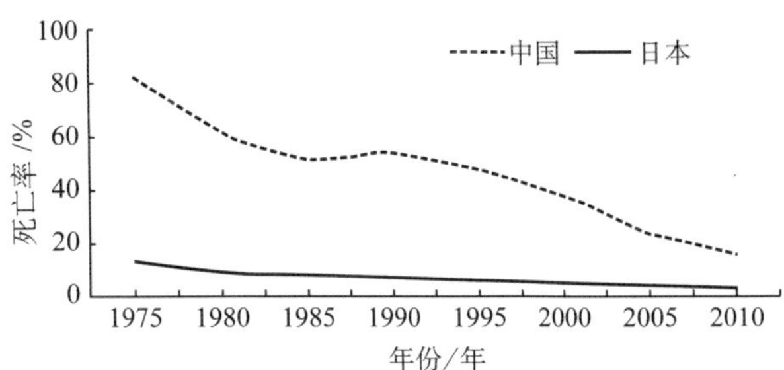

图 2-3 中国和日本居住区灾害发生时 5 岁以下儿童死亡率

（资料来源：《抗震防灾视角下城市韧性社区评价体系及优化策略研究》，杨雅婷）

4. 易对弱势群体造成损害

我国当前已逐渐进入老龄化社会。与城市其他功能区比较而言，在住宅小区内更多、更长时间驻留的是老年人、残障人士及儿童等生理弱势群体。这些弱势群体在行动力、心理承受能力方面低于其他人群。在灾害发生时的紧急疏散以及其他应急过程中，这些群体的人员通常都要在他人提供援助的情况下才能确保自身的安全，因而在灾害中更容易受到伤害，受伤害程度也更为严重，特别是在我国，关于住宅小区灾害应急保障以及救助的法律规章制度依然有待完善，弱势群体的人身安全以及财产安全还无法得到有效的保护。1975—2010 年，我国地震灾害中 5 岁以下儿童死亡率已经逐步下降，但仍远远高于整体防灾应灾能力强、制度建设完善的日本(图 2-3)。[2]

另外，除了生理弱势群体，住宅小区中还存在部分经济弱势群体，对于这类人群来说，灾害会对其在应灾期间的反应和后续的生活造成更为负面的影响，他们在灾后易陷入窘迫的境地，难以迅速恢复正常生活状态。

2.1.3 住宅小区防灾减灾存在的问题

我国高度重视防灾减灾工作，国务院制订有专项的规划，各级政府也逐步加大投入，防灾减灾事业稳步发展。与“十五”和“十一五”时期历年平均值相比，“十二五”时期因灾死亡失踪人口较大幅度下降，紧急转移安置人口、倒塌房屋数量、农作物受灾面积、直接经济损失占国内生产总值的比重分别减少 22.6%、75.6%、38.8%、13.2%。①

然而，目前城市防灾减灾的重点放在基础设施、大型公共建筑上，住宅小区相对偏弱。住宅小区主要由住宅建筑及基础生活设施构成，是现代城市生活最基本的组成单位。影响城市住宅小区防灾能力的因素有很多，包括住宅小区中住宅建筑防灾脆弱性，居住区内部和周边的避难应灾

① 国务院办公厅关于印发国家综合防灾减灾规划(2016—2020 年)的通知.国办发〔2016〕104 号.

资源、避难场所、避难通道现状，住宅小区中人群防灾的主观能动性，以及住宅小区防灾管理力度等。影响因素的多样性决定了城市住宅小区在防灾能力建设中会表现出各种各样的问题。

1. 防灾减灾工作发展不平衡，老旧住宅小区相对薄弱

在我国，已建成的减灾示范居住区或地震安全居住区都有专门的减灾规划指导，各类防灾设施比较完善，管理到位，综合防灾减灾能力较强；城市中大部分新建住宅小区也经过规划设计，具备基本的防灾空间及防灾资源配置。但对于城市中现存的大量老旧住宅小区，由于历史的原因，建设年代不一，存在以下问题：①限于当时的标准规范，部分既有建筑的抗震设防标准达不到现行规范的抗震设防要求；②施工质量和管理水平参差不齐，建造质量存在差异；③年代较久远的既有老旧住宅小区，在规划和设施方面不尽合理，防范突发灾害的应对能力低下。[2]综合以上几方面的现状，一些老旧住宅小区普遍存在建筑安全性差、整体减灾能力弱的问题。

2. 住宅小区防灾减灾组织化、参与程度不高，资源不足

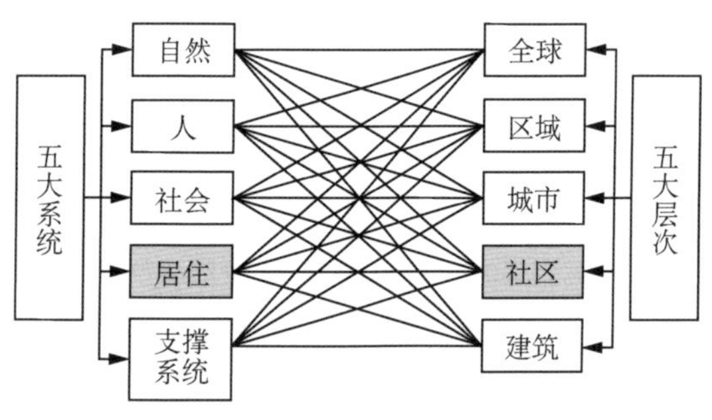

图 2-4　人居环境系统及层次

（资料来源：吴良镛.《人居环境科学导论》）

吴良镛先生将人居环境分为 5 个系统（图 2-4）。在灾害管理层面，社区管理的对象是与个人生活关系最密切、有直接关系的居住组团空间，即城市住宅小区。城市住宅小区是城市化进程中产生的一种功能较为单一的空间，也是我国目前城市的空间构成主体之一。住宅小区由于功能相对单一，规模较小，本身往往缺乏必要的救灾资源，在严重灾害发生时依赖于外界援助，对于灾害的连锁反应大多情况下处于被动境地。

此外，日常生活中各方对住宅小区防灾减灾的关注度、参与度低。首先，居民防灾意识普遍薄弱，缺乏主观能动性，防灾减灾及灾后恢复的参与程度低；其次，城市住宅小区内部应灾管理制度不完善，灾后应急以被动等待施救为主，不能在第一时间组织有效的自救；最后，防灾资源的利用缺乏应灾规划指导，周边避难疏散场所、医院、消防站等公共服务设施的作用不能充分发挥。确保弱势群体得到应有的救助和保障，是住宅小区防灾的关键工作之一，也是体现政府执政担当、保障民生的重要举措。目前在我国，城市住宅小区的管理制度仍待进一步完善，在灾害发生时，弱势群体安全保障的实施仍是难点。

3. 缺乏行之有效的防灾减灾综合协调机制

灾时救援及灾后恢复等多种活动的展开都需要不同层次的多部门合作，而城市住宅小区的基层管理机构往往缺乏灾害应急协调经验，不能很好地成为居民和上级救灾指挥机构之间沟通的桥梁，影响应急救灾工作效率。

传统的防灾减灾管理模式按灾害类型以及管理部门加以区分，实行垂直管理，是自上而下开展的。在此种模式中，各个灾害管理部门以及各个系统管理部门之间联动性较弱，在防灾工

作中无法实现顺畅的信息交流，防灾资源配置缺乏统筹，防灾减灾的成效不如预期。对于住宅小区来说，自上而下的条块划分的管理模式不利于在灾害发生时高效联动、迅速反应。当前，现有住宅小区防灾资源投入和储备工作中，除“政府主导、各个有关的防灾部门提供技术支持、具体基层街道执行”的实施方案之外，并无更多的社会力量和资源参与其中。此外，自上而下的资源分配也难以在基层单位防灾资源分配上做到因地制宜、有的放矢。[2]

4. 囿于硬件抵御能力提升的传统防灾理念有待改进

以往的抗震建设着重于地震对城市的破坏层面，在防灾减灾对策中更多的是通过各种方式增强工程的可靠程度，以此保障人们的生命安全以及财产安全。例如，进行建筑工程以及公共设施的抗震设计和加固改造，加强城市基础设施的抗震防灾能力，规划建设用以应急避难的场地，等等。这些方法旨在通过实施一些强制规范标准，来指导抗震防灾减灾物质环境的建设，即大多从工程技术方面保证城市的抗震安全。上述方法对减轻灾害破坏起到了积极的作用，但与预期的效果仍存在差距，仅依靠硬件抵御能力的提升存在限制，对灾后的恢复能力和重建的投入难以进行有效评估，相应地也难以提出针对性的防灾策略。住宅小区是多因素耦合、共同存在并相互作用的复合系统，灾害情境下的社会功能、自身能力面临的问题和需要的解决方案也是多维度和相互关联的。[2]

5. 建筑和设施运维管理不当加重灾害风险

从硬件工程设施的灾害风险角度而言，住宅小区存在的风险主要包括建筑工程的灾害风险及基础设施的潜在风险。一方面，由于设计标准低、施工缺陷、维护不当、环境因素等，较为老旧的建筑安全性、可靠性降低。另一方面，人为因素也会对既有建筑的性能造成很大影响。很多既有建筑由于不能满足使用者的功能要求而在使用过程中被改造，如增加荷载、楼板开洞、断梁、断柱、剪力墙开洞等，在没有采取科学的加固处理措施时，会导致结构的可靠性降低、承载力不足、抗震能力下降等。此外，住宅小区楼内、户外设施的不合理布局也会使灾害的风险性增加，例如防火间距的不合理设置不利于火灾防范；应急避难场所的不合理布置和避难资源的不合理分布也会给灾后应急安置造成困难，救灾工作不能够顺利开展，从而加重灾害后果。[4]

6. 防灾减灾宣传教育力度不够

民众普遍对灾害存在侥幸心理，对日常防灾教育不够重视，导致居民灾害防范意识普遍薄弱，自我安全防护知识匮乏，对城市住宅小区防灾空间和防灾资源了解不足，在灾害发生第一时间难以迅速避难或开展自救活动。

2.2 住宅小区灾害风险评估方法

就一个具体的住宅小区而言，要提升其灾害风险防控能力，首先需要找到它所面对的主要灾害种类，找到在防灾减灾方面存在的实际问题和应对策略与方法。风险治理理论提供了一种建构灾害风险评估指标体系和住宅小区灾害风险评估的方法。本节将介绍一种基于社区灾害风险管理的住宅小区灾害脆弱性评估指标体系的构建方法。

2.2.1 构建原则和指标的选取

1. 体系建立的原则

(1) 目的性。任何指标体系的设计，都是为一定的目的和一定的社会实践需要服务的，需要根据评估对象的特点和所要达到的目标，确定体系的价值目标。

(2) 系统性。在指标体系的建立过程中，要兼顾各指标之间的内部关系，注意系统之间的协调，所选取的指标要尽可能全面地反映评估对象的性质。

(3) 独立性。指标体系中不能包含所有的内容，是具有选择性的，且对于一个指标体系来讲，要求各指标之间能够尽量独立，但是又能形成一个有机的整体。

建立典型灾害下既有住宅小区脆弱性评估指标体系除了以上的一些原则之外，还有许多其他的原则需要遵守，比如指标之间定量和定性的结合、绝对性和相对性的结合等，在此不一一列举。[2]

2. 指标选取的依据

海因里希是探究事故因果论的专家，他认为事故发生的主要诱因如下：遗传及社会环境导致人有缺点，人的缺点又导致人会出现一些不安全行为或者事故、伤害。可见，引发事故的直接原因是人的不安全行为或者物的不安全状态。因此，在预防事故发生的过程中，最重要的是防止人的不安全行为或消除物的不安全状态。根据这一理论，对城市住宅小区进行灾害脆弱性评估时，应综合考虑硬件防灾能力和人群主观能动性两个方面。

世界卫生组织既有居住区安全促进中心经过 20 年的实践，出台了既有居住区安全导则，突出了建设安全既有居住区的重要性，强调了 9 项指标和 6 项准则。此外，国内也制定了一系列的准则和规范来约束安全社区的建设和建筑抗震防灾等内容。这些准则规范的制定对住宅小区灾害脆弱性评估指标体系的建立具有指导意义。在法律法规和技术标准、文献等层面的参考资料如表 2-1 所列。

表 2-1　指标选取的参考文件

分类	名称
法律法规类	《中华人民共和国消防法》
	《中华人民共和国防震减灾法》
	《中华人民共和国突发事件应对法》
	《中华人民共和国城乡规划法》
标准规范类	《城市居住区规划设计标准》(GB 50180—2018)
	《防灾避难场所设计规范》(GB 51143—2015)

（续表）

分类	名称
标准规范类	《建筑设计防火规范（2018 年版）》（GB 50016—2014）
	《城市抗震防灾规划标准》（GB 50413—2007）
	《建筑工程抗震设防分类标准》（GB 50223—2008）
	《建筑抗震设计规范》（GB 50011—2010）
文献资料类	*Disaster Resilience Scorecard for Cities*
	《城域承灾能力评估研究及其应用》
	《城市承灾能力及灾害综合风险评价研究》

最初的城镇灾害评估，着眼点主要在于城镇中实际存在的"不动"的建筑、设施等，以此为对象进行研究，对其防灾能力作出评价；对灾害过程中的个人应对和社会行为较少关注，对在灾害全过程中人的主观能动性所能起到的作用较少涉及，有一定的局限。灾害全过程中个体和社会的应灾能力对灾害的成灾程度是至关重要的，应作为城镇灾害风险评估中的重要因素之一。在近年来的相关研究中，越来越多的研究者注意到了社会因素的影响，在评估方法方面进行了多方位的探索，并且取得了一定的成果；在指标体系选择和判定准则方面，从不同角度提出了很多方法，但从总体层面上，仍要遵守相关的准则规范，遵循目的性、系统性、独立性的基本原则。本书提出的评价指标，可供城市住宅小区灾害风险评估参考，在具体实施中，可根据情况进行调整。

2.2.2　住宅小区灾害脆弱性评估指标体系

由于该指标体系构建的目的是对住宅小区灾害脆弱性进行综合评估，结合我国城市住宅小区建设的实际情况，参考社区灾害风险管理模式的主要思路，经过归类和选择，该指标体系由 4 个部分组成，包括致灾因子、暴露性、脆弱性、灾害应对能力。致灾因子是指要评估哪些灾害的风险因素。暴露性实际上是指评估的客体对象的范围，即覆盖多少人、多少财产。脆弱性是指客体对象与受灾相关联的状态情况。灾害应对能力则是指人、社会应对灾害的组织程度和能力状况，强调灾害全过程中个体和社会的应灾能力对于灾害的成灾程度的重要性。

1. 致灾因子

社区灾害管理模式下，强调住宅小区中普通群体的主动参与，在灾害识别和减灾措施方面提供支持。主要选用可通过问卷调查获得的指标，体现住宅小区居民群众的参与性，部分灾害宏观评估或统计类数据需要通过相关管理部门或地方政府获得。

就城市住宅小区尺度，致灾因子的选择适用于经验评估法，可在城市区域的总体灾害风险分析相关成果基础上，通过查阅灾害环境相关资料并结合社区调研获得。本体系选取了地震、火灾、重大危险源、地质灾害等灾害类型；实践中可根据客体的实际情况和各种灾害的致灾程度，选择其他灾害类型，如台风灾害、暴雨内涝灾害等。

(1) 地震危险性：住宅小区所在地区未来可能发生地震灾害的危险程度。所谓地震危险性分析，实际上就是把地震的发生以及某特定场地所产生的影响都看作是一种随机现象，采用概率方法对场地未来给定年限内遭受各种水平地震作用的可能性大小进行估计。通常用地震烈度或地震动参数来表示其估计结果，以便在工程设计中合理地考虑地震对工程结构的作用，同时可表征某一地区的地震危险性。

用超越强度评估法求算出的 T 年(一般取 50 年)内的某种超越概率水平下的地震动参数(或是烈度)来反映特定区域的地震致险程度。50 年超越概率水平为 10%的全国各地地震动参数可参见《中国地震动参数区划图》(GB 18306—2015)。目前在城市震害预测中多以此为地震危险性评估指标。对于城市区域尺度，在同一城镇中该指标通常是均一的。

以现行国家标准《建筑抗震设计规范》(GB 50011—2010)中抗震设防烈度标准作为地震危险性的危险程度分级标准，具体分级如下：①高危险，抗震设防烈度在 8 度及以上；②中等危险，抗震设防烈度在 7 度及以上、8 度以下；③低危险，抗震设防烈度为 6 度。

(2) 火灾危险性：住宅小区各种可燃物可能引起火灾的危险程度。火灾危险源分为第一类危险源和第二类危险源(表 2-2)。其中，第一类危险源是指产生能量的能量源或能量的载体，第二类危险源是指导致约束限制能量的措施失效或被破坏的各种不安全因素。

表 2-2　火灾危险源分类举例

分类	举例
第一类危险源	可燃物、电源装置、可燃性气体、可燃性粉尘、锅炉、压力容器、储存可燃物品的仓库、配电室、变压器室、灶间、具有大量可燃物品的商店等
第二类危险源	人的不安全行为(人员未按规章操作)、物的不安全状态(设备带故障运行)、不良环境因素(温度过高、湿度过低)等

根据公安部 2007 年下发的《关于调整火灾等级标准的通知》，火灾等级分为特别重大火灾、重大火灾、较大火灾与一般火灾四个等级：特别重大火灾是指造成 30 人以上死亡，或者 100 人以上重伤，或者 1 亿元以上直接财产损失的火灾；重大火灾是指造成 10 人以上 30 人以下死亡，或者 50 人以上 100 人以下重伤，或者 5 000 万元以上 1 亿元以下直接财产损失的火灾；较大火灾是指造成 3 人以上 10 人以下死亡，或者 10 人以上 50 人以下重伤，或者 1 000 万元以上 5 000 万元以下直接财产损失的火灾；一般火灾是指造成 3 人以下死亡，或者 10 人以下重伤，或者 1 000 万元以下直接财产损失的火灾("以上"包括本数，"以下"不包括本数)。

基于城镇区域消防安全评估经验，本书提出以下 3 项住宅小区层面常见的火灾致灾因子指标：①电气火灾；②火灾荷载(室外和户内)；③周边火灾易发场所。

(3) 重大危险源危险性：住宅小区附近有无重大危险源分布，以及其可能的影响程度。重大危险源是指长期或临时生产、搬运、使用或储存危险物品，且危险物品的数量等于或超过临界量。重大危险源的分布资料来源于安监部门收集的调查资料，通过危险源种类、可能的影响程度和与邻近住宅小区的距离等进行评价。[5]

(4) 地质灾害危险性：住宅小区所在场地发生地质灾害的可能性和危险性。地质灾害是指不良地质作用引起人类生命财产和生态环境的损失，主要包括滑坡、崩塌、泥石流、地面塌陷、地裂缝、地面沉降等灾种。对于存在地质灾害隐患的城市规划区，应进行地质灾害危险性评估，在查明各种致灾地质作用的性质、规模和承灾对象社会经济属性的基础上，从致灾体稳定性和致灾体与承灾对象遭遇的概率分析入手，对其潜在的危险性进行客观评价。城市规划区遭受地质灾害危险性预测评估分级如表 2-3 所列。

表 2-3　城市规划区遭受地质灾害危险性预测评估分级

建设工程遭受地质灾害的可能性	危害程度	发育程度	危险性等级
建设工程位于地质灾害影响范围内，遭受地质灾害的可能性大	大	强	大
		中等	大
		弱	中等
建设工程邻近地质灾害影响范围，遭受地质灾害的可能性中等	中等	强	大
		中等	中等
		弱	中等
建设工程位于地质灾害影响范围外，遭受地质灾害的可能性小	小	强	中等
		中等	小
		弱	小

资料来源：《地质灾害危险性评估规范》(DZ/T 0286—2015)，中华人民共和国国土资源部。

根据中华人民共和国地质矿产行业标准《地质灾害危险性评估规范》(DZ/T 0286—2015)，综合灾情和险情两个方面，地质灾害危害程度分级如下：

① 危害程度大。灾情死亡人数 10 人及以上，直接经济损失 500 万元及以上；险情受威胁人数 100 人及以上，可能直接经济损失 500 万元及以上。

② 危害程度中等。灾情死亡人数 3 人以上 10 人以下，直接经济损失 100 万元以上 500 万元以下；险情受威胁人数 10 人以上 100 人以下，可能直接经济损失 100 万元以上 500 万元以下。

③ 危害程度小。灾情死亡人数 3 人及以下，直接经济损失 100 万元及以下；险情受威胁人数 10 人及以下，可能直接经济损失 100 万元及以下。

其中，灾情指已发生的地质灾害，采用“人员伤亡情况”“直接经济损失”指标评价；险情指可能发生的地质灾害，采用“受威胁人数”“可能直接经济损失”指标评价。

2. 暴露性

(1) 承灾体的物理暴露性指标获取途径主要包括以下 3 种方式。①收集、检索相关部门的统计资料。此类方法比较简单易行,以往存在的主要问题是资料来源的统计范围与灾害影响范围不匹配,通常偏宏观和采用较大的分区尺度。近几年来随着城市网格化管理的深入,同样是以社区或住宅小区为管理单元,得到住宅小区层面相关基础数据的渠道更为通畅,也可以保证数据的准确性和精确程度。②实地调查。这种方式可以从需求出发,通过设计有针对性的调查表来获取第一手资料,数据翔实可靠。但也存在投入的人力和时间成本较高的问题,数据采集质量和统计结果准确度取决于调查人员技术水准和工作态度,因此通常只适用于个别典型地区的资料复查,或通过分析用于大面积评估的适度调整。③应用现行的 GIS 地图系统,配合开发解译软件,通过分析地图或遥感图像得到承灾体的物理暴露性指标。房屋建筑类承灾体可以应用这种方法获取相关信息,但具有一定的局限性。

(2) 暴露性指标以相对程度来分级确定,以城镇总体综合水平为基准,根据不同住宅小区相关指标的偏离程度来进行分级,以密度指标或单位价值指标来表征较为合理。

① 建筑密度。

建筑密度指标可以选取住宅小区范围内的平均建筑容积率(面积加权)来表示,住宅小区建筑现状可以通过收集检索部门统计数据、实地调查或“解译”专题地图及遥感影像等方式获得,通常情况下两种方式相结合。

② 人口密度。

人口的暴露性以住宅小区人口密度表示,可通过收集统计资料获得。

③ 建筑物单位现值。

这里主要考虑建筑物财产。建筑物财产可以按重置成本法来评估其价值量的暴露,通过重置价格、残值率、成新率等指标进行评估。[6]通过结合统计部门的资料和建筑市场的调研获得相关参数,将住宅小区内结构类型、建筑设计、建造年代相同或相近的建筑归类,进行适度简化处理。建筑物单位现值的评估方法如式(2-1)所示:

$$\text{建筑物单位现值} = \text{重置价格} \times [(1 - \text{残值率}) \times \text{成新率} + \text{残值率}] \tag{2-1}$$

式中,重置价格是指按当前建筑工艺、材料价格及人工费用状况,重新建造所评估类型建筑物需要的费用;残值率是指遭受自然灾害侵袭后的建筑物残值与建筑物造价的比,不同结构的建筑的残值率可查阅相关技术规定得到;成新率即建筑物的新旧程度,也可依据国家有关评定标准进行判别。存在不同类型建筑时,可采用建筑面积加权平均法得到住宅小区建筑物单位现值指标。

不同建筑结构的残值率与各类结构房屋的经济耐用年限参考值相关(表 2-4)。表 2-4 中钢混结构包括框架结构、剪力墙结构、筒体结构、框架-剪力墙结构等。

表 2-4　　各种结构房屋的耐用年限及残值率

指标		简易结构	砖木结构	砖混结构	钢混结构	钢结构
耐用年限	非生产性房屋	10 年	40 年	50 年	60 年	80 年
	生产性房屋（车间、厂房）	10 年	30 年	40 年	50 年	70 年
	受腐蚀的生产性房屋	10 年	20 年	30 年	35 年	50 年
残值率		0%	砖木一等 6% 砖木二等 4% 砖木三等 3%	2%	0%	不定

资料来源：《房地产单位会计制度——会计科目和会计报表》（建综〔1992〕349 号），建设部，财政部。

成新率主要是用来计算建筑物折旧的一种指标，如成新率为 100%，意味着该建筑是全新的、刚建成不久。在进行住宅小区内建筑的成新率判定时，可采用年限法中的直线法进行计算，或根据建筑物的完损等级评定的有关规定来确定。直线法是最简单和至今为止应用得最为普遍的一种折旧方法，它假设建筑物在经济寿命期间每年的折旧额相等。[7] 成新率可按下式计算：

$$q=[1-(1-R)\times t/N] \tag{2-2}$$

式中，q 为成新率；R 为残值率；t 为使用年限；N 为经济寿命。

比如一幢钢混结构建筑，正常耐用年限为 60 年，目前已使用 10 年，残值率为 0%，则成新率为$[1-(1-0\%)\times 10/60]=83.3\%$。

3. 脆弱性

脆弱性用来描述客体对象与受灾相关联的状态情况，就住宅小区而言，具体可分为 3 个方面：人口（即住宅小区居民）敏感性、建筑地震易损性和火灾敏感性。

1) 人口敏感性

人口敏感性表征的是人群在突发性灾害风险中的脆弱性，用于衡量住宅小区居民对灾害的承受程度，具体可分为住宅小区人口体能指数和住宅小区人口自救指数。通过调研摸清高危弱势群体的数量和家庭分布情况，以确定灾害应对中需要重点关注的对象，并制订相应的扶助和应急支援预案。

住宅小区人口体能指数指标的相关参数一般取自人口统计（抽查、普查）资料；住宅小区人口自救指数指标的相关参数推荐以抽查和普查方式取得，当在实际中难以实施时，也可以将义务教育普及率作为住宅小区人口自救指数来源。

在对住宅小区进行人口灾害脆弱性评估时，可以从以住宅小区为整体的中观层面和以家庭为单位的精细层面进行。以家庭为单位的评估可应用于小区的精细化管理，不同的评估单元，采用的计算方法相同但取用的参数不同。

(1) 住宅小区人口体能指数。人口体能指数表征灾害应急情况下人员个体转移的能力，老人和儿童体力差、反应迟缓或不能正确应对，属于高危脆弱群体。在确定住宅小区人口体能指数时，主要考虑老人和儿童在人群中所占的比例，通过年龄分布情况来进行计算。指数值越大则表示评估对象的转移避难能力越强，也即人群中高危弱势群体数量较小。人口体能指数可按下式计算：

$$P_{\text{Vul(age)}} = 1 - \frac{POP_{\text{elder}} + POP_{\text{child}}}{POP} \times 100\% \tag{2-3}$$

式中，$P_{\text{Vul(age)}}$ 为住宅小区（或家庭）人口体能指数，POP_{elder} 为住宅小区（或家庭）内老年（≥65 岁）人口数，POP_{child} 为住宅小区（或家庭）内儿童（≤14 岁）人口数，POP 为住宅小区（或家庭）总人口数。上述参数可取自住宅小区网格管理数据或由普查得到。

（2）住宅小区人口自救指数。人口自救指数表征个体掌握应急自救知识和灾害救助能力的情况，指数越大则表示其自救能力越强。[8] 人口自救指数可按下式计算：

$$P_{\text{Vul(edu)}} = \frac{POP_{\text{edu}}}{POP} \times 100\% \tag{2-4}$$

式中，$P_{\text{Vul(edu)}}$ 为住宅小区（或家庭）人口自救指数，POP_{edu} 为住宅小区（或家庭）内掌握灾害应急自救能力的人口数，POP 为住宅小区（或家庭）总人口。

鉴于我国住宅小区应灾能力培训和志愿者队伍建设尚处于起步阶段，各项数据相对不易取得，可以根据所在城镇的具体情况，利用某种程度的教育普及率来进行评估。随着住宅小区灾害管理相关机制的建立和运行，可随时进行调整。

2）建筑地震易损性

建筑地震易损性用于表征建筑在地震灾害作用下可能产生的破坏。地震灾害是对建筑影响最严重的灾害种类，建筑地震易损性主要通过建筑地震灾损敏感性、抗震设防和加固情况、建筑使用时间来衡量。当进行了城市震害预测时，可直接利用设防烈度地震下的震害预测结果，收集住宅小区范围内建筑震害预测数据，从而确定建筑地震灾损敏感性。抗震设防和加固情况可以通过搜集建设主管部门的相关统计资料来获取，同时可以结合实地普查和抽查，对统计资料结果进行适当调整。建筑使用时间表征建筑对灾害敏感性的变化，通常采用折旧率来表示，可以通过搜集统计资料并结合现场调查的方式获取建筑已使用年限资料。

以往多以结构类型划分为依据，评估建筑地震易损性。建筑结构可以划分为土木结构、砖木结构、砖混结构、钢混结构等基本类型，地震灾害下的易损性依次降低，对应易损性直接采用房屋结构类型参数来表示，土木结构到钢混结构对应值由 1 到 4，数值越大表示房屋越不容易遭受损失。只需通过现场调研或收集相关资料，查明房屋结构类型即可得到对应参数。[9] 对于一定区域内的群体评估，则通过各类结构的面积比例和对应震害的易损性指数求取，易损性指数来源于历史震害资料的统计，或由专家凭借经验确定。

上述方法由历史地震经验总结而来，但主要来源于未抗震设防房屋的震害经验，具有一定的局限性，且结构的分类情况已不能覆盖现有城市建设的建筑类型。当前城市建筑的抗震设防已全面落实，既有老旧建筑的抗震加固改造也开展多年，简单地以结构类型来表征建筑地震易损性的方法已不能完全适用于当今城市建设现状。因此，住宅小区层面的建筑地震易损性的确定应结合其他相关工作开展，将建筑现状、抗震设防加固情况的普查与典型结构类型建筑的鉴定相结合，或采取基于简化模型分析的建筑群体预测，更为客观、准确地反映住宅小区建筑的防灾能力。

3）火灾敏感性

火灾敏感性一般表现为对规范性要求的偏离程度，偏离程度越大，则火灾敏感性越强。

在日常生活中，火灾是应加强防范的重要灾害，以各类消防相关硬件设施为主，将指标分类并作出评估。以下各项指标属于广义的火灾敏感性指标，同时也是防御火灾风险的重要力量。为正确表征火灾风险，在各指标的量化中，对降低风险有利的选项赋低值。

消火栓设置指标包括标志、压力、间距、保护半径、维护情况等子指标，该项指标的取值由下级子指标赋值后取均值，认为各项子指标具有同等重要度。

建筑防火间距指标通过现场检查，排查不符合规范要求的建筑，以不符合要求的点位数量作为评估取值依据。

消防车道指标分两个评估子项，一是出入口是否能满足紧急情况下的通行要求，二是消防通道设计宽度和日常是否被占用。

火灾自动报警设备、建筑内部消防设施和居民户内消防设备情况可通过普查、问卷并结合入户调研获取。

4. 灾害应对能力

灾害应对能力是指有助于降低灾害风险的人力资源、救援能力、防灾管理措施等，体现应对灾害时人的主观能动性，以定性指标为主，通过描述来定量分级赋值。

(1) 住宅小区应灾人力，即可在灾害或其他紧急情况下迅速进入应急状态并服务住宅小区群众的内部救灾力量，包括住宅小区安保力量和住宅小区居民志愿者队伍。

(2) 住宅小区应灾组织能力，即组织构建及相应的人、财、物落实情况，及时调动住宅小区内部应急力量、自行解决应急期基本生活需求的能力。

完善的住宅小区灾害管理应包括资金、人力、物资等方面的投入和运行，应由政府建立财政支持机制、住宅小区建立常设组织机构，从而保证相关防灾减灾工作的落实，合理分工、落实责任到人，设置专人协调相关工作。

物资储备可根据情况灵活设置，如将住宅小区内或附近超市作为日常用品储备场所，鼓励居民日常储存部分易于存放的饮用水、方便食品及简易应灾物资等，与正常生活需求相结合。住宅小区内应储备部分公用救灾设施和物资。

(3) 疏散及救援能力，该指标包括住宅小区可用空地率（表征住宅小区内部紧急情况下的疏散能力）、住宅小区及周边避难场所分布（表征灾后安置可用避难场所资源情况）和住宅小区周边医院分布（表征灾后伤病就医资源情况），用于描述住宅小区内部紧急疏散避让空间、对外疏散条件、可享受的应急医疗资源等。

(4) 防灾管理和制度性措施,即住宅小区灾害风险管理实施情况、居民防灾知识普及和掌握情况。防灾管理相关指标均为定性指标,分级后进行量化,包括住宅小区防灾知识培训、企业次生灾害防御规划、住宅小区(企业)应急预案、应急疏散指导和演练情况、日常巡查制度等。

2.2.3 指标关系的构成处理

致灾因子、暴露性、脆弱性和灾害应对能力为 4 个主要因子(一级指标),每个主要因子又可分解为若干子因子(二级指标),各子因子由若干项底层指标(三级指标)构成,总体上共 30 余项指标,由此构成完整的住宅小区灾害脆弱性评估指标体系(表 2-5)。

表 2-5 住宅小区灾害脆弱性评估指标体系

<table>
<tr><th>一级指标</th><th>二级指标</th><th>三级指标</th></tr>
<tr><td rowspan="4">H 致灾因子</td><td>H_1 地震危险性</td><td></td></tr>
<tr><td>H_2 火灾危险性</td><td>H_{21}电气火灾
H_{22}火灾荷载(室外和户内)
H_{23}周边火灾易发场所</td></tr>
<tr><td>H_3 重大危险源</td><td></td></tr>
<tr><td>H_4 地质灾害危险性</td><td></td></tr>
<tr><td rowspan="3">E 暴露性</td><td>E_1 建筑密度</td><td></td></tr>
<tr><td>E_2 人口密度</td><td></td></tr>
<tr><td>E_3 建筑物单位现值</td><td></td></tr>
<tr><td rowspan="11">V 脆弱性</td><td rowspan="2">V_1 人口敏感性</td><td>V_{11}人口体能指数</td></tr>
<tr><td>V_{12}人口自救指数</td></tr>
<tr><td rowspan="3">V_2 建筑地震易损性</td><td>V_{21}建筑地震灾损敏感性</td></tr>
<tr><td>V_{22}抗震设防和加固情况</td></tr>
<tr><td>V_{23}建筑使用时间</td></tr>
<tr><td rowspan="6">V_3 火灾敏感性</td><td>V_{31}消火栓设置(标志、压力、间距、保护半径、维护情况)</td></tr>
<tr><td>V_{32}建筑防火间距</td></tr>
<tr><td>V_{33}消防车道(出入口、消防通道)</td></tr>
<tr><td>V_{34}火灾自动报警设备</td></tr>
<tr><td>V_{35}建筑内部消防设施</td></tr>
<tr><td>V_{36}居民户内消防设备</td></tr>
</table>

（续表）

一级指标	二级指标	三级指标
C 灾害应对能力	C_1 住宅小区应灾人力	C_{11} 住宅小区安保力量
		C_{12} 住宅小区居民志愿者队伍
	C_2 住宅小区应灾组织能力	C_{21} 灾害管理专项资金
		C_{22} 应灾机构、人员和分工
		C_{23} 住宅小区物资储备
	C_3 疏散及救援能力	C_{31} 住宅小区可用空地率
		C_{32} 住宅小区及周边避难场所分布
		C_{33} 住宅小区周边医院分布
	C_4 防灾管理和制度性措施	C_{41} 住宅小区防灾知识培训
		C_{42} 企业次生灾害防御规划
		C_{43} 住宅小区（企业）应急预案
		C_{44} 应急疏散指导和演练情况
		C_{45} 日常巡查制度

完成指标体系的构建，还需要完成下述任务：一是不同指标度量（或描述分级）的归一化。将底层各定量指标和定性指标进行归一化，定量指标按数值分档，定性指标由描述分级，将每一种底层指标划分为低、中、高 3 级，根据指标表征的因子所属类别，以及指标的性质（正向性或负向性），分别赋值 1～3，某一因子下未采用的指标则赋值为 0。二是不同灾害种类在致灾因子中权重的确定。在住宅小区历史灾害经验总结和致灾因子调查基础上，识别本地区主要灾害种类，按灾害发生时预估的影响程度和发生频率等对灾害进行分析排序，确定各灾种的权重值。三是其他各因子下指标权重的确定。采用层次分析法计算各指标的权重，并对各指标赋值，逐级汇总计算各主要因子指数。

2.3 住宅小区防灾能力提升策略

现代风险管理理论认为，加强风险防控、提升防灾能力，一般可以从硬件设施的可靠性、应急资源的冗余性、灾害发生后应对的迅速性、预防工作的主动性四个方面，结合具体的灾害种类以及现实中存在的问题来思考制定改进措施。

影响城市住宅小区灾害防控能力的主要因素可归为四类：①建筑结构、场地、基础设施等硬件在灾害作用下的可靠性；②应急保障设施、物资应急能力的冗余性；③应急疏散和应急救援活动开展的迅速性；④住宅小区人口、基层组织以及防灾管理水平体现的主动性（智慧性）。防灾能力提升的策略可从这四方面入手进行分析研究。思考、制定对策的过程，需遵守下述原则：

(1) 安全性。提升住宅小区防灾能力的目标是保障居民的生命和财产安全,一切提升措施的提出都要以此为导向。

(2) 经济性。突发灾害引起的后果可能非常严重,但灾害的发生是小概率事件,对待灾害的态度应该是防微杜渐、以预防为主,提升措施所需的经济和时间成本应处于居民或业主的可承受范围内。

(3) 合理性。针对防灾能力不足而提出的改造措施要符合自然科学和社会发展的规律,且不会给居民的日常生活带来负面影响或造成社会资源的过度浪费。

(4) 有效性。不同的住宅小区在建设特点、场地条件、规划布局以及社会构成等方面都有着各自的特点和差异,要区别对待、区别分析,提出针对性的优化提升策略建议,并具有可操作性。[2]

住宅小区可能遭遇的灾害有多种,从影响力度和灾害后果来说,地震灾害影响远高于其他,建筑抗震设防也是我国城市建设的重要防灾要求,以下的提升策略也侧重于从住宅小区抗震能力的提升切入并展开,说明防灾能力提升策略的实际生成过程。

2.3.1 硬件设施可靠性提升

1. 建筑结构抗震能力提升

结构抗震可靠性作为住宅小区抗震防灾的第一道防线,直接影响整个区域的抗震防灾形势。因此,对不满足抗震性能要求的建筑进行加固改造是首先需要考虑的。建筑物在其服役期可能遭受各种荷载的不利作用,降低其安全性、舒适性和耐久性。当建筑结构出现性能失效或破坏时,需要根据其破坏程度,以及预期恢复的性能水平,选取合适的加固对策手段,恢复或提高其使用性能。[2]

基于历次震害的调研分析可知,导致结构失去使用性能甚至倒塌的主要原因是在地震作用下结构变形过大,超过了设计极限状态对应的变形限值。因此,应根据建筑所在地区抗震设防标准进行加固设计,除须按规范要求对结构构件进行承载力验算之外,还需要通过确定在地震作用下的位移控制量(如层间位移角限值)来设计结构和构件的承载方案。不同设计方案中不同的性能水平对应不同的位移控制量,以及结构可能的受破坏状态或者说震后还能维持的使用状态。[2]

2. 基础设施抗震性能提升

1) 管网系统抗震性能提升

城市基础设施中的给水、排水、燃气等管网系统,是城市和住宅小区维持正常运行的基础。对国内外数次强震震害调查分析可知,强震对管网系统等基础设施造成的影响十分严重。在强震下,城市的管网会出现程度不一的受损情况,给居民的日常生活带来不良影响,严重的时候还有可能引发次生灾害。

管网系统对地震安全性能的要求主要表现为管网的连通性和功能性。为提高管网系统的防灾能力和功能维护能力,可从以下方面着手:①对老旧管路、脆性材质的管道、不利抗震的管道接口等进行更换处理，从而减小地震作用下管道破坏和接头破坏的可能；②主干管道同各分管网的连接采用多阀门控制，在保证泄漏处可控的同时提高整个系统的连通性和快速恢复能力；③采取并联回路设计，避免因局部管网破坏影响整体运维；④明敷管线应入地；⑤入户端采用柔性接头和管段，避免因建筑与场地之间的动力特性差异造成管道错位、拉断或破坏。另外，需要用电的设施需配备可靠固定的应急供电设备，以保证市政供电中断后不影响系统的运行。[2]

2）供电系统抗震性能提升

住宅小区处于电力系统的终端，区域内变电箱或输电线在地震中遭到破坏会对居民的正常生活以及应急救援活动的开展带来不利影响。

为提高住宅小区内供电系统的抗震性能，一方面，可通过提高供电系统各设备和网线的物理强度，以及网线的线路合理性，提升其在地震作用下的抗扰能力；另一方面，尽量将变压器等比较重要的电力设备落地并可靠锚固，若不能落地，对线杆架设的变压器等也要做到可靠锚固，防止其在地震作用下滑脱而失效。[2]

3. 应急避难场地优化策略

住宅小区内应急避难场所应在符合相关规范的基础上，秉持"平灾结合"的原则进行设置或改造，即应急避难场所在日常状态可为辖区居民提供休闲、娱乐功能（如公园、绿地等），以及教育培训功能（如学校操场、活动中心等）；在面临突发灾难时，能够自动切换功能成为应急避难场所。紧急情况下的应急避难场所依据功能的不同可分为三种类型，分别是中心避难场所、固定避难场所以及紧急避难场所。根据住宅小区的规模，可设置紧急避难场所或固定避难场所，并应根据定位配套相应的设施。

当住宅小区内应急避难场所的设置不能满足要求时，可依据规划布局，通过改造区域内公园、绿地等开敞空间合理均匀设置。另外，可合理使用片区内中小学校园等空间，提升应急避难场所的使用效率。[2]

2.3.2 应急资源冗余性提升

住宅小区防灾冗余性的提升涉及应急供电设备、应急物资的配备，以及应急指挥系统和医疗急救系统的建设。[2]

应急供电设备的配置和应急物资的储备，需选择特定的空间进行专门设置，地点应选择邻近救援通道、临时避难场所的安全位置，并根据住宅小区人口确定配备规模。应急供电设备需保证设备的正常使用性能，定期维护。应急物资可利用地下空间或社区服务中心等公共空间进行储备，还可以同超市、商铺、便利店等经营单位建立合作机制，使物资储备实现动态管理、平灾结合。[2]

应急指挥系统是应急制度实施的载体，主要由社区基层管理部门等政府相关部门担此重任。为更好地发挥灾时应急指挥系统的作用，需要各级政府共同建立"中央—省—市—区—街道—社区"的减灾协作平台，及时发布灾情报告、风险预警和减灾安排等信息，并有效传达下级单位在救援减灾、人力物资等方面的需求，从而做好减灾工作的上传下达，提高减灾工作效率。[2]

医疗急救系统的建设主要由两部分组成：社区卫生服务站和周边具有应急医疗救助能力的医院。为增强医疗急救系统的建设，一方面，需要通过专项培训、配备必需医疗设备设施等方式提高社区卫生服务站的应急医疗水平；另一方面，应同周边医院做好联系沟通，建立协同机制。[2]

2.3.3 应急疏散和应急救援效率提升

住宅小区防灾应急效率的提升主要从两方面着手，即提升应急疏散效率和应急救援效率。应急通道的畅通性是影响应急疏散效率的重要因素。根据国内外住宅小区规划和建设经验，应急通道可分为应急救援通道、应急消防通道和应急疏散通道。不管是疏散还是救援，都应对应急通道的现状和通行情况提出要求。为了充分发挥应急通道灾时的作用，需要保障其安全性和通行性，即对应急通道的有效宽度和空间管理作出规定。应急通道在日常状态下需体现其承载居民日常交通出行和停驻机动车的需求，但作为交通工具停放的载体，应避免居民机动车的无序停放。可在不影响应急活动开展的基础上设置一定的路边停车位，而对影响应急通道功能的路边停车情况，可于非通道区域设置集中停车位或设立立体停车场，从而减少路边无序停车行为的发生。[2]

简洁明了、功能齐备的应急指示标志设置可为灾时慌乱的人群迅速指明方向，从而引导正确的应急行为。防灾指示标志系统由标识牌、指示牌和警示牌组成，住宅小区管理部门应按照功能的不同，合理规划防灾指示标志的布置，使其能形成一个完备的系统。

此外，在应急疏散系统的安排上，要充分结合以下几项指标进行设计：逃生的人口规模、附近区域的实地环境、当地居民日常的行为偏向、居民的心理情况、居民居住场所的环境等，从而比较科学、客观地制订行之有效的应急疏散安排方案，确保在灾害发生时，应急疏散作用能够充分发挥，保障通行，把灾害的负面影响降到最低程度。[2]

高效应急救援的开展需要功能完善、分工明确的应急制度和多部门合作的应急机制。为此，需建立组织协调机制，促成多部门合作，各司其职，从而达到有效应对地震灾害的目的。当前国内的防灾活动主要由行政力量主导，因此可以由上级政府部门提供灾害信息、救援安排、资源调配等支持，专业救援队伍发挥主体应急救援作用，科研院所提供技术层面支持等。多股减灾救灾力量形成合力，共同推进住宅小区防灾环境建设和防灾能力的提升。[2]

2.3.4 智慧管理——预防工作主动性提升

住宅小区防灾主动性的提升需要从增强居民的抗震防灾教育和提升基层管理部门的防灾管理水平着手。

在充分了解住宅小区中老龄人、生理残疾、孕妇、婴幼儿等生理弱势群体的构成数量和分布的前提下，可以结合日常物业管理，加强对弱势群体的关注，将对弱势群体的扶持作为提高居民整体防灾技能的一个重点，实现整个群体防灾软实力的提升。住宅小区基层管理部门可通过举办贴近生活、形式多样的活动，提高居民对防灾减灾教育活动的兴趣和参与度。可行的方式包括：定期邀请防灾领域专家或政府相关防灾减灾部门工作人员到住宅小区做讲座，为居民传授防灾应急知识和技能；开展防灾减灾情况调研，并及时将调研成果通过布告栏、移动通信设备、小区广播等多种方式传达给居民，使居民对当前的防灾减灾形势有一定了解；定期开展应急避难逃生等演习，增加居民应对灾害的经验。

应用数字化技术，构建动态防灾管理信息平台，搭建多元减灾服务网络，是住宅小区基层管理部门提升整个辖区防灾能力的重要途径。建立住宅小区防灾信息化管理平台，并进行动态维护更新，可对整个辖区内建筑防灾性能、场地信息、基础设施、应急物资、社区构成、防灾减灾制度建设等一系列与防灾能力建设相关的信息做到整体把控。平台的搭建可实现建筑设施信息管理、灾害预测评估、避难疏散模拟等功能，打破防灾管理滞后于发展现状的瓶颈，便于及时发现问题、解决问题，提高政府部门灾害管理水平。

2.4　加强住宅小区灾害风险防控机制建设

2.4.1　明确落实各方责任

防灾减灾是一项复杂的系统工程，涉及多环节、多部门，与社会、经济、技术发展等方面密切相关，城市防灾能力的提升是政府、社区、物业公司、居民共同的责任，各方需要各司其职、合力推进。

我国的综合防灾减灾基本原则是分级负责、以属地为主。根据灾害造成的人员伤亡、财产损失和社会影响等因素，及时启动相应应急响应，中央发挥统筹指导和支持作用，各级党委和政府分级负责，地方就近指挥、强化协调，并在救灾中发挥主体作用、承担主体责任。

1. 地方政府

政府是公共服务的提供者、公共政策的制定者、公共事务的管理者以及公共权利的执行者，在社会安全和防灾减灾领域具有不可推卸的管理职责。政府的职责贯穿灾前预防、灾时应急、灾后恢复重建全过程，面对各类灾害的高风险性和紧迫性特征，政府灾害管理能力的强弱，直接关系到灾害应急效果和整个灾害的发展态势。

地方政府负责制订城市防灾减灾总体规划，进行规划管控和建设实施，负责辖区内的灾害监测预警，承担灾后应急救援的组织工作，负责及时上报灾情、调配各类应急救灾资源、协调各部门力量、组织灾后恢复重建。

2. 社区

社区是防灾减灾工作的第一道防线，社区居委会作为居民自我管理、自我教育、自我服务的基层群众性自治组织，负责开展社区灾害风险识别与评估，编制社区灾害风险图，加强社区灾害应急预案编制和演练，加强社区救灾应急物资储备和志愿者队伍建设。[10]

社区居委会管辖下的住宅小区可根据规模和管理归属，在基层行政辖区内统筹协调，作为基层防灾分区，以便于灾时组织和日常管理或演练。对于受自然环境或防灾设施服务能力限制的住宅小区，可考虑应急状态下的事权划分要求，提前划定，明确职责范围。

具有一定规模常住人口的防灾分区应具备应急医疗卫生和应急物资储备分发场所，规划设置应急取水和储水设施、固定避难场所，并根据需要配置应急供电设施和应急通信设施。[11]

防灾分区需要统筹考虑重大危险源防护、灾害高风险区防治及应急保障服务薄弱片区整治，进行合理划分和设置。

3. 物业公司

物业公司负责住宅小区内建筑、基础设施和公共服务设施的运维管理，维护小区环境，保持通道畅通、防灾设施完好。物业公司应加强对居民的服务，关注弱势群体，依托安保、服务人员建立志愿者队伍，加强防灾科普宣传。

4. 居民

在“以人为本”理念下，防灾减灾工作中居民的主动参与越来越重要，通过合理组织和灾前培训，住宅小区居民中的高行动能力成员可以在灾害发生时迅速转换为基层救援力量，通过有组织的自救互救，可以有效减少灾害造成的损失和伤亡，可以稳定居民情绪、避免混乱，为等待外部救援争取更多的时间，可以及时处置紧急状态，完成灾后的平稳过渡。

日常生活中，鼓励居民主动学习了解防灾减灾知识，以家庭为单位储备应急物品，提升家庭和邻里自救互救能力。

组建防灾减灾志愿者队伍，鼓励居民中文化素质高、学习能力强、具有专业技能、身体状态好的群体加入志愿者服务队，通过学习、培训和演练，掌握基本知识和技能，平时协助住宅小区进行灾害管理相关工作，如宣传、普及等，灾时可参与救援。

2.4.2 加强社区防灾体系建设

社区是社会管理和服务的基层单元，将社区治理现代化与防灾体系建设有机结合，推进防灾减灾工作的民主、自治、互助、共建，是贯彻灾害防御“平灾结合”“以人为本”理念的重要举措。在“共同缔造”理念下推出的“完整社区”建设，旨在通过民主协调、互动共治，实现社区治理现代化，同时也为城市住宅小区的防灾体系建设奠定坚实的基础。

1. 建设组织队伍

依托社区基层党组织、居委会和居民自治组织如业委会等，打造专业化、高素质的社区工作者队伍，建立健全服务和管理制度。以社区工作者为核心，开展防灾减灾培训，发挥带动和引领作用，平时负责宣贯教育，灾时协助避灾疏散和组织，安置社区居民。加强与社区弱势群体的联络与关注，包干负责到户、到人，在灾害应急状态下及时救助，施以援手，以切实减轻灾害对弱势群体的伤害。

2. 完善服务设施

充分利用社区配套建设的综合服务站、卫生服务站、社区游园小广场、市政设施等，发挥其防灾减灾作用。

社区综合服务站、活动室、宣传栏可用作防灾知识教育和科普园地，通过组织兴趣活动、发放小册子、张贴宣传画等多种方式普及防灾知识，充分利用多媒体和网络技术，开发更多的宣传渠道，加强社区与居民的联系互动，建立覆盖全面的互助互通平台，对灾害预防和灾时应急可以起到重要作用。

社区卫生服务站在灾时应急中可发挥作用，为灾害造成的人员伤害及时进行第一手处置，为更专业的医疗救护争取时间，同时可安抚居民，避免和减轻灾时伤害造成的恐慌和混乱。

社区内的绿地、公园、小广场平日是居民休憩、交流的场所，同时也是紧急避难场所，可为居民提供紧急状态下的避险场地。

完善的社区市政设施包括消防设施、变电室等，可为应灾避难和恢复重建提供重要的支持。

3. 实现共建共管

鼓励社区居民积极参与社区管理事务，建设社区综合信息平台，及时解决居民诉求，通过平台的运行和维护加强凝聚和信任，拉近社区与居民的关系，提升社区居民的主人翁意识，逐步实现共建共管。在此基础上，充分发挥居民的灾害防御主观能动性，提升防灾减灾软实力。

在市、区、街道和社区居委会等各级政府和社会层面均应制订应对自然灾害等突发事件的应急预案，这些预案可称为“大预案”；同时倡导每个居民家庭结合自己的实际情况制订家庭灾害应急预案，即“小预案”，做到有备无患。

2.4.3 开展居民家庭备灾能力建设

社区是防灾减灾工作的基层组织，家庭是构成社区的基本单元。在一定程度上，家庭的备灾能力是否足够强韧，决定了突发灾害来临时的应对是否及时、有效，直接影响家庭成员遭遇灾害时可能受到的伤害程度。无数个家庭的备灾能力也能够反映出社区乃至所在城市的基本减灾能力。

根据 2013 年《北京市人民政府关于进一步加强本市应急能力的意见》(京政发〔2013〕4 号)第五条，北京市要形成布局合理、规模适度、调拨有序、保障有力的应急物资体系，提出要鼓励引导居民家庭进行应急物资储备。为此，北京市民政局提出了北京市家庭应急物资储备建议清单，建议每个居民家庭在条件允许的情况下，储备一些必要的应急物资，时刻准备应对可能发生的自然灾害等突发事件，做到有备无患。清单分为基础版和扩充版两个。

《北京市家庭应急物资储备建议清单(基础版)》分了 3 大类，包含了最基本的 10 项备灾物资，内容最为重要，应用较为广泛，并且体积小便于使用和携带，建议居民家庭必备，并集中储备，便于存取(表 2-6)。

表 2-6　　北京市家庭应急物资储备建议清单(基础版)

分类	序号	物品名称	备注
应急物品	1	具备收音功能的手摇充电电筒	可对手机充电、FM 自动搜台、按键可发报警声音
	2	救生哨	建议选择无核设计、可吹出高频求救信号
	3	毛巾、纸巾/湿纸巾	用于个人卫生清洁
应急工具	4	呼吸面罩	消防过滤式自救呼吸器,用于火灾逃生使用
	5	多功能组合剪刀	有刀锯、螺丝刀、钢钳等组合功能
	6	应急逃生绳	供居住楼层较高者逃生使用
	7	灭火器/防火毯	可用于扑灭油锅火等,起隔离热源及火焰作用或披覆在身上逃生
应急药具	8	常用医药品	抗感染、抗感冒、抗腹泻类非处方药(少量)
	9	医用材料	创可贴、纱布绷带等用于外伤包扎的医用材料
	10	碘伏棉棒	处理伤口,消毒、杀菌

资料来源:北京市民政局于 2014 年 05 月 21 日发布。

家庭应急物资储备应该根据所在区域可能遭遇的灾难类型来准备。建议居民家庭根据房屋类型、居住环境、地域特点,家庭成员的年龄、性别,以及居住地区可能面临的主要灾害类型等,进行有针对性的扩充储备。在《北京市家庭应急物资储备建议清单(扩充版)》中共有 6 大类、18 小类、60 种物品,建议居民根据自家的经济状况、生活习惯和实际需要,进行有针对性的选择、补充和储备(表 2-7)。

表 2-7　　北京市家庭应急物资储备建议清单(扩充版)

物品大类	小类名称	物品名称	适用灾害类型
水和食品	饮用水	矿泉水	所有灾种
	食品	饼干或压缩饼干、干脆面、巧克力等	所有灾种
		罐头等	所有灾种
		维生素补充剂	所有灾种
	特殊人群用品	婴儿奶粉、儿童特殊食品	所有灾种
		老年人特殊食品	所有灾种
		其他:高血压、高血糖患者食品等	所有灾种
个人用品	洗漱用品	毛巾、牙刷、牙膏	所有灾种
		洗发水、香皂、沐浴露	所有灾种
		手动剃须刀等	所有灾种
	衣物	备用内衣裤、轻便贴身衣物	所有灾种
		防水鞋	所有灾种
		帽子、手套	台风、洪水

（续表）

物品大类	小类名称	物品名称	适用灾害类型
个人用品	女性用品	孕妇用品、卫生巾等	所有灾种
	其他个人用品	隐形眼镜、眼药水	所有灾种
		驱蚊剂	地震、洪水
		消毒液、漂白剂等	台风、洪水
		儿童图书、玩具等	所有灾种
逃生自救、求救、救助工具	逃生工具	应急逃生绳	所有灾种
		救生衣	洪水
	求救联络工具	求救哨子	所有灾种
		手摇收音机	所有灾种
		便携式收音机（带备用电池）	所有灾种
		反光衣	洪水
	生存救助工具	手摇手电/便携式手电（带备用电池）	所有灾种
		多功能雨衣	洪水、台风
		防风防水火柴	洪水、台风
		长明蜡烛	洪水、台风
		防寒毛毯	洪水、台风
		多功能小刀	所有灾种
		呼吸面罩	地震、火灾
		灭火器/防火毯	地震、火灾
医疗急救用品	消炎用品	碘伏棉棒/医用酒精棉片	所有灾种
		创可贴	所有灾种
		抗菌软膏	所有灾种
	包扎用品	医用纱布块/纱布带	所有灾种
		医用弹性绷带	所有灾种
		三角绷带	所有灾种
		止血带/压脉带	所有灾种
	辅助工具	剪刀/镊子	所有灾种
		医用橡胶手套	所有灾种
		宽胶带	所有灾种
		棉花球	所有灾种
		体温计	所有灾种

（续表）

物品大类	小类名称	物品名称	适用灾害类型
常备药品	常用药品	消炎止痛药	所有灾种
		止泻药	所有灾种
		退烧药	所有灾种
		治感冒药	所有灾种
		老人、儿童止咳化痰药	所有灾种
	特殊药品	心脏病等急救药	所有灾种
重要文件资料	家庭成员信息资料	身份证	所有灾种
		户口簿	所有灾种
		机动车驾驶证	所有灾种
		出生证	所有灾种
		结婚证	所有灾种
	重要财务资料	适量现金	所有灾种
		银行卡、存折	所有灾种
		房屋使用权证书	所有灾种
		股票、债券等	所有灾种
	其他重要资料	家庭紧急联络单（电话联系表）	所有灾种
		保险保单	所有灾种
		家庭应急卡片（建议正面附家庭成员照片、血型、常见病及用药情况，反面附家庭住址、家属联系方式、应急部门联系电话和紧急联络人联系方式）	所有灾种

资料来源：北京市民政局于 2014 年 05 月 21 日发布。

2.5 典型案例

2.5.1 既有住宅小区抗震韧性评价[2]

以北京市西城区住宅小区 A 和朝阳区住宅小区 B 为典型案例，对其抗震韧性进行对比分析如下。

1. 住宅小区概况

1）住宅小区 A

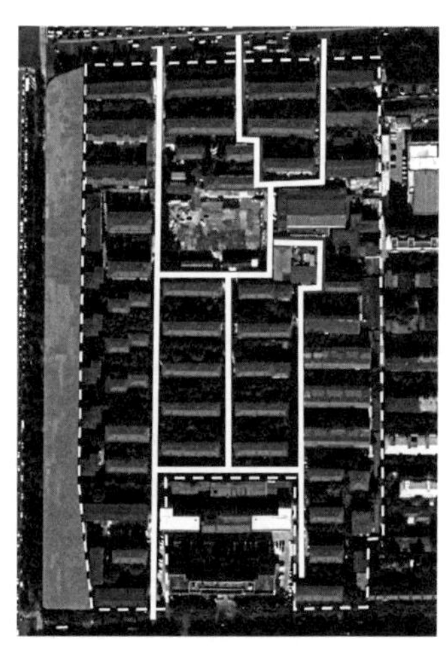

图 2-5 住宅小区 A 平面布局

住宅小区 A 位于北京市西城区西北部，建于二十世纪七八十年代，南北长 490 米，东西宽 280 米，占地面积约 125 公顷，地势平坦，场地为一般地段。住宅小区 A 的平面布局如图 2-5 所示，其中虚线为区域边界，白色实线为主要通道，左侧灰色阴影部分为应急避难场所。

住宅小区内共 55 栋民用建筑，以砖混结构为主，绝大多数 3～6 层，设置圈梁、构造柱，经老旧住宅小区综合提升改造工程的实施，抗震性能得以保证。内部主干道宽 8 米，次干道宽 4 米，宅间路宽 2.5 米，虽路边居民占道停车现象较为普遍，但比较有秩序，总体通行情况尚可。住宅小区出入口较少，不仅远离出口的居民出行较为不便，而且不利于应急和抗震救灾工作的开展。住宅小区西侧设有宽度约 50 米、长约 470 米、面积约 2.3 公顷的带状临街公园，为仅有的一处可作为应急避难场所的绿地，偏于一隅且与住宅小区有围墙相隔，可达性稍差。区域内无防灾指示标识，避难场所内未设置相应的应急物资，也没有预留应急物资贮存空间。生命线工程方面由市政统一设置管理，设施及管线分布较为合理，运转正常，能够满足灾时需要。住宅小区 A 内部日常情形如图 2-6 所示。

(a) 情形一

(b) 情形二

图 2-6　住宅小区 A 内部日常情形

住宅小区 A 共有居民 2 392 户 6 781 人，老年人、生理障碍等弱势群体约占 7%，主要依靠社区居委会开展应急减灾活动。区域内社区资源相对丰富，防灾减灾组织较为完整，已建立各项防灾减灾机制。区内虽有诸多志愿者服务项目，但是多由基层管理人员担任成员，未能充分调动住宅小区居民积极参与志愿活动。

2）住宅小区 B

住宅小区 B 位于朝阳区西部，建于二十世纪八九十年代，南北长 360 米，东西宽 590 米，占地面积约 205 公顷，地势平坦，场地为一般地段。住宅小区 B 的平面布局如图 2-7 所示，其中虚线为区域边界，白色实线为主要通道，灰色阴影部分为应急避难场所。

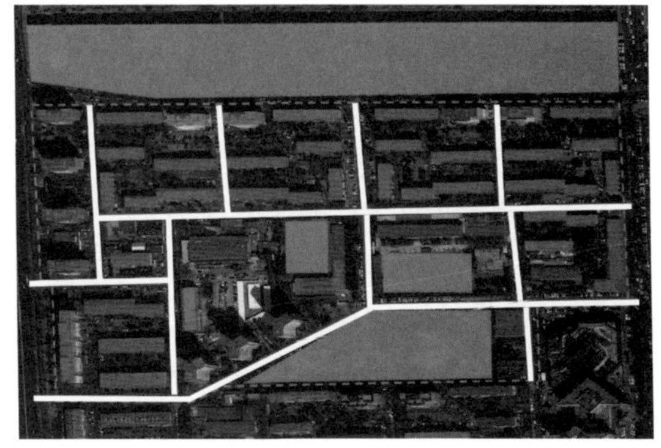

图 2-7　住宅小区 B 平面布局

住宅小区 B 内共 38 栋民用建筑，其中 27 栋为砖混结构、11 栋为剪力墙结构，砖混结构经近年老旧住宅小区综合提升改造工程，设置圈梁、构造柱，抗震性能得以保证。内部主干道宽 8 米，次干道宽 4 米，宅间路宽 2 米，路边居民占道停车现象较为普遍，对住宅小区内道路通行畅通性有一定影响。住宅小区出入口较多，东、北、西三面设置 5 个日常车行出入口、两个应急车行出入口以及多个行人出入口，南侧有通往其他社区的通道，与外界沟通便捷，有利于紧急状况下应急活动的开展。住宅小区内部设有面积约 1.32 公顷的社区公园，连同两个学校面积分别为 0.45 公顷和 0.4 公顷的操场，以及区域北侧紧邻的元大都城垣遗址公园，应急避难场地资源充足。区域内及周边防灾指示标识设置系统全面，并设置有应急物资储备空间。生命线工程方面由市政统一设置管理，设施及管线分布较为合理，但部分线路有老化现象，存在一定致灾隐患。住宅小区 B 内部日常情形如图 2-8 所示。

(a) 情形一

(b) 情形二

图 2-8　住宅小区 B 内部日常情形

住宅小区 B 总人口 8 773 人，其中户籍人口 7 361 人，流动人口 1 412 人。60 周岁以上老人 2 200 人，加上生理障碍等居民，弱势群体约占 27%，需要依靠社区居委会开展应急减灾活动。区域内社区救灾资源相对丰富，防灾减灾组织较为完整，已建立各项防灾减灾机制。区内有志愿者服务活动，能与整个市域的志愿组织形成体系，但居民互动参与性仍有待提高。

2. 抗震韧性评价

评价前，需先对住宅小区 A 和住宅小区 B 进行调研，收集相关资料数据。客观性指标评价结果由软件数据分析和资料归纳整理等方式得到；主观性指标评价结果则通过在各自区域发放并回收调研问卷的形式，经统计分析后获得。由于建筑结构抗震性能指标权重较大，下面给出统计分析结果，其余指标具体计算过程不再一一赘述。

1）建筑结构抗震性能评价

分别对 A 和 B 两个住宅小区的民用建筑区域群体建筑建模分析，得到群体建筑简化模型分析统计结果。

住宅小区 A：多遇地震作用下，轻度破坏占比 94.5%，中度破坏占比 5.5%；设防烈度地震作用下，轻度破坏占比 16.0%，中度破坏占比 84.0%；罕遇地震作用下，轻度破坏占比 0%，中度破坏占比 100%。由统计结果可知，此区域内建筑基本达到了当前我国抗震规范的“三水准设防目标”，多遇地震作用下仍有少量建筑会出现中度破坏，而罕遇地震作用下表现良好，总体未达到严重破坏状态。

住宅小区 B：多遇地震作用下，轻度破坏占比 100%，中度破坏占比 0%；设防烈度地震作用下，轻度破坏占比 21.1%，中度破坏占比 78.9%；罕遇地震作用下，轻度破坏占比 0%，中度破坏占比 100%。由统计结果可知，此区域内建筑达到了当前我国抗震规范的“三水准设防目标”，并且罕遇地震作用下表现良好，总体未达到严重破坏状态。

2）抗震韧性评价体系指标评分

分别对住宅小区 A 和住宅小区 B 对应的抗震韧性评价体系指标进行打分并汇总，结果如表 2-8 所列。

表 2-8 住宅小区 A 和 B 抗震韧性评价体系指标评分

一级指标	二级指标	三级指标	权重	评分	
				住宅小区 A	住宅小区 B
A1 抗扰性	B1 工程设施抗扰性	C1 建筑结构抗震性能	0.1374	1.96	2
		C2 建筑场地性质	0.1030	2	2
		C3 建筑密度及规划布局合理性	0.0458	1	2
	B2 基础设施抗扰性	C4 供电系统抗震性能	0.0720	3	3
		C5 供水系统安全性能	0.0485	3	2
		C6 燃气系统安全性能	0.0469	3	2
	B3 应急空间抗扰性	C7 应急避难场地条件	0.0467	3	3
		C8 人均应急避难场地面积	0.0397	2	3
A2 冗余性	B4 应急保障设施冗余性	C9 应急供电系统配备情况	0.0568	1	2
		C10 应急物资储备情况	0.0503	0	2
	B5 应急救援设施冗余性	C11 应急指挥系统建设情况	0.0494	3	2
		C12 医疗急救系统建设情况	0.0535	2	3
A3 迅速性	B6 应急疏散迅速性	C13 应急疏散通道日常通行状态	0.0359	2	2
		C14 应急避难场所可达性	0.0439	0	3
	B7 应急救援迅速性	C15 应急制度建设情况	0.0295	3	2
		C16 救援队伍建设情况	0.0307	2	2
A4 智慧性	B8 社会构成	C17 住宅小区人口情况	0.0150	3	2
		C18 群众组织建设情况	0.0191	1	2
	B9 防灾管理	C19 抗震防灾信息化建设情况	0.0364	0	1
		C20 抗震防灾教育工作情况	0.0273	1	2
		C21 防灾知识普及与应急演练情况	0.0121	2	2

3. 结果分析

1）得分评定

将表 2-8 中汇总的各三级指标因子得分与其权重相乘，求和后换算为百分制（表 2-9），便可对比各住宅小区得分情况，并衡量住宅小区抗震韧性的等级。

表 2-9　　住宅小区 A 和 B 得分评定情况

住宅小区	分数/分	抗震韧性等级
住宅小区 A	63.1	及格
住宅小区 B	74.0	一般

由表 2-9 可看到，住宅小区 B 的抗震韧性水平尚可，住宅小区 A 的抗震韧性比住宅小区 B 还要差一个等级，仅为及格。

2）指标因子分数对比分析

（1）一级指标得分对比（图 2-9）。

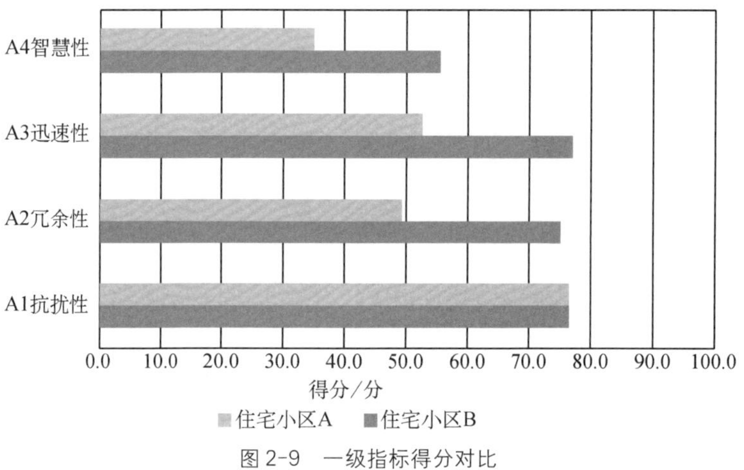

图 2-9　一级指标得分对比

住宅小区 A 除抗扰性指标达到一般水平外，冗余性、迅速性、智慧性均表现较差，尤其是智慧性指标。住宅小区 B 的抗震韧性总体表现稍好，除智慧性有所欠缺，其余均达到一般水平。

对比分析可知：抗扰性水平相当，说明两个住宅小区硬件抗震能力相当；而其他方面住宅小区 A 与住宅小区 B 的明显差距说明，从抗震应急设备到应急活动开展，再到防灾管理，住宅小区 A还有较大提升空间。

（2）二级指标得分对比。

分别对各二级指标下的三级指标因子得分进行加权求和，将结果换算为百分制，得到各二级指标得分情况（图 2-10）。

住宅小区 A 在基础设施、应急救援方面表现较好，均处于优良水平，整体的建筑结构等工程设施抗震性能达到合格，但在应急疏散和应急保障方面准备严重不足，在灾害来临时这些方面的短板势必影响整体的抗震韧性表现，应予以重视。

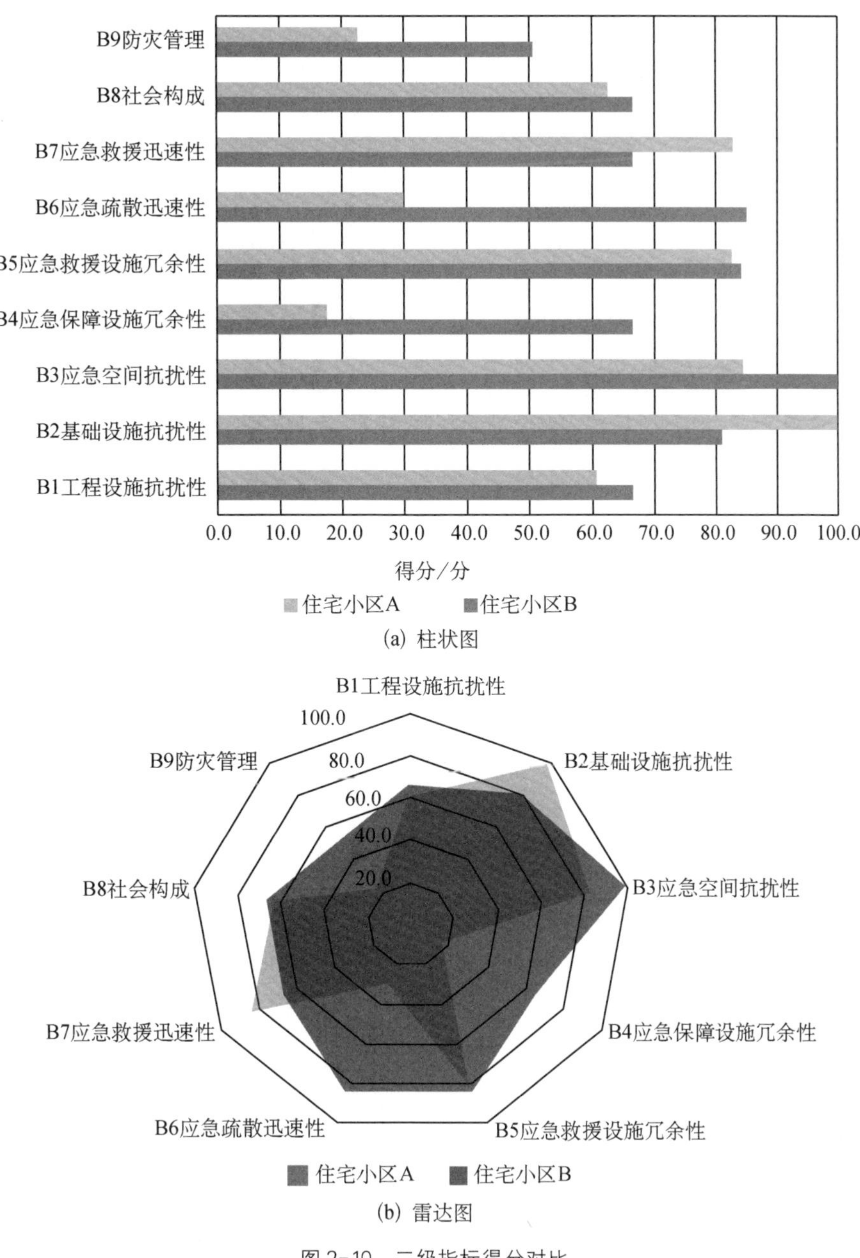

图 2-10 二级指标得分对比

住宅小区 B 相对来说各指标表现较为均衡，除防灾管理仍需重点加强外，其他因素均在一般水平上下，尤其是在应急空间建设方面表现优秀，为可能的灾害下应急疏散和避难活动打下了坚实的基础。

对比两个住宅小区可以发现，住宅小区 A 在基础设施的抗震性能以及应急救援方面稍好于住宅小区 B 外，在应急保障设施设置、应急疏散效率以及防灾教育管理方面均有明显缺陷，抗震韧性相对较差。

(3) 三级指标得分对比。

住宅小区 A 和住宅小区 B 的三级指标得分情况对比见图 2-11。

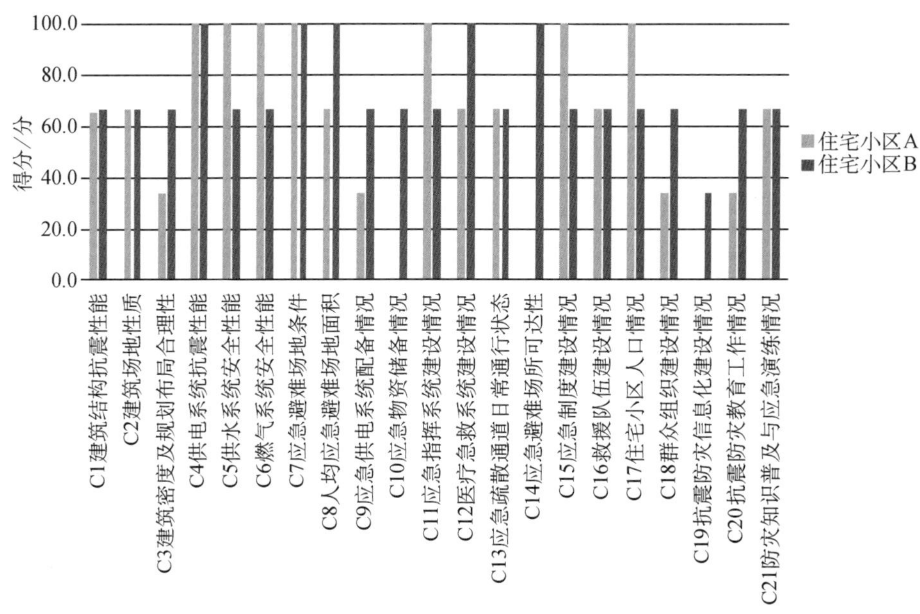

图 2-11　三级指标得分对比

从三级指标得分情况可得到两个住宅小区更为精准的抗震韧性表现情况。住宅小区 B 各指标因子除信息化建设有所欠缺外，其余均达合格线，尤其在供电系统抗震、应急避难和医疗急救方面表现优秀；而住宅小区 A 虽然在基础设施、应急场地、应急系统和制度建设方面表现优秀，但在住区规划、应急设施配备、应急避难场地可达性以及信息化建设方面严重不足，地震灾害可能对居民正常生活产生较大影响，有必要从这些方面加以重视，提出并实施改进对策，从而提高抗震防灾韧性，保障居民的生命财产安全。

2.5.2　基层社区对台风灾害的防御

1. 台风“利奇马”概况

2019 年 8 月 10 日，台风“利奇马”在浙江省温岭市城南镇登陆，登陆时中心附近最大风力有 16 级(52 米/秒)，中心最低气压 930 百帕。它是近 13 年来登陆浙江的最强台风，也是新中国成立以来登陆浙江的第三强台风，仅次于 1956 年的台风“温黛”和 2006 年的台风“桑美”。台风“利奇马”穿过杭州东部，大范围影响杭州，登陆强度强、陆上滞留时间长、风雨强度大、影响范围广、灾害影响重。[12]

截至 10 日 14 时，杭州市面雨量 124 毫米，其中临安 163 毫米、富阳 154 毫米、桐庐 139 毫米、余杭 139 毫米、萧山 133 毫米、主城区 120 毫米、建德 85 毫米、淳安 84 毫米。全市共有414 个站(占比约 69%)雨量大于 100 毫米，35 个站(占比约 6%)超过 200 毫米，最大为临安龙岗镇照君岩 405 毫米，主城区最大为龙门岭 175 毫米；有 212 个站（占比约 35%）出现 8 级以上大风，21 个站出现 10 级以上大风。①

2. 社区防抗台风暴雨应急预案

超强台风裹挟暴雨来袭，社区应对情况如何？是否及时启动台风暴雨应急预案？如何组织巡查和回应受灾群众求助？社区的防灾避灾场所物资是否准备到位？是否能对外开放，安置市民？一系列问题都关系台风灾害防御的效果，关系受灾群众的安全。

在基层社区层面，重点是监测预警、预案编制、物资储备、抢险队伍、险情处置、避险转移和宣传培训等各项工作，从灾前、灾中到灾后，未雨绸缪、及时有效应对，从基层做起，提高全民防台风灾害意识与自救互救能力。

社区层级的应急预案应按照“横向到边、纵向到底”的原则，在防汛应急部门的“大预案”框架下进行细化，加强可操作性和实用性，重点明确社区工作职责、抢险抗灾队伍和人员分工、灾前准备措施、应急响应和险情处置、避险转移和宣传培训等内容，着重提升防抗台风暴雨工作的快速反应能力，有序高效开展抗灾自救工作，最大限度减轻灾害损失。基层社区应急预案示例如下。

1）总则

坚持以人为本，将保护社区居民人身与财产安全放在首位，在政府、街道统一领导和协调下积极开展抗台风救灾工作，提前部署，重点防控，调度得当，反应迅速，将灾害损失降到最低程度。

2）工作职责

负责组织、领导、督促、协调辖区内各方（居民、物业公司、相关单位等）的防台风和抢险救灾工作。

负责台风灾害应急抢险期间与上级政府及相关职能部门的联系，并及时上传下达，向社区居民及相关各方及时、准确、全面发布重要信息，如气象条件变化、市政设施（供电、供水、交通等）运行情况等。

负责居民避险转移安置，重点帮助老弱病残等弱势群体及时避险转移。

负责和协调各类紧急状态的应对。

负责台风灾后住宅小区环境清理，组织灾后自救，协助受灾群众尽快恢复正常生活、生产秩序。

联系和协调卫生防疫部门进入社区或指导物业公司实施消杀防疫工作。

其他防抗台风灾害相关事宜。

3）抢险抗灾队伍和人员分工

依托社区居委会和志愿者队伍，组织防抗台风工作组，包括抢险组、后勤保障组、医疗救护

---

① 【最新动态】“利奇马”已抵达杭州!.小时新闻，2019-08-10.

组、宣传报道组等，按住宅小区划片管理，明确分工。

在街道防汛防抗台风应急指挥部统一领导下，社区层级重点放在责任落实和基层工作协调方面。台风预报后，应严格实行昼夜值班制度，确保台风信息及上级指令准确、及时、畅通传递。

抢险组：落实街道部署的应急抢险工作。组织实施辖区内应急抢险和防护，必要时及时上报请求外部力量救援，尽最大力量减少灾害损失。抢险组应定期组织技能培训和实战演练，确保灾时能迅速动员，投入抢险工作。

后勤保障组：落实后勤保障相关工作。与避灾疏散场地管理单位加强联络，落实安全转移地点，提前规划路线；负责防汛物资的储备和发放工作；妥善安置转移居民；负责安排转移居民和值班、抢险人员的食宿问题。

医疗救助组：落实街道防汛医疗救护工作。依托社区卫生服务中心等，负责辖区内防台风期间的医疗救护和灾后卫生防疫工作。

宣传报道组：落实街道防台风宣传报道工作。做好防台风法律、法规、防灾知识的宣传，提高居民群众的防灾意识和应灾知识，及时通报灾情信息。

4）灾前准备措施

物资准备：防汛沙袋、照明工具、手提喇叭、对讲机、雨具、救生绳、铁锹、地下车库出入口用挡板等。此外，社区应对上级大型救灾物资的调配和储备工作进行了解并加强沟通，包括挖掘机、吊车等大型机械设备及砂石、木料、钢材等防汛物料，以备紧急情况下临时调用。

抢险队伍动员：发动组织队伍，清点并补购必要物资设备和工具，防抗台风工作组进入临灾状态，做好抗灾准备和现场指挥。

灾情预警及准备：及时预警，以告示牌、宣传栏、网络平台等多种方式通知所有居民，对于孤寡老人、残疾人等弱势群体应安排专人上门通知并提供帮助。联合物业公司、业委会等动员居民关好门窗，清理阳台、户外易掉落物品，通知外出居民并协助做好防台风暴雨准备工作。对住宅小区内的危房、危墙、树木、地下车库等进行检查，及时排除隐患或采取防范措施。督促辖区内物业公司做好下水道清淤、除障工作，确保降雨时畅通无阻，检查井盖是否牢固。对广告牌、快递柜等有用电安全隐患的设施设备进行认真排查，防止发生险情。

5）应急响应和险情处置

进入应灾紧急状态后，召集社区抢险队伍召开紧急会议，部署抢险工作，按职责分工落实各项防灾措施。安排应急期间值班人员，保证 24 小时上下沟通无阻，未接获上级通知不得擅离职守。社区工作人员应有专人通过可靠渠道及时精确掌握台风实时情况，并通过社区业主微信群、QQ 群等平台定时发布灾情，以便居民更好了解情况，配合防灾相关工作。

检查各项防御措施的人员、物资落实情况，做好抢险救灾准备。

安排专人监测辖区内危险点动态，发现异常及时上报，同时采取可行的应急措施进行处置，无法独立处置时应及时上报。

6）避险转移

提前确认避灾场所状况，并提前向社区居民告知避灾场所位置、疏散路线、管理要求、疏散计划等，并尽量征得居民同意，对于不愿转移或转移有困难的个别人员，应做好说服工作，同时提供协助，紧急状态下必要时实行强制转移。

转移安置要有计划、有组织进行，重点关注弱势群体，提供对口帮扶。

转移安置过程中，社区工作人员应注意自身安全和转移群众安全，防止意外发生，有突发状况时应及时向上级防灾指挥机构上报并请求支援。

7）宣传培训

应用各种媒体平台、各种形式，充分宣传社区基层防汛防台风工作机制和防灾相关知识，加强防灾社会化管理水平，切实提升全民防灾意识，让居民具备自救互救能力，积极参与台风灾害防控工作。

在应对台风“利奇马”时杭州市萧山区社区工作开展简况如下[13, 14]：

台风“利奇马”登陆后，截至8月10日14时，萧山区平均降雨量达134.1毫米，有55个站点降雨超过100毫米，最大为戴村镇骆家舍村252.7毫米；18个站点风力超过9级，6个站点风力超过10级，最大为前进街道外二十段12级(32.8米/秒)，萧山国家气象站10级(24.5米/秒)。

为应对洪涝和台风灾害，萧山区防指办于2019年8月9日启动台风Ⅰ级应急响应、地质灾害Ⅰ级应急响应，各镇(区)街积极行动，迅速投入本辖区范围的各项防台工作，靠前指挥，深入重点地段督察指导，各级各部门启动应急预案，以保证一旦发生险情、灾情，确保第一时间及时有效处置。

城厢街道召开防台紧急工作会议，要求各社区做好隐患排查，确保应急力量，做好值班和信息上报。8月9日上午，城厢街道全体机关、社区干部100余人已经开始行动，检查城区低洼积水点、危旧房、在建工程、地质灾害点位及危险隐患点位。

北干街道准备沙袋，采购雨具、LED手电筒、强光防爆电筒、棉线手套、塑料编织袋等防台物资。同时，组织专项力量加强低洼地段的巡排查，加强对排水排涝设备设施的检查，加大对老年过渡房的安全隐患排查。

蜀山街道机关及社区干部奔赴一线，对老年过渡房、建筑工地、围墙围挡、工矿企业等开展检查和隐患排除工作，并及时组织好应急队伍，准备好抢险物资，同时积极发挥综合信息指挥室的重要作用，提升应急反应能力。

新塘街道召集44个村(社区)召开抗击第9号台风“利奇马”专题部署会。9日下午，街道联片领导、联村干部60余人下村指导检查防台工作，及时开展危房、低洼地、地质灾害点及其他重点区域、路段的隐患排查。

闻堰街道联村社干部会同13个村社工作人员进行实地检查排摸，对辖区内6处老年过渡房、15个小区、6处学校场所、7个宗教场所及其他重点区域进行隐患排查与监管。同时，储备与配发给各村社草包、编织袋、水泵、雨衣雨鞋套装、铁锹、手电等物资。

南阳街道机关干部会同各村社干部深入辖区各地，对地质灾害点、危旧房、江河海堤水利设施、在建工程设施等开展全面巡查，现场落实整改问题 141 个，落实南翔小学、赭山敬老院、龙虎小学 3 个避灾安置点，16 个村社区雨衣、雨鞋、救生衣、安全帽、水泵及配套附件等救灾物资已全部查验到位。

萧山经济技术开发区桥南区块积极撤离人员，准备好避难场所及避难人员所需要的水、方便面等，紧急做好防台物资的排查、准备工作，配齐手电筒、铁锹等防台物资。

其他街道、镇区也积极组织，落实各项防台措施。

截至 8 月 10 日 14 时，萧山区已建立了区、镇街、村(社区)三级避灾安置场所共 317 个(已开放使用 282 个)。

分散在全区的 317 个避灾点，根据场所大小，可以容纳不同人数。譬如，北干街道工人路社区设有两处避灾安置点，分别为金山小学和社区多功能厅。社区避灾安置点，分室内和室外两部分，室内面积为 180 余平方米，可转移安置人员 500 余人。金山小学安置点面积为 2 000 余平方米，可转移安置人员 1 500 余人。避灾安置点建有物资储备仓库，内存有防潮垫、草席、手电筒、棉被、热水瓶、洗漱用品、防汛物资等储备物资。社区还与周边的商户定有临时的供货协议，确保转移人员的生活所需。

萧山区防汛防旱指挥部已要求所有镇街(场)、平台开放避灾场所，并准备应急生活用品等，一旦有紧急情况，市民可以转移到避灾点。

截至 8 月 10 日，萧山区全区转移受灾群众 60 174 人，回港船只 462 艘，行道树加固 785 株，清运断枝枯叶 33.8 吨，排查室外广告牌 4 800 余块，全区交警大队投入警力 205 名，处理台风警情82 起。同时，区应急管理局牵头做好全区防汛防台信息汇集梳理上报工作，并落实全员 24 小时值班。对全区危险化学品及一般工矿商贸企业进行防御台风安全生产检查，发出安全提醒 2 300 余条。

一系列举措有效保证了台风灾害的防范和应对，对于减轻台风灾害影响、降低灾害损失、保障群众安全起到了重要的作用。

参考文献

[1] 侯景新，肖龙，石林.城市发展前沿问题研究[M].北京：经济管理出版社，2018.

[2] 王图亚.既有居住区抗震韧性评价与提升策略研究[D].北京：中国建筑科学研究院，2019.

[3] 王江波，陈晨，苟爱萍."天鸽"台风后澳门特区政府防灾减灾规划及其启示[J].灾害学，2019，34(4)：139-144.

[4] 住房和城乡建设部科技发展促进中心.中国既有建筑改造政策与市场化运作[M].北京：中国建筑工业出版社，2011.

[5] 安博士安全生产宣传教育卡通画丛书编写组.安全生产事故预防[M].2 版.北京：中国劳动社会保障出版社，2016.

[6] 尹占娥，许世远.城市自然灾害风险评估研究[M].北京：科学出版社，2012.

[7] 中国人民大学房地产信息中心.房地产估价理论与方法[M].北京:中国电力出版社,2008.
[8] 葛全胜,邹铭,郑景云,等.中国自然灾害风险综合评估初步研究[M].北京:科学出版社,2008.
[9] 章国材.气象灾害风险评估与区划方法[M].北京:气象出版社,2009.
[10] 陈旭.四川城市社区安全风险评估与管理[M].成都:四川大学出版社,2018.
[11] 高建国,万汉斌,郭增建,等.中国防灾减灾之路:2016[M].北京:气象出版社,2016.
[12] 李莹,曾红玲,王国复,等.2019年中国气候主要特征及主要天气气候事件[J].气象,2020,46(4):547-555.
[13] 项亚琼,周颖,王俞楠,等.迎战“利奇马”我们严阵以待[N].萧山日报,2019-08-10(3).
[14] 萧山启动防台风Ⅰ级应急响应!超强台风“利奇马”预计凌晨登陆![EB/OL].[2019-08-09].https://mp.weixin.qq.com/s/6iOK5wKEsw8Xx4_OUzVICA.

3　城市住宅小区建筑安全风险防控

本章所讨论的建筑安全是指住宅建筑的安全问题，主要包括住宅建筑的主体结构安全和附属结构安全（如外门窗、建筑装饰构件、建筑外墙保温等）。住宅建筑是构成城市住宅小区的主体，其安全与否关系千家万户的生活和人民群众的切身利益。理清安全隐患，制定防范措施，是城市住宅小区建筑安全风险防控的主要工作。

3.1　我国住宅建筑安全的基本情况

房屋在使用过程中，由于构件强度的降低、材料的老化，必然会产生由完好到损坏、由小损到大损、由损坏到危险的过程。我国 20 世纪 80—90 年代建造的房子大多已进入寿命中期，且由于历史原因，房屋结构设计的水准和施工质量参差不齐，再加上构件老化、维护保养不到位、人为拆改和自然环境等因素影响，导致老旧房屋结构安全性逐年降低。近年来，建筑的安全问题不断涌现，多座城市出现了建筑物裂缝、倾斜、倒塌事故，仅 2015 年上半年，被媒体大范围报道的楼房坍塌事故就有 80 多起①，造成了巨大的损失和一定的社会负面影响，严重威胁建筑使用者的生命财产安全，给政府治理和社会稳定提出了极大的挑战。

3.1.1　城镇住宅建设年代分布

国家统计局与住房和城乡建设部的统计数据显示，截至 2018 年年底，中国城镇住房总量约 276 亿平方米。有约 97%的城镇住房为 1978 年以后建造，约 87%为 1990 年以后建造，约 60%为 2000 年以后建造。② 根据《住宅建筑规范》(GB 50368—2005)规定，住宅的设计使用年限一般为 50 年。从住宅生命周期的角度看，20 世纪 60 年代及以前建造的住房，使用期已超过 50 年，属超期服役；20 世纪 70 年代建造的住房，使用期超过 40 年，进入生命周期的后期；20 世纪 80 年代建造的住房使用期超过 30 年，已进入生命周期的中期。从现实情况看，20 世纪 70—80 年代建造的住房可称之为老旧住房。

---

① 2015 年家居安全事件汇总报告.搜狐，2015-07-27.

② 中国住房存量报告：2019.泽平宏观，2019-08-16.

3.1.2 住宅结构体系和结构设计使用年限

1. 住宅结构体系

目前我国的住宅结构体系主要有砌体结构、砖混内框架结构、框架结构、框剪结构、剪力墙结构和钢结构等。一般情况下，2000 年前的多层住宅建筑多是砖混结构，而钢筋混凝土框架结构、框剪结构的住宅建筑在 2000 年以后大量出现。

1）多层住宅的结构体系

多层住宅常用砌体结构和砖混内框架结构。

（1）砌体结构。砌体结构是以块材和砂浆砌筑而成的墙、柱作为建筑物主要受力构件的结构。块材主要有烧结黏土砖、混凝土砌块、石等。砌体结构的主要特点是刚度大，整体性差，结构的抗拉、抗剪、抗弯承载力较低，造价低，建材取材方便。多层住宅建筑中砌体结构的应用最为广泛，据不完全统计，从 20 世纪 80 年代初至 90 年代末，我国主要大中城市建造的多层砌体结构房屋建筑面积达 80 多亿平方米，全国基建中将块材作为墙体材料的有 90%左右，在办公、住宅等民用建筑中大量采用砌体结构。[1]

砌体结构的抗震性能。我国绝大多数城市在 6 度或 6 度以上地震设防区。虽然我国积累了在地震区建造砌体结构房屋的经验，还在 7 度区和 8 度区建造了大量的砌体结构房屋，但是由于砌体材料属于脆性材料，抗拉、抗弯及抗剪强度均不高，因此多层砌体结构房屋的延展性较差，抗震能力低。从国内外历次大震震害可以看出，多层砌体结构房屋的破坏尤为明显。在 1923 年发生的日本关东大地震中，大部分砖石房屋受到严重损害，8 000 幢砖石房屋仅有12.5%可以被修复继续使用。1993 年，我国云南普洱发生大地震，多层砌体结构房屋倒塌率高达 75%；2008 年，我国汶川发生大地震，震区建筑多为抗震能力较低的砌体结构房屋，破坏面积大，受损状况严重。[2]

（2）砖混内框架结构。砖混内框架房屋是指内部为混凝土框架承重、外部为砖墙承重的房屋，以及仅底层为内框架承重而上部各层为砖墙承重的房屋。内框架和底层内框架结构都是由混凝土框架和砖外墙两种材料组成的复合结构，其抗震性能都是不高的。历次地震中，采用该结构的住宅受震害影响都比较严重。

2）高层住宅的结构体系

高层住宅一般采用剪力墙结构和框剪结构，也有部分采用框架结构。

（1）框架结构。框架结构体系由楼板、梁、柱及基础四种承重构件组成，是高层建筑的结构形式之一。其优点是建筑平面布置灵活，能获得大空间，建筑立面也容易处理，结构自重轻，计算理论成熟，在一定高度范围内造价较低。其缺点是本身柔性较大，抗侧力能力较差，在风荷载作用下会产生较大的水平位移，在地震荷载作用下，非结构构件破坏比较严重。框架结构的合理层数一般是 6～15 层，最经济的层数是 10 层左右。[3]

（2）剪力墙结构。剪力墙结构是由钢筋混凝土板墙（剪力墙）和混凝土楼板组成的空间结构。剪力墙承担全部的竖向荷载和水平荷载，水平荷载主要是地震荷载、风荷载。墙体同时也作为维护及房间分隔构件。剪力墙沿横向和纵向正交布置或斜交布置，刚度大，空间整体性好，用钢量少。在历次世界大地震中,剪力墙结构表现出良好的抗震性能,受损程度较轻微,在住宅和旅馆客房中采用剪力墙结构可以较好地适应这些建筑墙体较多、房间面积不太大的特点,而且可以使房间不露梁柱,整齐美观。目前国内高层住宅多采用这种结构形式。[3]

(3) 框剪结构。框剪结构由框架和剪力墙构成,二者共同承受水平荷载和侧向力。框剪结构是一种双重的抗侧力结构:结构中剪力墙的刚度大,承担大部分层剪力;框架承担的侧向力相对较小,在罕遇地震作用下,剪力墙连梁往往先屈服,使剪力墙刚度降低,由剪力墙抵抗的部分层剪力转移到框架。如果框架具有足够的承载力和延性抵抗地震作用,双重抗侧力结构的优势可以得到充分发挥,避免在罕遇地震作用下房屋受到严重破坏甚至倒塌。框剪结构既有框架结构布置灵活的特点,又有剪力墙结构刚度大、承载力大的特点,被广泛应用于高层建筑。

2. 结构设计使用年限

《建筑结构可靠性设计统一标准》(GB 50068—2018)规定,标志性建筑和特别重要的建筑结构设计使用年限为 100 年,普通房屋和构筑物设计使用年限为 50 年;《住宅建筑规范》(GB 50368—2005)规定,住宅的设计使用年限一般为 50 年。在结构设计使用年限内,住宅主体结构和结构构件应能承受在正常建造和正常使用过程中可能发生的各种作用和环境影响,能够满足安全性、适用性和耐久性要求。如达不到这个年限则意味着在设计、施工、使用与维护的某一环节上出现了非正常情况,应查找原因。所谓"正常维护"包括必要的检测、防护及维修。但并不是住宅结构的使用年限超过设计使用年限后,就不能使用了,而是结构失效概率可能较设计预期值增大。当住宅达到设计使用年限并需要继续使用时,应对其进行鉴定,并根据鉴定结论做相应处理。同时,重大灾害(如火灾、风灾、地震等)会对住宅的结构安全和使用安全造成严重影响或潜在危害。遭遇重大灾害的住宅需要继续使用时,也应对其进行鉴定,并做相应处理。

3.1.3 住宅建筑安全事故的类型

改革开放 40 余年来,我国住宅建设高速发展。1978 年全国城镇竣工住宅面积不足 1 亿平方米,1998 年超过 5 亿平方米,2011 年超过 10 亿平方米。1978—2018 年,中国城镇住宅存量从不到14 亿平方米增至 276 亿平方米(图 3-1)。① 随着这种高速的扩展积累和时光的推移,我国也开始从建设高峰期向使用和维护高峰期转变。由于多方面的原因,住房使用中的安全问题逐渐显现出来,事故多发,房屋倒塌的重大事

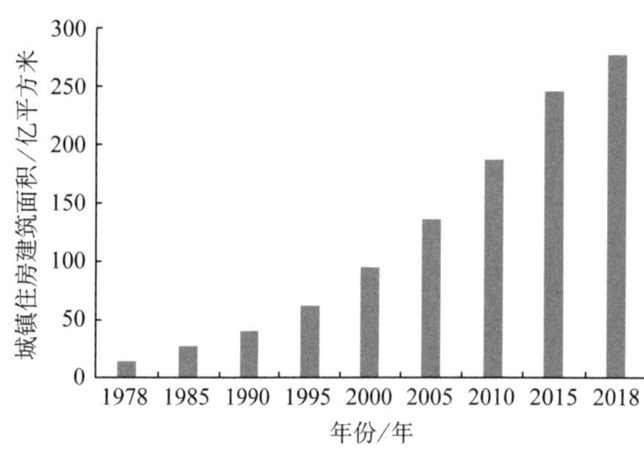

图 3-1 1978—2018 年中国城镇住房增长情况
(资料来源:《中国住房存量报告:2019》,任泽平)

① 中国住房存量报告:2019.泽平宏观,2019-08-16.

故时有发生，造成严重的人身伤亡和财产损失。从实际情况看，住宅建筑安全事故的类型大致可以分为 3 种。

(1) 主体结构(包括基础)问题导致的房屋开裂、倾斜、倒塌。这类事故会使房屋处于危险状态，居民不能住用或不加固维修就无法住用。倒塌则不仅造成财产的灭失，还会直接造成人身伤害。

2009 年 8 月 4 日，河北省石家庄市一座建于 20 世纪 80 年代的二层楼房在雨中倒塌，17 人遇难。2009 年 9 月 5 日，宁波市奉化区锦屏街道南门社区的一幢 5 层居民楼突然倒塌。2009 年6 月 27 日 6 时左右，上海市闵行区莲花南路与罗阳路交叉口一幢 13 层在建商品楼发生倒塌事故(图 3-2)。[4]

2012 年 12 月 16 日，交付使用 20 余年的宁波市江东区(今鄞州区)徐戎三村 2 幢楼发生倒塌事故，造成 1 死 1 伤(图 3-3)。①

图 3-2　上海市闵行区莲花南路在建商品楼倒塌事故

图 3-3　宁波市江东区(今鄞州区)徐戎三村住宅楼整体倒塌

2013 年 3 月 28 日，浙江省绍兴市越城区城南街道外山新村建于 20 世纪 90 年代初期的一栋 4 层民房倒塌，事故造成 3 死 2 伤(图 3-4)。②

图 3-4　绍兴市越城区城南街道外山新村住宅楼倒塌

图 3-5　宁波市奉化区锦屏街道居敬社区 29 幢楼西端单元倒塌

① 宁波徐戎三村居民楼倒塌事故调查结果昨公布.浙江在线，2013-12-13.

② https://home.19lou.com/forum-72-thread-10201364513756063-1-1.html.

2014 年 4 月 4 日，宁波市奉化区一幢只有 20 余年历史的居民楼如麻将牌般突然倒塌，事故造成 1 死 6 伤(图 3-5)。① 2014 年 4 月 28 日，一幢建好 25 年的常熟居民楼在经历了墙体开裂、地基下沉后，部分楼体坍塌。②

2015 年 6 月 9 日 2 时左右，贵州省遵义市汇川区高桥镇鱼芽社区河边组一栋村民自建的 7 层楼房整体垮塌。楼房垮塌前，楼内住户疏散及时，未发生人员伤亡。同年 6 月 14 日 6 时左右，贵州省遵义市红花岗区延安路五金市场内一栋 9 层居民楼发生局部垮塌，造成 4 人死亡。③

2019 年 8 月 28 日上午，深圳市罗湖区船步街和平新居 71 栋靠西面居民楼发生楼体部分倒塌(图 3-6)。④

图 3-6　深圳市罗湖区船步街和平新居 71 栋部分楼体倒塌

(2) 建筑附属结构安全问题导致的事故。建筑附属结构构件(如阳台栏板、外墙面砖、窗户护栏、装饰构件等)出现老化、开裂、金属构件锈蚀等现象(图 3-7)，可能会造成阳台等构件脱落、外墙坠落等事故。这类事故也会造成一定的财产损失甚至人身伤害。

(3) 外墙外保温脱落。随着我国建筑节能工作的推进，外墙外保温系统的应用越来越广泛。但由于材料、施工技术、管理等方面的问题，外墙外保温技术在实际应用中也出现了许多问题，比如外墙开裂、空鼓、脱落等。住宅外墙外保温脱落问题频发，给居民带来了很多不便和损失，给社会造成了不良影响。

例如，北京市某小区建筑瓷砖外墙面没有设置伸缩缝，出现开裂，瓷砖填缝不密实，阳角开裂，雨水通过这些不密封的部位进入无机不燃保温板，所采用的无机不燃保温板在水的作用下呈松散颗粒状，失去了黏结力并脱开，致使保温板外荷载较重的找平抹面层、瓷砖黏结层和瓷砖处于没有根基的悬空状态，导致外墙面空鼓脱落(图 3-8)。又如，长春某公寓因保温材料粉化严重，失去黏结面，导致保温板大面积脱落(图 3-9)。

---

① 浙江奉化仅建 20 年居民楼坍塌致 1 死 6 伤.腾讯新闻，2014-04-05.

② 25 年居民楼坍塌，每户救助 2 000 元(图).搜狐，2014-04-29.

③ 住房城乡建设部办公厅关于贵州省遵义市近期两起房屋倒塌事故情况的通报.中华人民共和国住房和城乡建设部，2015-06-15.

④ 刚刚，深圳罗湖一居民楼突然倾斜倒塌！现场正紧急处置，暂无人员伤亡.搜狐，2019-08-28.

(a) 阳台栏板损坏严重

(b) 瓷砖开裂

(c) 金属构件破损

(d) 屋面檐口抹面脱落

(e) 彩钢板屋顶锈蚀破损

(f) 窗井顶板锈蚀

(g) 住宅楼外墙瓷砖大面积脱落

(h) 居民楼阳台脱落

(i) 建筑装饰线条脱落

图 3-7　建筑附属结构安全问题

(a) 局部情形一

(b) 局部情形二

图 3-8　北京某小区住宅外墙大面积脱落

[资料来源:(a)为杨忠治摄,(b)为徐迎春摄]

(a)局部情形一

(b)局部情形二

图 3-9 长春某公寓外保温板大面积脱落

(资料来源:《外墙外保温脱落事故分析及加固办法》,路国忠)

3.1.4 住宅建筑安全事故的特点

1. 事故发生具有隐蔽性和滞延性

住宅建筑安全事故的发生一般都是由于内在的质量问题或结构稳定性受到破坏。一方面,由于住宅的基础和主体结构属于隐蔽工程,一旦抹灰面完成,从建筑外表看不见它的内部状态,所以其受力状态的变化、材料的老化程度用肉眼从建筑外表判断不了。另一方面,事故的发生都会有一个长时间的积累过程,在这段时间里,人们从外表感觉不到变化或习以为常;当问题积累到一定程度,或遇到外来因素冲击时,事故发生并给人以突然感。如建筑基础不均匀沉降,是一点点发生并积累的,到一定程度才能从外形上感觉到,到达一个临界点才会出现建筑的倾斜、开裂甚至倒塌。因此,判断住宅建筑的结构质量,判断其安全性,判断其是不是危房,需要进行专业的鉴定,需要专业的机构、专业的人员来做;从及时获取情况信息和风险防控的角度看,需要对住宅建筑安全做日常监测和定期检查。

所谓滞延性是指住宅建筑存在的一些质量问题并不能够通过完工后的检查验收被检测出来,通常是在房屋的使用过程中慢慢暴露。由于该过程比较漫长,加上其他因素的作用,事故一旦出现,责任的确定既困难又复杂。

2. 致因多样复杂

造成住宅建筑安全事故发生的原因是多方面的,而且很复杂。

有的是施工过程中存在质量问题,如材料不合格、偷工减料、未按图作业、施工未达到质量标准又未被发现等,这些往往也被称为建筑本身的问题。

有的是住宅在使用过程中受到外部环境因素的干扰作用。2009 年,上海市闵行区莲花南路

13 层住宅楼发生倒塌，该楼房采用桩-十字条形基础，十字条形基础埋深 1.9 米，管桩共 118 根(桩型号为 AB4008033，入土深度 33 米)。经分析该倾覆事故的主要原因是紧贴该楼的北侧在短期内堆土过高，最高处达 10 米左右；与此同时，大楼南侧的地下车库基坑正在开挖，大楼两侧的压力差使土体产生水平位移，过大的水平力超过了桩基的抗侧能力，导致房屋倾倒(图 3-10)。①

图 3-10 上海市闵行区住宅楼倒塌分析示意

有的是不当使用。例如，使用人私自改变房屋用途，野蛮装修、拆墙打洞、拆改承重结构、随意加层、超负荷使用等。这些都会造成建筑结构的人为损害，严重时就会导致安全事故的发生。

有的是失养失修。住宅建筑的日常维护修缮是个薄弱环节，普遍不到位，有相当数量的建筑失养失修，对建筑安全造成威胁，许多事故都与日常失养失修造成建筑结构损伤相关。

此外，气象因素、自然灾害会给住宅建筑安全带来巨大的影响和冲击，如台风、暴雨和洪水、地震。在一些情况下，虽未出现楼倒屋塌，但对主体结构造成损伤，给住宅能否继续安全使用带来不确定性，这时需要进行安全鉴定、适当维修，以保证建筑未来使用的安全性。

在实际生活中，事故的形成往往不是单因素的，而是多种因素交互、共同作用的结果，这也就是住宅建筑安全事故发生原因的复杂性所在。

3. *危害和社会影响大*

住宅建筑属于不动产，也是大多数家庭最大的固定资产。一旦发生建筑安全事故，使得建筑构件破损无法继续使用，主体结构损坏甚至倒塌，住户无法居住，或者缩短了房屋的使用寿命，都会给住户造成很大的财产损失，实际上也是社会物质财富的损失。如果是严重的安全事故，例如房屋倒塌，还会伤及人身，甚至夺走人的生命。所以，住宅建筑安全事故的危害巨大。此外，其社会影响大，易发生风险连锁反应。住宅即“家”，是温暖和安全的文化符号，不仅关系生命财产安全，还关系居民心理安全。现代化社会网络发达，信息传播快，社会共振效应明显，一旦事故发生，就会引发诸多复杂的连锁反应，有时会产生严重的负面影响。

① https://www.baidu.com/link? url=lJOOViO0v6Ytk_SbUyLInp9kT_DVSvqjQong7O8pQVGrRFmLusk7Iv4_t_emjRBHxbYmiOMv1ZXBADkw_0UkLEqaXDeDa1mPAcNiKQPUa2S&wd=&eqid=a9e3c14b00036f5c00000003606d7fd4.

4. 应急处理和后期处置难度大

中国的基本国情是地少人多，城市住房绝大多数是集合住宅，平房、独栋式住宅极少。一旦发生建筑安全事故，少则十几户，多则几十户、上百户的生活就会受到影响，甚至是无家可归，所以其应急处理的难度很大。如果需要加固修缮、重建，所需资金量就会很大。在没有住宅建筑安全保险、住户生活条件主观偏好不一的现实条件下，筹资将是一件非常难且复杂的事。

3.2 住宅建筑安全事故发生的原因

本节从技术层面、管理层面、体制机制层面分析住宅建筑安全事故发生的原因。

3.2.1 技术层面的原因

住宅建筑安全事故发生的技术层面的原因一般是导致事故发生的直接原因，从实际案例的鉴定结果中可以得到证实。

1. 实际案例鉴定分析

1) 2014 年浙江省宁波市奉化区居民楼坍塌鉴定分析

2014 年 4 月 4 日，奉化区锦屏街道居敬社区建于 20 世纪 90 年代初的居敬路 29 幢楼西端一个半单元倒塌，造成 1 人遇难、6 人受伤。[①] 经鉴定分析，造成事故的主要原因如下：①居民拆改造成墙体破坏，特别是承重墙体系的破坏。一层原设计为储藏室，现普遍被改为居住或商业用途，较小的门窗改为大洞口，甚至改为汽车库，全开间的外纵墙均被拆除；在居室内大量拆改承重墙(图 3-11)，大大降低了墙体竖向承载力，形成大量的事故隐患。②不当增加承重荷载。将原设计为不上人的坡屋顶下封闭空间改为上人的居住或储藏空间，增加了结构荷载。③墙体风化造成承载力下降。该楼首层、架空层砖体表面风化脱落，损坏承重墙(图 3-12)。④建筑材料质量差(图 3-13)，砖和砂浆强度低。鉴定报告显示，实测砂浆强度等级普遍小于 M1，有些甚至低于 M0.5，致使一些墙体竖向承载力与荷载效应之比远低于现行国家或行业规范要求。

(a) 情形一

(b) 情形二

图 3-11 居民拆改

① http://tv.cctv.com/2014/04/04/VIDE1396620105985761.shtml.

(a) 情形一

(b) 情形二

图 3-12 风化引起承重墙损坏

(a) 情形一

(b) 情形二

图 3-13 建筑材料质量差

2) 2019 年深圳市罗湖区居民楼倒塌鉴定分析

2019 年 8 月 28 日上午，深圳市罗湖区船步街和平新居 71 栋靠西面居民楼发生楼体倒塌。专家组现场研判后认为该建筑采用沉管灌注桩基础，属摩擦桩型，且建筑下方有暗渠，因房屋基底土层较差，暗渠水流常年作用造成桩周水土流失和桩身腐蚀，最终造成桩基础发生脆性破坏，导致楼体局部倾斜下沉。①

2. 常见事故原因

总结实践中的各种事故案例，住宅建筑发生倒塌、下沉或倾斜的常见原因如下：

(1) 地基土软弱。房屋地基土一般有厚薄不均、软硬不均等现象，若地基处理不当，特别是在偏心荷载作用下，容易发生不均匀沉降，造成房屋倾斜。

(2) 相邻建筑或施工影响。相邻的建筑过近会造成房屋下沉。一些建筑物由于相距过近，地基中附加应力叠加，地基沉降量加大，导致房屋倾斜。在已有房屋附近施工并降低地下水位时，会引起周边房屋的地基失水固结，使建筑物发生倾斜。[5]

(3) 周边房屋拆除。在淤泥或饱和软黏土地区，由于拆除建筑群中某一栋旧建筑物，使得已经平衡稳定的地基因局部卸载，在周围建筑物地基的侧向挤压下发生隆起，从而引起周边建筑物的倾斜。

---

① 房子塌了 房贷要不要继续还?.人民网，2019-08-30.

(4) 雨水排水口长期受到冲刷。台风季节强降水无法及时排出或渗入地下,污水排放不当,导致基础长期浸泡,引起地基承载力降低,并造成建筑物变形。[5]

(5) 勘察不当。未经过详细的勘察设计就开始建造房屋,在房屋建造前勘察时过高地估计地基土的承载力或设计时漏算荷载,都会导致基底应力过高,引起地基失稳而使房屋倾斜甚至倒塌。[5]

(6) 设计不当。经常会出现房屋重心与基底形态偏离很大的情况,在设计时,房屋的厨房、楼梯间、卫生间多布置在北侧,造成北侧隔墙多、设备多、恒载的比例大等,从而引起建筑物的倾斜。[5]

(7) 建造不当。施工单位"大干快上",赶工期,偷工减料,建筑工程质量很难得到保证。此外,考虑到建筑成本,当时一些结构应该采用钢筋和水泥的地方或减少或取消,甚至以泥浆代替水泥砂浆使用,也会严重影响房屋质量和使用寿命。

(8) 承重超载。在房屋内大量堆载,使得地基受较大的附加压力,会引起基础不均匀沉降而使建筑物发生倾斜。

(9) 墙体破坏。开墙打洞、拆改结构承重墙体、野蛮装修、增加墙体荷载、维护使用不当、改变使用用途,导致墙体破坏,承载力下降,引起建筑物倒塌。

(10) 建筑材料不合格。施工中使用不合格材料,致使基础、主体结构达不到设计要求,引发事故。

3.2.2 管理层面的原因

住宅建筑安全事故发生的技术层面原因多数是由于在建筑施工过程及住宅使用过程中管理出现问题形成的。也就是说,直接原因的后面还有原因。本小节主要介绍住宅建筑在使用过程中管理方面存在的问题。

1. 装修管理薄弱

房屋装修在住宅使用过程中会反复发生。目前我国房地产市场出售的房屋多数实行初装修,住户入住后必须进行个性化精装修;装修活动又有周期性的特点,使用一段时间,房屋内部陈旧了、老化了、不时尚了,或者使用人的经济条件变化了,就会出现新一轮的装修改造;住房交易、租赁也都会引发装修。在现实的装修活动中,因行为不当而对住房造成安全性的损害是非常普遍的,最常见的有:随意拆改承重结构;随意拆改墙体,如扩大外窗面积、拆除隔断墙;开洞破坏钢筋结构;过多增加荷载;等等。住宅装修需要管理,这是各方面的共识。2002 年,《住宅室内装饰装修管理办法》出台,许多城市也发布了装修的管理办法。但是,其内容多是要求性的规范,对违规行为发生后的处置缺少强制性的办法;政府相关部门没有力量对千家万户的装修活动进行监管,还没有找到一套有效的监管机制;装修方案是住户自己做的,或者是装修公司做的,并没有经过有资质的单位审核;物业公司对装修管理力不从心,严不起来;装修公司(许多就是个体承包)不对住房安全负责,明知违规也照干不误。这些共同造成了装修管理的不严格、不落实。

2. 对违规加建和改变使用用途的情况缺乏有效的强制约束

在住宅使用过程中，违规加建、违规改变使用用途是两种常见的现象，并会带来安全隐患。

违规加建多见于在屋顶建房、在阳台上搭建挑建、擅自在一层房屋内挖掘地下室等。近年在全国都有影响的一个案例(号称“北京最牛违建‘空中花园’”)是海淀区某小区内住顶层的一位住户在楼顶建了一个包含房屋、假山、绿植、藤架、莲花池的“空中花园”，占地 800 平方米(图 3-14)，被媒体曝光后才被迫拆除。① 镇江最牛违建“空中楼阁”是在两栋居民楼间凌空架起一座空中楼阁，不仅有窗子，还有空调(图 3-15)。② 住宅违规加建是公开的存在，看得见摸得着，其违规也显而易见，其建成并被长期使用，反映了政府部门管理中存在的问题，缺少有效的强制约束措施。

图 3-14 北京最牛违建“空中花园”

改变使用用途的情况比较复杂，有把住房用于办公或改造成铺面用于营业的，也有把附属用房用于居住、把储藏间改建成车库的，不同时期政策的规定也不完全一致。但改变使用用途多数时候会带来房屋内外墙体结构的变化，造成安全隐患，不同政府部门的政策需要衔接协调。

图 3-15 镇江最牛违建“空中楼阁”

3. 缺乏普适性的房屋安全强制检测鉴定机制

房屋安全鉴定是指对已经投入使用的房屋主体结构、使用状况、危险房屋的损害程度、房屋的老旧程度是否危及安全等方面进行专业的检测评价。房屋安全鉴定需要由法定的有专业资质的单位承担。我国的行政法规《城市危险房屋管理规定》对房屋安全鉴定作出了系统的规定，但鉴定的发起由业主自行决定，没有强制检测鉴定的制度安排，若房屋

① 北京“最牛违建”：26 层楼顶盖别墅 6 年建成.搜狐新闻，2013-08-13.

② 组图：盘点那些奇葩的“空中楼阁”.人民网，2013-08-14.

的业主或使用人不提出申请，就不能够强制性地对房屋进行检测。以北京市为例，《北京市房屋建筑使用安全管理办法》规定房屋建筑使用人应当安全使用房屋建筑，及时向所有权人、受托管理人报告发现的安全问题，配合开展对房屋建筑的检查维护、安全评估、安全鉴定、抗震鉴定、安全问题治理等活动；并规定了房屋建筑所有权人应当委托进行抗震鉴定的几种情况。但是对于住宅来讲，“房屋建筑所有权人”是全体业主，难以明确责任，不同业主之间的协调难度很大。目前最常见的鉴定报告集中在“进行结构改造或者改变使用用途”和“未采取抗震设防措施或者达不到现行抗震设防类别、烈度”。但住宅一般不涉及较大的结构改造，只有政府主动去进行抗震加固时才会进行鉴定。从我国住房使用情况看，安全事故发生与对房屋安全状况、存在的隐患不知道、不清楚相关联；从国际经验看，对既有房屋的安全性，特别是老旧住房的安全性进行检测鉴定是非常必要的，可以提前发现安全隐患，通过整改保障使用安全，避免事故发生。

4. 正常维修管理缺失

住房的日常维修养护是住房使用管理中的薄弱环节，维修不及时、不到位的现象普遍存在，有些房屋到了失养失修的地步，这样必然产生安全隐患，如雨水排放不畅、排水管渗漏、防水层破损，造成基础长期被浸泡；墙体保护层受损露筋，造成钢筋锈蚀；等等。按国家的建筑设计标准，住宅建筑有 50 年的使用寿命。在这一漫长的过程中，由于自然环境的作用和使用的损耗，住宅需要进行正常的维护修缮，包括小修、中修、大修。有研究认为，结合我国住宅建筑的实际情况，住宅建筑的大修平均周期以 25～30 年为宜，中修平均周期以 5 年左右为宜。但在实践中，各座城市对住宅建筑维修并无强制性的规定，也缺少明确系统的维修标准，特别是高层住宅，加上维修资金筹措困难，尚未建立有效机制，住户对住宅楼公共部位、住宅楼整体关心程度低，意见协调统一难，造成了住宅建筑正常维修管理缺失、小病拖、大病等的状况，对住宅建筑的使用安全、延长住宅建筑的使用寿命产生不利影响。

5. 物业公司管理的失位

物业公司在住宅建筑安全管理中的作用十分重要。由于其负责住宅小区的日常服务管理，对楼宇的情况比较了解，同时还受托负责住宅小区、楼宇公共部位的管理，装修管理、修缮服务一般也属于其业务范围。因此，物业公司的效能发挥会直接影响建筑的安全状态。目前的现实情况是，物业公司在住宅建筑安全管理中的位置并不清晰，法律上未给予其明确的责任划分和授权；有一些地方的制度规定建筑安全责任人是产权人，产权人可以授权物业公司承担安全管理的业务，但这种服务是有偿的，安全管理本身是需要投入的，因此导致在多数情况下房屋产权人与物业公司之间职责划分模糊。同时，物业公司缺乏进行安全管理所需要的有效手段，如装修中业主违规开墙打洞，物业公司并无处罚权，一般也就是扣下装修押金不返还；诉诸法律，漫长的诉讼程序、与业主的关系考量，都会让物业公司裹足不前。再者，物业公司自身的能力也有不足，缺乏专业人才，就目前多数物业公司而言，因为待遇普遍较低，从业人员的素质多数也偏低，具备一技之长的少，而房屋安全管理、维修工作往往需要“一工多技”和“一专多能”的复合型人才。此外,现有的房屋维修基金,对于日常小修已是偏紧,对于大修和中修则更是杯水车薪,向家家户户续筹则十分复杂。上述因素就导致了住宅建筑安全管理中物业公司管理的失位,造成物业公司在工作中严不起来、管不到位的对付状态。

3.2.3 体制机制层面的原因

住宅建筑安全事故发生的管理层面原因的长期存在,必然与特定的管理体制机制相关,这是更深层次的原因。

1. 重工程建设,轻使用管理

新中国成立初期,住房处于短缺状态,加之实行低租金制而无法实现以租养房,以致在房屋使用领域长期存在重建设、轻管理的社会现象。改革开放后,物业管理被引入,并在城市中逐步推广,住房的使用管理有了长足的进步。但是,重工程建设、轻使用管理并没有得到根本性的改变,政府、民众、社会各个方面,对住房使用管理重要性的认知依然不足,住房使用管理情况与现代化的城市发展要求和满足人民群众高质量的生活要求存在较大差距。

从制度政策上看,住房建设管理(包括各类建筑的工程建设)重视程度高,出台的法律政策多,已基本形成体系;而住房使用管理方面,虽也有一些法律政策安排,但比较零散,不成体系。政府抓住房使用安全管理多采用专项整治行动方式,一旦发生房屋倒塌等严重事故,则下令开展安全大检查,事情过去就归于平淡,各方协同的长效机制尚未建立。房屋维修技术、产品,以及房屋维修管理技术的发展相对较慢,质量不理想,有能力、有信誉的维修企业市场上不多见,更多的是建筑企业延伸到维修领域。部分基层社区尚没有把住房建筑使用安全纳入工作视野。部分居民对自身建筑安全责任人的角色和责任认知模糊,在实际的建筑安全管理工作中采取等、靠、要、观的态度。总之,对住房使用安全管理重要性的认识,全社会都需要进一步提升。

2. 法律制度建设滞后

在国家层面,于1989年11月出台、2004年7月修正的《城市危险房屋管理规定》,是房屋使用安全管理方面的基础性制度,它以"治危"为目标,并未对房屋使用过程作出全面规范,难以适应源头上"防危"的需求。2000年1月国务院出台的《建设工程质量管理条例》和2002年5月建设部出台的《住宅室内装饰装修管理办法》,对涉及房屋安全的改、扩建和装饰装修方面进行了原则性规定,但缺少强制性的管理措施。此外,在《中华人民共和国物权法》《物业管理条例》等法律法规中有一些零散的规定。

在地方层面,有少量省市就房屋使用安全做出立法,如天津市于2006年通过了《天津市房屋安全使用管理条例》,北京市于2011年通过了《北京市房屋建筑使用安全管理办法》,浙江省于2017实施了《浙江省房屋使用安全管理条例》。此外,一些城市如广州、南京、成都、武汉、吉林、杭州、徐州、邯郸、无锡等,也陆续出台了房屋使用安全管理的规定和办法。其核心是保障房屋建筑结构使用安全,主要内容包括房屋安全鉴定管理、危险房屋治理,以及白蚁预防和灭治管理,有些还包括住房装修管理、房屋应急抢险。地方的立法实践对推动住房建筑使用安全发挥了重要作用,但由于缺少上位法,存在诸如责任主体不够明确,房屋安全鉴定管理不规范,强制鉴定、定期检测实际操作不理想,装修拆改处罚难等问题。[6]

整体看,我国缺乏针对"已建成并投入使用的房屋"治理的系统性制度安排,目前已有的相关法律法规条文日益呈现出滞后性、局限性和缺乏系统性的问题。就实践情况看,缺失具有法律强制性的管理措施:①缺乏强制性制止措施。对诸如擅自拆改结构、超设计荷载使用等危及公共安全的行为难以有效制止。②缺乏强制程序。房屋安全治理缺乏一套规范、有序、可操作的强制程序。③缺乏强制检测鉴定机制。现行的房屋检测鉴定仍然由业主自行决定,没有定期的鉴定要求,房屋改造装修、交易也无质量安全检测鉴定的强制性要求。

3. 安全管理资金筹措机制有待建立

住宅建筑使用安全管理是需要资金投入的,而且资金需求量较大,如安全巡查与监测鉴定需要投入大量的人力、物力,持续时间长;采用加固修缮或整体解危处理住房的安全隐患,成本高、修复难度大、耗费时间长,同时要求高标准的修缮技术。没有资金支撑,所有的政策目标、规定都只能是美好的愿望。

目前的现实是,住宅建筑使用安全管理所需资金出自何处政策上不清晰;物业管理费中不包含,业主与物业公司签订的协议中未作界定;政策规定的住宅专项维修资金支出范围也不包括。

为保证住宅的正常使用、延长其使用寿命,我国建立了住宅专项维修资金制度,依据《中华人民共和国物权法》相关规定,建设部联合财政部于2007年颁布了《住宅专项维修资金管理办法》。住宅专项维修资金专门用于住宅小区公共设施和房屋主体结构的维修,归全体业主共有。该办法规定,商品住宅的业主按照所拥有物业的建筑面积交存住宅专项维修资金,每平方米建筑面积交存首期住宅专项维修资金的数额为当地住宅建筑安装工程每平方米造价的5%~8%。出售公有住房的,购房业主按照所拥有物业的建筑面积交存住宅专项维修资金,每平方米建筑面积交存首期住宅专项维修资金的数额为当地房改成本价的2%;售房单位按照多层住宅不低于售房款的20%、高层住宅不低于售房款的30%,从售房款中一次性提取住宅专项维修资金。[7]这是一个非常重要的制度安排,但在运行中还存在一些问题。一是住宅专项维修资金存在着结构失衡。从城市层面看,住宅专项维修资金总量不断增加;从微观层面看,部分老旧住宅小区住宅专项维修资金所剩无几,且陷入续筹困境。建于二十世纪八九十年代的住房,因当时的条件所限,属于低标准住房,经过30年左右的使用,已经进入需要大、中修的阶段,由于住宅专项维修资金总量小,远满足不了需求。二是存在集体决策困境。住宅专项维修资金使用时,不但地方政府代管过程中资金提取的手续复杂,而且业主投票表决难。按照我国现有法律框架,住宅专项维修资金使用需满足"双三分之二"表决通过①,而不同业主出于各自的利益考虑,

① "双三分之二"表决通过,是指住宅专项维修资金须经过占建筑物总面积2/3以上的业主且占总人数2/3以上的业主表决同意,方可使用。

形成统一意见甚至组织投票表决非常困难。三是续筹困难。按《住宅专项维修资金管理办法》规定，“业主分户账面住宅专项维修资金余额不足首期交存额30%的，应当及时续交。成立业主大会的，续交方案由业主大会决定。”但在实践中，绝大部分城市都面临住宅专项维修资金续筹难的问题，由于缺乏相关约束或激励制度，实践中几乎没有按制度规定的住宅专项维修资金续筹成功的案例。

4. 部分居民房屋使用安全意识薄弱

按一般逻辑，产权人对自己的财产及其使用安全应该最为关心，遗憾的是现实情况并不是这样。

部分居民房屋使用安全意识薄弱。一是表现为部分居民房屋使用安全认知的缺乏。部分居民为了满足自己的使用需求，违规对房屋进行装修改造，随意开洞、断梁、断柱，首层破墙开店，私自接排水管导致污水长期浸泡基础等，由于缺乏相关知识，他们意识不到这会造成对房屋主体结构造成破坏，意识不到这是对自己财产和长远利益的损害。二是表现为不关心。部分居民对自己所住的住宅小区、所住的住宅楼的安全使用采取事不关己、高高挂起的态度，发现有人装修拆改结构墙，不管不问，不愿意“多事”，而且感受不到这种行为是对自己合法利益的侵犯。三是表现为不担责任。当发现问题需要进行安全鉴定、需要维修、需要动用住宅专项维修基金甚至筹资时，居民难以形成统一意见，不愿意出钱。在住宅建筑使用安全问题上，部分居民等、靠、要的心态很重，把责任推给政府，希望政府出面、由政府花钱帮自己解决问题。现实中，凡是普遍性的安全检查，大规模的专项维修，也都是由政府组织、政府出钱才得以进行。这样的结果又强化了部分居民等、靠、要的心态。

部分居民房屋使用安全意识薄弱，导致了居民在建筑使用安全问题上的共识少，许多使用安全管理措施和改革难以实施，或实施效果不好，成为一种环境性约束。

3.3 住宅建筑安全隐患查找方法

一个住宅小区，一栋住宅建筑，是否可以安全地使用，是否存在安全隐患，如何评判，如何查找，需要相关人员学会并使用专业的方法。

3.3.1 住宅建筑安全检查

所谓的“住宅建筑安全检查”是专业技术人员通过对既有房屋建筑竣工及改造资料的核查、结构体系状况的检查和现场外观的观察，必要时采取简单的辅助测量设备进行测量等方法，综合房屋建筑检查结果来判定其是否存在安全隐患以及是否需要进行检测鉴定，以确保既有房屋建筑的安全，并使存在安全隐患的房屋得到及时处理。住宅建筑安全检查既可以是全面性的，也可以是针对某一方面问题的，这是一种传统的方法，但也是方便有效的方法，有时候也称之为“排查”。住宅建筑安全检查既可以由住宅小区物业公司来做，也可以委托专业性部门来做。

住宅建筑安全检查一般围绕地基基础、主体结构、围护结构、装饰装修、设备设施五个方面展开，排查的基本程序如下。

(1) 调查、收集建筑的工程资料，包括建设背景、建设年代、建设标准、地质情况、气候情况、历史自然灾害、文化背景、总体区域规划等。

(2) 向物业管理人员和居民发放并收集既有建筑结构安全隐患排查委托登记表、既有建筑结构安全隐患调查表，并可采用适当的方法与他们进行当面沟通。

(3) 进行现场检查、检测，包括地基基础、主体结构、围护结构、装饰装修、设备设施以及场地情况。

房屋户外检查的具体技术要点有：①房屋建筑室外散水与主体结构之间、主体结构或填充墙体是否因地基基础不均匀沉降出现裂缝，建筑是否倾斜等；②砌体结构外纵墙窗下墙体是否有竖向裂缝、门窗洞口周边是否有裂缝；③房屋建筑周围地沟与外墙结合处是否有裂缝；④阳台是否有变形现象；⑤房屋建筑外部抹灰层、墙砖等是否有脱落空鼓现象；⑥结构承重墙是否有拆改现象。

房屋入户检查重点关注结构主要承重构件、悬挑构件、外露构件、连接构造的损伤，以及房屋装修变动结构时引起的损伤等，具体如下：房屋结构的梁、板构件是否出现裂缝和下垂，混凝土梁、板的混凝土保护层是否局部剥落，钢筋是否明显外露或锈蚀，木梁、板是否有腐朽、虫蛀等状况；悬挑构件上面根部是否有裂缝、向下变形状况。

砌体结构房屋建筑入户检查应重点检查下列部位：①承重墙、柱特别是底层墙、柱是否出现受压裂缝；②支承梁或屋架的墙是否出现梁或屋架下部开裂；③墙体是否出现因温度或收缩引起的裂缝；④墙体是否出现外闪、倾斜和纵横向墙体交接处拉开现象；⑤墙体是否出现严重的酥碱和面层脱落现象；⑥砖过梁中部是否出现竖向裂缝或端部是否出现水平裂缝；⑦楼板的承重及开裂状况。[8]

(4) 根据既有建筑的工程资料、场地、地基基础、上部结构的排查结果，综合评估确定建筑结构安全隐患排查结果，即根据排查将建筑分为 A，B，C，D 四类，针对每类房屋采取相应的处理措施。

A 类房屋：结构安全，可以正常使用，仅需要对装修层进行简单的修复。

B 类房屋：可以正常使用，但需要对存在损伤的部位进行处理。

C 类房屋：可观察使用，需要对建筑进行必要的监测，当房屋存在异常情况时应及时进行检测鉴定。

D 类房屋：部分建筑可以通过修缮、加固或拆除加建等措施消除安全隐患，部分建筑甚至需要停止使用。

(5) 出具房屋安全隐患排查报告(房屋安全隐患排查总表)。

(6) 所有排查资料归档备查。

3.3.2 房屋安全鉴定

房屋安全鉴定是指依据法规、技术标准和操作规程，对房屋结构完损程度或者使用状况是否危及安全使用进行查勘、鉴别、检测、评定。房屋安全鉴定受法律规范，由具有法定资质的专业机构承担，具有法律效力。一些地区、城市出台了法规、管理制度，对其进行规范。如《浙江省房屋使用安全管理条例》第四章标题是“房屋安全鉴定”，其第十五条规定，“房屋使用安全责任人应当按照下列规定委托房屋安全鉴定机构进行房屋安全鉴定：

（一）房屋明显倾斜、变形，或者房屋基础、梁、柱、楼板、承重墙、外墙等建筑主体或者承重结构发生明显结构裂缝、变形、腐蚀的，应当自发现之日起五日内委托房屋安全鉴定；

（二）教育用房、医疗卫生用房、文化场馆、体育场馆、养老服务用房、交通站场、商场等公共建筑实际使用年限达到设计使用年限三分之二的，应当在达到设计使用年限三分之二的当年委托房屋安全鉴定；

（三）房屋设计使用年限届满后需要继续使用的，应当在达到设计使用年限的当年委托房屋安全鉴定；其中第二项规定的公共建筑设计使用年限届满的，还应当每五年进行一次房屋安全鉴定；

（四）设计图纸未标明设计使用年限或者设计图纸灭失的房屋实际使用年限满三十年需要继续使用的，应当在达到三十年的当年委托房屋安全鉴定；

（五）利用未依法取得建筑工程施工许可证的农（居）民自建住宅房屋从事民宿、农家乐等生产经营或者养老服务、学前教育、村居文化等公益事业，或者出租未依法取得建筑工程施工许可证的农（居）民自建住宅房屋给他人居住的，应当在从事生产经营、公益事业或者出租前委托房屋安全鉴定。”[9]

房屋安全鉴定的技术标准是《民用建筑可靠性鉴定标准》(GB 50292—2015)。房屋安全鉴定的工作流程如图 3-16 所示。房屋安全鉴定的具体技术方法有多种，此处不做介绍。

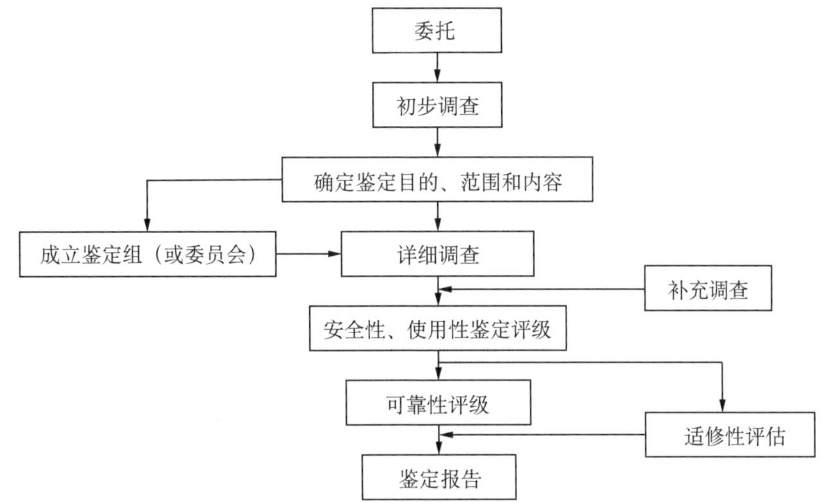

图 3-16 房屋安全鉴定的工作流程

3.3.3 房屋动态监测

房屋动态监测一般包括倾斜监测、沉降监测、裂缝监测，通过这三个方面的观测，分析建筑物的倾斜、沉降和裂缝的持续变化情况，通过数据变化，判断发展趋势，评价其是否危及安全使用，及时制定并采取相应措施。对于一些特殊建筑还可以对其振动等参数进行监测分析。当房屋出现地基不均匀沉降、变形及位移情况，承重墙体、楼板出现裂缝甚至渗水情况，以及其他结构出现隐患，可以采用房屋动态监测的方法，以判断其安全性。

在实施动态监测前，应对目标房屋进行踏勘摸底，提交监测技术方案，方案应包括监测方法、监测项目、监测频率、分析方法、预警指标、应急响应等内容。监测技术方案应通过专家评审后实施。

1. 房屋倾斜监测

房屋倾斜监测主要指采用倾斜仪自动监测和利用全站仪人工对房屋整体或局部墙体的倾斜进行观测。其中，利用全站仪可以给出房屋整体或局部的倾斜绝对值，利用倾角传感器可以对特定监测点进行异常监测。特定监测点倾斜变形超过 2‰，系统即发布异常通知。倾斜仪布设的位置：监测点布置在建筑物角点、变形缝或抗震缝两侧的承重柱或墙上；同时根据建筑排查和踏勘的情况，在结构变形严重的部位进行布置。

2. 房屋沉降监测

房屋地基沉降监测主要利用全站仪对房屋地基的沉降进行观测。当房屋地基沉降速度或沉降累计值超过预定阈值，将会报警。这时就需要组织技术人员分析产生过大沉降的原因，采取措施防止发生危险。沉降监测点布设的位置：

（1）建筑物四角、沿外墙每 10～15 m 处，且每边不少于 3 个监测点；

（2）不同地基或基础的分界处；

（3）建(构)筑物不同结构的分界处；

（4）变形缝、抗震缝或严重开裂处的两侧；

（5）新、旧建筑物或高、低建筑物交接处的两侧；

（6）根据建筑排查和踏勘的情况，在结构变形严重的部位进行布置；

（7）根据建筑的结构形式，适当增加监测位置。[10]

3. 房屋裂缝监测

房屋裂缝监测主要采用智能裂缝监测仪对房屋主要裂缝进行监测，裂缝监测仪给出的是测量位置裂缝宽度的变化值。危险点的裂缝开展超过 0.1 毫米，系统即发布异常报告。同时人工巡查时，要巡查是否有新裂缝出现，并对主要裂缝进行定期观测，对裂缝末端开展和新裂缝进行人工巡检标记。应选择有代表性的裂缝进行监测点布置，人工巡查期间当发现新裂缝或原有裂缝有增大趋势时，应及时增设监测点。每一条裂缝至少设两组监测点，裂缝的最宽处及裂缝末端宜设置测点。

4. 其他监测

对于重要性建筑，例如高耸建筑等，监测项目还应包括应变监测、应力监测、风向及风致响应监测、温湿度监测、振动监测、地震动及地震响应监测等。这些监测项目得到的监测数据将为结构在使用期间的安全实用性、结构设计验证、结构模型校验与修正、结构损伤识别、结构养护和维修以及新方法和新技术的发展与应用提供技术支持。[11]

3.4　住宅建筑安全风险防控的制度建设和管理创新

根据目前住宅建筑安全的现实情况，实施城市住宅小区建筑安全风险防控最重要的是加强基础制度建设，同时要大力推动管理创新。

3.4.1　加强房屋使用安全管理立法

对于房屋使用安全管理而言，立法是最有效的。立法的主题是既有房屋全生命周期安全使用管理，规范使用阶段的安全使用行为，提升房屋安全管理的效率。实现由“治危”向“防危”、由“事后管理”向“事前管理”、由“被动管理”向“主动管理”的转变，从而更加符合房屋建筑使用安全管理的客观规律。

房屋使用安全管理立法，一是要明确责任主体，做到权责明晰。将房屋建筑所有人、实际占有人确定为安全责任人，房屋管理部门为监管责任人，并规定其应当承担的责任和权利。鉴于房屋安全事故涉及的责任主体有当事人、房屋所有人及监管部门，应明确界定三方的责任关系，并以此作为追责定责的依据。还要明确在其他情况下，如定期检查、鉴定、解除安全隐患等方面，各责任主体的相关责任。二是建立、完善基础性的安全管理制度：①检查、鉴定制度，根据房屋的建造年代和使用情况，制定相应的定期检查和专业鉴定制度，及时、准确地发现问题、解决问题；②报告制度，所有权人或管理人发现危及房屋建筑使用安全的问题时，应及时报告房屋主管部门，并告知使用人和其他利害关系人，以便其采取措施保证安全；③房屋装修、改造管理制度。三是明确政府提供房屋安全公共服务的具体内容。房屋安全的广泛性要求政府对房屋安全的职能和职责更多地体现于公共服务，其重点是建立房屋安全强制管理制度，将强制修缮列为房屋安全监管的重要内容；牵头对影响房屋安全的事项进行调查和风险等级评估，并对不同的房屋安全影响因素设立不同的管理措施；设立房屋安全使用管理专项基金；等等。四是提高房屋安全行政处罚力度。对于房屋安全事故责任处罚、责任倒排，设立一套行政处罚、行政处理与舆论监督有机结合的制度。对危害房屋安全且多次违法、拒不停止的违法行为人、性质恶劣的违法单位，要借助新闻媒体予以公开曝光。对可能造成人身财产安全事故隐患的工程，直接追究单位法人和直接责任人的责任，严重的提请司法部门追究法律责任。[6]

房屋使用安全管理立法，要使住宅安全“可诉化”，利用法律引导和利益引导来落实各项法律制度，即对危害房屋使用安全、造成安全隐患的违法行为，其利害相关人有权提起民事诉讼；还要设立公益诉讼制度。

3.4.2 建立房屋定期强制安全检查和安全鉴定制度

从国际经验看，许多国家和地区都设置了既有房屋的周期性检查制度。日本早在1950年发布的《建筑基准法》中，就对房屋管理的定期检查制度作了明确规定。英国在《建筑物的维护管理指南》(BS 8210—1986)第423条规定了既有房屋一般检查和详细鉴定的内容，其中，详细鉴定(由专业技术人员对建筑结构进行全面鉴定)周期通常不超过5年。新加坡对定期结构检测制度等也有强制性规定，其中，对于居住建筑，检测周期为10年一次，对于非居住建筑则为5年一次。[6]美国在房屋买卖时均有专业验房师进行“房屋检查”，检查内容包括房屋主体结构、地基、屋顶、墙壁、门窗等，此外还有氡气检查和白蚁检查。在有效期内，买主有权以任何一项检查不合格为由取消合同或要求卖主出钱维修或处理。

从国内情况看，有的城市已经开始对全市的房屋进行安全普查或者检查。如杭州，在政府的要求下，对全市各类房屋进行安全检查，并在此基础上，运用现代科技手段，建立房屋健康档案，使房屋在交付使用后，管理者随时可以掌握其安全程度。当发生重大事故或者自然灾害时，能做到重点预防，为决策提供第一手依据。又如上海市为了迎接2010年召开的世界博览会，专门对全市临街建筑物的外墙饰面砖黏结情况进行了检测，对存在缺陷的要求立即整改，以防因饰面砖脱落发生不安全事故。中国香港于2012年6月30日开始全面施行“强制验楼计划”。该计划规定，楼龄达30年或以上的私人楼宇(不超过3层高的住用楼宇除外)的业主，须在接获屋宇署送达法定通知后，委任一名注册检验人员就楼宇的公用部分、外墙、伸出物或招牌进行订明检验，并负责监督检验后认为需要进行的修缮工程。对于不履行或者阻碍强制验楼和验窗的违法者，政府会对其进行检控，违法者一经定罪，可处不同金额的罚款，情节严重的还可处监禁。①

设计房屋定期强制安全检查制度，一是要明确安全检查的内容，原则上一切影响安全使用的因素都应包含在检查范围之内，但也要突出重点，注意经济上的合理性；二是要规定检查的周期，由于各地的房屋建筑质量和使用状况及相关条件不同，由省一级做统筹比较合理；三是建立强制性的落实机制，明确资金的筹措和责任，政府也应有适当的鼓励机制。

关于房屋安全鉴定，我国已经有了比较多的立法和操作实践，应在充分总结实践的基础上，予以完善。

3.4.3 严格装修管理

国内各城市对房屋修缮、装修改造行为的管理主要有三种模式：①装修改造行为中的特殊行为(与改动结构相关)实施行政审批，经批准后方可实施，以成都为代表；②装修改造中

① https://www.bd.gov.hk/sc/safety-inspection/mbis/index.html.

的特殊行为实施备案制，相关管理部门强化过程监管，以杭州为代表；③装修改造行为监管由房屋安全责任人或物业公司承担，其中物业公司主要承担监督责任，以天津为代表。以上三种形式中，行政审批制的管理力度最大，其次是备案制，这两种制度对规范装修改造行为具有明显的约束力；对于第三种形式，房屋安全责任人往往是实施装修改造的行为人，自我约束力较差，而由物业公司来监管，比由安全责任人自行监督效力相对要好，但仍然存在监管力度弱等问题。[6]

可从以下三个方面加强对房屋使用过程中装修改造活动的监管：①对居住类房屋，原则上不得进行改变承重结构的装修改造活动，装修需向物业公司备案；对非居住类房屋，对涉及改变使用功能、增加荷载、拆改承重结构等活动施行审批制，由建设或房管部门进行行政审批和监督管理。②加强过程监管，强化业主的自查责任，充分发挥物业公司的监督管理责任，由各级审批部门监管，由上级管理部门督促、考核。③加强竣工验收和资料归档管理，所有装修改造行为、图纸等资料应由物业公司录入，施行一户一档案、一楼一档案、一小区一档案的档案管理制度。[6]

此外，要在房地产开发市场大力推广精装交房，一方面减少住户在毛坯房装修中可能产生的安全损害行为（一般这是最大规模的装修，产生违规行为的概率最高）；另一方面有利于提高资源使用效率，实现建筑垃圾减量，节能减排，保护环境。

3.4.4　建立可行可靠的住房维修机制

及时、良好的住房维修，既是保障居民正常生活的措施，也是维护房屋质量、减少安全隐患的基础。针对重建轻管、正常维修保养不到位的现实，建立可行可靠的住房维修机制非常必要。

（1）明确物业公司的职责，发挥其作用。要赋予物业公司参与、承担住房维修的职责，在法律上明确物业公司与业主签订的物业管理协议必须包含房屋维修的内容。建立由物业公司提出维修清单，由物业公司、业主代表（业委会）、社区三方会商形成年度计划，物业公司负责执行的机制。在业委会未建立之前，公共部位的维修可由物业公司牵头负责，所实施的维修项目向居民公示，社区（居委会）监督。

（2）调整改进现有住宅专项维修资金的管理。运用现代信息技术搭建信息平台，实现资金管理的公开透明与高效便捷。信息平台包括：①搭建资金托管平台，打破大部分城市资金由某家银行垄断式托管的现状，引入资金托管竞争机制，实现资金保值增值和收益最大化；②搭建维修比价平台，利用维修、更新改造工程大数据，将资金使用事后审核改为事前询价比对，防止维修工程价格虚高，减少资金使用纠纷；③搭建资金信息查询平台，实现业主对住宅专项维修资金的实时查询；④搭建信用查询平台，利用征信制度，对参与资金使用的组织与个人进行信用记录，实现社会监督。

同时，细化住宅专项维修资金使用制度：①根据住宅维修部分的共有属性，明确投票表决范围。根据维修项目的性质，界定不同维修事项的列支范围，避免业主表决范围的随意扩大或缩小、不同维修事项混同表决和混同申请，以及因为分摊规则不清造成的分摊不公。②创新表决方式。应推广多种形式的表决，包括委托表决、集合表决、异议表决、默认表决，引导业主在制定

《业主大会议事规则》时选择使用。③建立前置集合表决制度。如建立年度维修计划制度，要求物业公司在每年年底提前制订下一年度资金的使用计划，并由业主实施前置集合表决。④明确应急维修的项目内容，建立应急维修制度。一般情况下，应急维修由物业公司组织，不需执行“双三分之二”业主签字同意的程序，但要向居民公示，接受监督。

（3）完善住宅专项维修资金归集和续筹制度：①强制推行首次资金归集，并建立与建安造价指数挂钩的动态调整机制。②应规范开发商缴纳的义务，从全国层面推行开发商强制缴纳义务。开发商缴纳的维修资金部分，可以称为“房屋终生质量保证金”。③规范住宅小区公共收益的管理，杜绝物业公司侵占，鼓励将公共收益作为住宅专项维修资金续筹的重要补充源。④引导业主制定《业主规约》《业主大会议事规则》等业主自治文件，约定多种资金使用方式与续筹流程。⑤应与不动产产权交易部门协作，对欠缴维修资金的房屋，给予上市交易权的限制。⑥在个人联合征信制度中，增加关于业主住宅专项维修资金缴纳义务的内容，将业主应尽的缴纳义务和其个人征信挂钩。

3.4.5 多渠道筹措解决房屋安全使用管理所需资金

加强房屋安全使用管理、实施风险防控，需要有相应的资金作基础，而资金又恰恰是实际工作中的难点问题，可以从以下三个方面着手。

（1）在物业管理协议中纳入房屋安全使用管理内容，并在服务费中予以体现。

（2）在实施某些安全改造工程时，政府出资引导，形成政府、房屋业主、实施企业三方合作，资金拼盘解决。

（3）参考西方一些发达国家的成熟做法，建立专门的资金，在监管下定期强制专款专用。资金的筹措渠道包括：①政府财政拨款。作为社会公共安全管理的一个重要组成部分，政府在房屋使用安全方面负有重要的管理责任，因此各级政府都有责任、有义务对房屋使用安全进行投资。②房屋所有人（单位）、使用人按一定比例缴纳，也可以从房屋公有部位维修资金中拨出一部分。③参与商业保险。对于资金的监管，政府应该发挥主要作用，仿效住宅专项维修资金管理，针对资金的筹措、管理、使用、监督检查，建立一整套制度规范，使资金真正发挥保障房屋使用安全的功用。

3.4.6 建立城市房屋安全管理平台

利用移动互联、大数据、GIS、物联网等现代信息技术，建立城市房屋安全管理平台。通过这样的平台，为每一幢房屋建筑建立档案卡，包含房屋建造信息、物业公司及变更信息、图纸资料、修缮改造资料、安全检测报告、需重点监测的部位和突出的安全隐患等内容，将其作为房屋管理部门强有力的工具，实现房屋全生命周期管理，做到实时跟踪、实时监测、及时预警，各部门信息联动，互通有无，将安全事故消灭在萌芽状态，提高住宅小区建筑安全风险管理水平，提高城市房屋的整体管理水平和效率。

建立城市房屋安全管理平台，应以城市基础地理信息为基础，建立“一房一档”数据库，将房屋的基础建筑资料录入系统，平台也就是住房档案管理系统；要将各项房屋安全管理的内容数据，包括房屋安全检查、房屋安全鉴定、房屋动态监测数据、危房管理、安全预警等，全部纳入房屋安全管理平台，打通数据交换；平台要具备房屋安全信息“采集、报送、查询、统计、分析、预警”一体化的功能，既是信息汇集平台，也是监测预警平台，还是应急指挥平台；要实行平台开放，根据用户的需求开通相应的权限，形成市、区、街道三级联动，多部门、物业公司、居民参与的房屋安全管理网络；有条件的，可将三维实景测量技术应用于房屋安全管理领域，实现“房屋危险点、损坏情况、周边环境”等安全信息的可测量、可视化管理。

近年来，一些城市开始探索既有房屋建筑安全使用管理、房屋管理的信息化、平台化，取得积极进展。有的采用建立专门的安全管理系统的方法。2007 年年底，杭州市提出了“建立既有房屋安全健康档案”的管理设想，即通过 GIS 技术建立一套可以不断补充完善的房屋综合信息数据库；2016 年，杭州建立了“城镇既有住宅安全管理信息系统”，实行“一楼一房一预案”，对问题房屋的检测、鉴定进行动态化管理；在物业方面也建立了“物业企业诚信档案系统”，目前正在完善中。[12]有的城市先建综合性的房屋系统，在其基础上做专项开发。合肥市已建立房屋管理信息系统(共包含 7 个子系统)，主要功能为收集、储存、整合全市城市房屋登记信息。截至2014 年年底，合肥市完成了全市 1998 年前建造的城市房屋已有档案的扫描补录工作。目前，该信息系统已基本覆盖全市城市房屋信息，并计划构建云服务平台，推进房屋信息系统的开发与应用。

3.4.7　提高全民房屋安全使用意识

房屋安全与事故处理能力的提升，不仅取决于专业科技成果的应用和管理水平，还与广大民众对相关科学知识的了解程度密切相关。因此，应定期开展房屋安全与事故处理方面的科普教育，提高房屋使用人的安全意识，减少因安全知识欠缺造成的安全隐患和事故，尤其应面向房屋所有权人、使用权人宣传房屋安全使用知识，重点开展房屋日常维护管理、使用安全注意事项、应急检查措施、使用安全责任人职责和相关法律责任等内容的宣传教育。此外，还要开展警示教育，对各类擅自改变建筑使用用途、野蛮装修等违法行为予以曝光，传导压力。[6]

3.5　老旧住宅小区适老化安全风险防控

传统的住宅建筑安全较少考虑老年人的生活安全，由于其生理特点和行为能力，存在老年人因住宅建筑和环境“不适老”而被伤害的问题，特别是老旧住宅小区。随着中国进入老龄化社会，老年人的生活安全问题越来越突出，越来越重要。所以，我们把住宅建筑及环境适老化纳入住宅小区建筑安全风险防控的范围加以讨论。

3.5.1　住宅小区存在“不适老”的安全风险

2012 年全国疾病监测系统死因监测结果显示：跌倒死亡成为 65 岁及以上老年人致死的元凶。监测统计估算，全国每年至少有 4 000 万老年人跌倒过一次，一半以上的跌倒/坠落发生在家中

(55.17%)，即 2 000 万人次以上，其中 51.5%的老年人跌倒发生于自家浴室/卫生间和卧室。[13]

老年人跌倒既有内在的危险因素，也有外在的危险因素，是多因素交互作用的结果。内在危险因素有生理因素、病理因素、药物因素、心理因素等。外在危险因素有环境因素、社会因素等，其中环境因素主要存在于住房及住宅小区环境中。

城市老旧住宅小区建筑及公共环境的"不适老"通病如表 3-1 所列。

表 3-1　　城市老旧住宅小区建筑及公共环境的"不适老"通病

<table>
<tr><td>人车混行小区采用园林景观方式设置的人行通道不便老年人步行或轮椅通行
</td><td colspan="2">人车混行小区采用隔离分划方式设置的人行通道过窄，不便老年人使用轮椅或步行器通行
 </td><td>绿化种植遮挡人行通道，对老年人的步行和轮椅通行造成障碍
</td></tr>
<tr><td>石材砌筑、锐角边缘较多且无扶手靠背的树池座椅易给使用或在周边活动的老年人带来危险
</td><td>偏重景观感觉的无边防护水池给周边活动的老年人带来安全隐患
</td><td>无扶手的坡道给老年人的通行带来安全风险
</td><td>道坎高差处理简单，过于陡峭，易给步行及使用轮椅通行的老年人带来不安全风险</td></tr>
<tr><td>景观区与道路的道沿分隔所造成的高差阻碍老年人使用轮椅通行且不便于老年人步行
</td><td>主要道路景观造拱且围栏防护高度不足，使老年人通行困难并存在安全风险</td><td colspan="2">人行道路为增加景观性而铺砌的光面或亚光面石材极易给老年人带来滑倒危险</td></tr>
<tr><td>休闲区造景形成的地面高差未设必要的防护，给老年人的活动带来危险
</td><td colspan="2">活动场地缺乏老年人专用设施，座椅无靠背且无扶手，不便老年人的使用且易造成危险
 </td><td>坡道坡度设置不便老年人独立使用轮椅，坡道扶手采用金属制作，夏烫冬冷，不便老年人使用
</td></tr>
</table>

（续表）

单元门门槛过高，妨碍轮椅通行且易绊倒老年人；门厅瓷砖铺地极易造成老年人滑倒 	多层住宅未设电梯，给高龄老人的出入通行造成极大困难，使得老年人的生活品质下降且存在通行安全隐患  	室内公共通道设有台阶，对轮椅通行造成障碍并给老年人的步行带来困难及危险 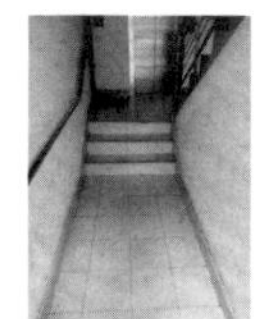
入户无玄关或设有玄关但未设供老年人安稳换鞋驻留的设施 	入户防盗门槛、阳台门槛、反梁坎、户内过门石均有可能造成老年人绊倒、摔伤，且妨碍轮椅及助行器的通行  	卫生间地面为瓷砖，门为内平开，易使老年人滑倒，在紧急状态下施救困难 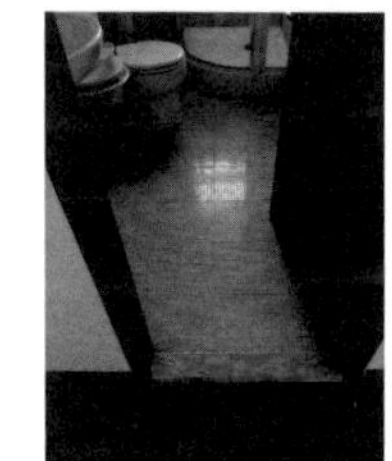
厨房地面为瓷砖，易造成老年人滑倒 	厨房直角式油烟机边缘及住宅内直角墙面易造成老年人碰伤  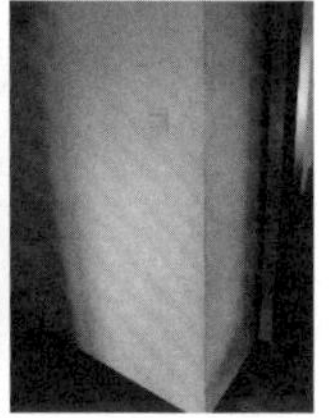	起居室等常用空间无夜灯设置，不便老年人的使用且存在安全隐患 
户内楼梯不方便高龄老人使用且存在坠落/滑倒的风险 	卫生间洗浴和马桶周边无安全防护及助力设施，老年人使用困难且存在安全隐患   	枝形灯具等复杂造型的灯具不便老年人使用 

3.5.2 风险防控策略——实施适老无障碍改造

老年人在居家生活中发生的安全性问题，如跌倒，并不像一般人认为的完全是一种意外，许多是由环境因素造成的，这些环境因素也就成了潜在的安全危险，换言之，现存住宅或多或少存在老年人安全使用方面的风险。风险是可以防控的，积极地开展对老年人跌倒的干预，将有助于减少老年人跌倒的发生，减轻老年人跌倒所致伤害的严重程度。[14]

通过实际调研发现，目前在我国，老旧住宅小区改造关注的重点一般是结构加固和保温节能。适老无障碍是最容易被忽视且最难做好的一个方面。但是适老无障碍性能方面的改造与每一个家庭都相关。对既有住宅小区特别是老旧住宅小区进行适老无障碍改造，既是城市建设中重要的民生工程，也是提升住宅小区建筑安全风险防控的有效手段。针对现实中存在的问题，老旧住宅小区适老无障碍改造的重点如下：

(1) 选择现有住宅小区内老年家庭较多的楼栋单元，进行垂直交通无障碍改造，加装电梯和单元无障碍设施(图 3-17)，保证老人、儿童、孕妇等人群出行的安全性与便利性。

(2) 强化导识体系设计与配置，利于场所引导及环境美化。

(3) 将待拆改的既有建筑物改造为“乐龄驿”，为老年人和儿童提供必要的服务。

(4) 改造原有场地，营建适老宜幼的园林与活动空间，提升住宅小区宜居环境标准。

(a) 增设座椅电梯

(b) 增设轮椅升降机

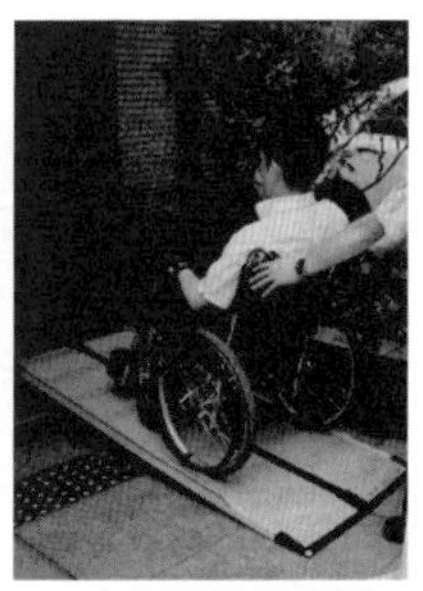
(c) 设置坡道板

(d) 增设扶手

(e) 增设电梯

图 3-17　增设无障碍设施

[资料来源：(a)节自深圳市萨瓦瑞亚电梯有限公司产品电子手册，(b)和(c)节自《松六无障碍建材产品册》，(d)来自北京安馨天工城市更新建设发展有限公司适老化部，(e)来自绵阳市安州区广播电视台]

3.6 典型案例:宁波市奉化区既有老旧住房安全问题调查及改造建议①

3.6.1 建筑物现状调查和普遍存在的问题

通过对奉化区既有老旧住房的现状调查发现其普遍存在的问题如下。

(1) 普遍存在问题的建筑建设时间主要集中于20世纪80年代至20世纪90年代中期。

(2) 砖墙体存在不同程度的破损,抹灰层开裂或脱落(图3-18),受气候原因影响,砖墙风化情况严重,个别混凝土构件出现裂缝和钢筋锈蚀,个别楼架空层地面楼板变形较大。

图3-18 墙体破损,抹灰脱落

(3) 部分楼墙体因地基不均匀沉降,基础局部下沉,致使墙体出现裂缝,居民反映有些裂缝存在时间较长并随时间推移还在扩大。据已完成的楼房鉴定报告显示,部分楼体出现不同程度的倾斜(图3-19)。

图3-19 墙体裂缝与墙体倾斜

① 本案例、附录A和附录B均来自北京筑福建筑科学研究院有限责任公司的项目经验总结。

图 3-20 排水冲刷地下墙体

(4) 部分楼四周地面下沉，散水开裂，雨水和污水贴建筑外墙排入地下。经对部分楼雨水管排入地下位置进行破拆地面检验发现，在楼北侧尚有水沟通至化粪池并最终有组织排走，但南侧根本无排水沟，个别楼可看到洗衣机排水聚集在排水管处无法排走。受排水管长期冲刷，局部地下墙体砂浆已经严重缺失，砖体亦在一定程度上受损(图 3-20)。

(5) 因雨水和生活污水长期排放，加之该小区排水系统不完善，地表下的土壤含水率较高并形成积水，这些积水下降缓慢，大量水渗入建筑内。据已完成的楼房鉴定报告显示，建筑地下空间积水严重，如庄山 5 弄 11 幢建筑地下空间积水深度超过 2 米。

(6) 居民装修改造时擅自拆改原来的结构墙体。据已完成的楼房鉴定报告显示，在居住层(建筑地上部分的二～六层)有拆改结构墙体现象，通过对现状建筑外观考察发现，在架空层(建筑地上部分的第一层)外墙拆改现象普遍存在，基本可判定为原窗洞改为门洞、窗改门且洞口加宽、新增开洞口等，这种拆改在一定程度上改变了结构传力途径，大大削弱了建筑墙体的承载能力，部分拆改后的墙体已经碎裂，完全丧失了承载能力，经鉴定部分建筑已成为危楼。

(7) 由于历史原因，同一建设期内建筑材料质量较差，砖、砂浆、混凝土强度较低，从破损处看混凝土中钢筋锈蚀严重，混凝土浇筑质量差。

3.6.2 针对目前普遍存在问题的解决方案

针对上述普遍存在的问题，提出以下解决方案。

(1) 在对经排查列为重点监测的建筑尽快进行房屋安全鉴定后，有计划地对排查发现问题但未列为重点的建筑及其他同时期建设的外观尚未发现问题的建筑进行房屋安全鉴定。因这些建筑与前述的危险建筑具有同期建设和使用中的同样问题，经过大量对结构墙体的拆改后，即使外观未产生可见的结构裂缝或变形，但由于已改变了结构传力途径，削弱了承载能力，一旦受外界条件影响(如台风、集中降雨引起地基沉降或地震等)结构内部应力发生改变，仍可能存在建筑物在短时间内发生垮塌的危险。经鉴定全面掌握建筑的实际技术资料和安全性结论，可以指导建筑物的安全使用管理，排除隐患，使房屋安全问题处于可控范围之中。

(2) 对经鉴定为 D 级危险房屋的建筑，及时组织人员撤离，危险房屋通过拆除解危。

(3) 对经鉴定为 C 级危险房屋的建筑，根据需要安排日常巡查管理，重点建筑需要安装物联网设备进行 24 小时动态监测，通过对建筑物的倾斜、裂缝和沉降等实时监测，及时预警，防止发生突发性安全事故。由于经济和技术等诸多历史原因，在 20 世纪建造的多数建筑均为浅埋天然地基，持力层较软弱，地基土的含水率对承载力影响大，长期受水浸泡时地基土承载力会降低、土体产生压缩变形，一旦地基土体受力后压缩变形不一致时，建筑基础则产生不均匀沉降，并引起建筑物的倾斜和开裂，严重时造成局部垮塌或整体垮塌。据了解，近些年在住宅小区内除雨水外，大量生活污水直接排入地下，使地表至基础下土体内的含水率较建设时期大大提高，由于砌体结构建筑的特性决定了其抵抗地基基础不均匀沉降能力差，建议如条件许可，应扩大建筑物安装动态监测设备范围，并建立城市建筑风险防控平台系统，通过建筑物监测数据的变化，配合人工巡检，及时掌握建筑物风险发展趋势，判断其安全状态，适时解危。

（4）根据鉴定结果，制订计划，对所有C级、D级危房进行处理，处理方法可以有以下几种：①对现状建筑进行加固修复，使建筑达到安全标准后继续使用；②对现状建筑进行落架式加固（即原拆原建，建筑翻新），翻建后原住居民回迁；③收购现状建筑后原住居民采用异地还建方式安置，现状建筑拆除后进行开发式建设。

（5）关于加固修复方法。因（4）中②和③所述方法除在政策法规和经济模式等方面有差别外，在技术层面均为新建工程，不做重点论述，以下介绍第①种处理方法（图3-21—图3-24）。

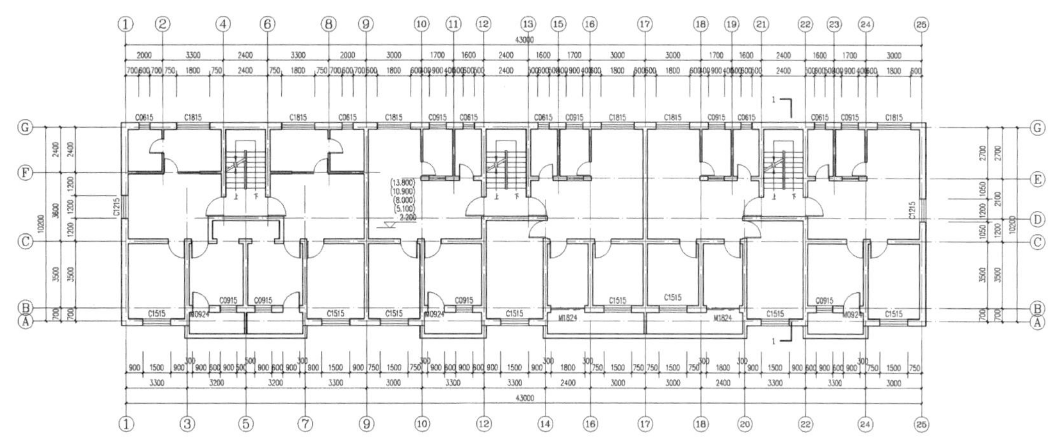

图3-21　加固前平面图

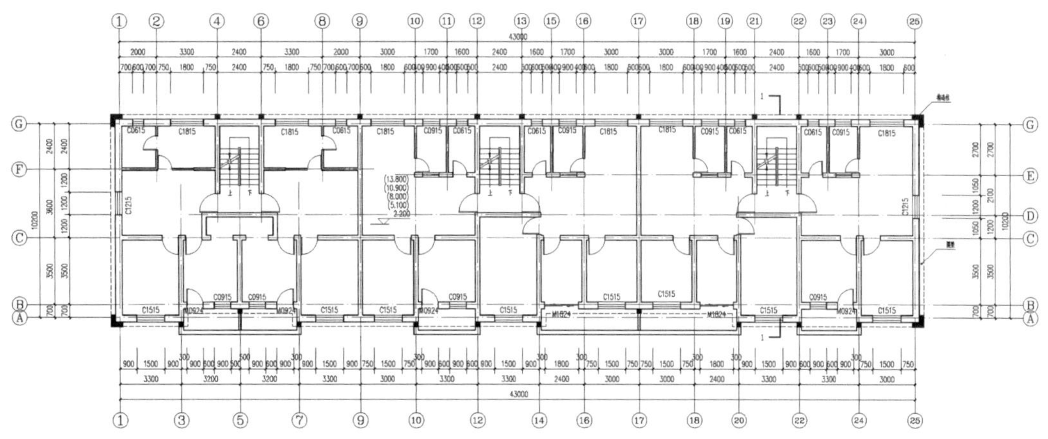

图3-22　加固后平面图

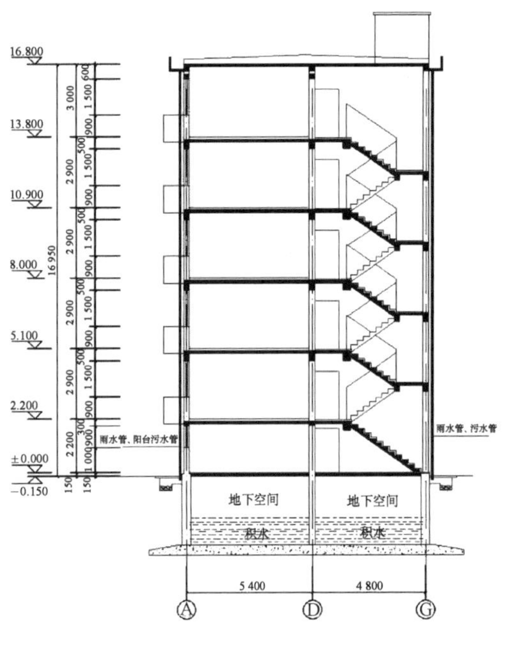

图 3-23　加固前剖面图

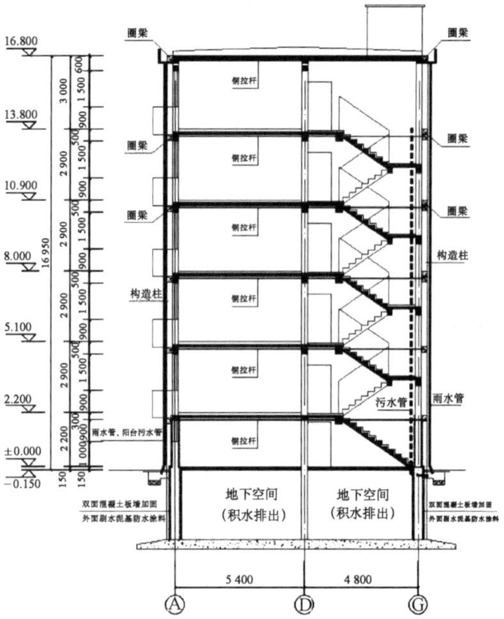

图 3-24　加固后剖面图

① 在使用过程中对房屋结构进行拆除和改造的部分须做加固修复处理。结构拆改主要是对墙体的拆改，大量位于架空层（建筑地上部分的第一层）外墙，部分位于居住层（建筑地上部分的二～六层）内墙，拆改形式包括新增开洞口、扩大原洞口、原窗洞改为门洞、窗改门且洞口加宽等，这些拆改内容威胁建筑安全，必须恢复至房屋原状（即与原竣工图或设计图一致）。

② 整改室内、室外排水系统，减少地表水和生活污水直接渗入地下对地基基础带来的有害影响。维修或新增室外地下排水暗沟及管道并保证接入市政排水系统，建筑附近地下土质密实化处理及地面路面硬化处理，使地表水有组织排泄至市政排水系统，对私自从室内伸出通入现状室外排水系统的管线进行综合整治。

③ 对建筑架空层（建筑地上部分的第一层）及地面以下墙体进行加固。外墙采用双面钢筋混凝土板墙加固，内墙损坏严重和承载力不足时采用双面混凝土板墙加固，排出建筑内部地面以下空间内的积水，外墙地下部分做防水处理（在外面涂刷渗透结晶型水泥基防水涂料）以防止地表水渗入地下后再次进入建筑的地下空间。

④ 对居住层（建筑地上部分的二～六层）墙体进行加固。对墙体裂缝采用注浆或注结构胶的加固方法，对承载力严重不足的墙体采用双面混凝土板墙加固，对个别损坏严重已失去承载能力的墙体可采用置换为混凝土墙的方法加固。

⑤ 增加整楼圈梁、构造柱，增加建筑整体性和抗震性能。

⑥ 对居住层（建筑地上部分的二～六层）外墙外面抹灰层质量差的建筑，将抹灰层全部清除后重新抹水泥砂浆，对砖砌墙体形成有效保护；当砖砌墙体表面已经风化时，应处理干净风化层后抹聚合物砂浆加固。

⑦ 如果建筑物因地基不均匀沉降已经产生明显倾斜、竖向变形或墙体开裂，且近期连续观察发现变形还有发展时，则对建筑基础进行增加人工挖孔桩、钻孔灌注桩加固，或对基础以下的土层用注浆固化法加固。

应特别指出的是，为了建筑安全使用，无论鉴定结论是 A，B，C，D 中的哪一级，均应使在使用阶段所拆改且未进行有效加固处理的结构构件完全恢复原状。由于有些拆改已经完成了很多年，结构内部应力已经发生改变，在恢复建筑原状时，措施不当则达不到恢复效果，故不能简单地只砌砖封堵以恢复外观，必须由专业设计人员提出加固修复方案，由专业施工人员施工完成加固修复。

其他加固和修缮的技术方案和诊断方法可见附录 A 和附录 B。

参考文献

[1] 郭嘉欢.浅谈砌体结构历史、现状及前景[J].黑龙江水利科技，2018，46(12)：134-137.

[2] 青岛理工大学土木工程学院.土木工程科学技术研究与工程应用[M].北京：中国建材工业出版社，2004.

[3] 朱向炜，王浩.高层建筑结构特点及其体系[J].建筑与文化，2013(10)：250.

[4] 王健.内需强国：扩内需稳增长的重点・路径・政策[M].北京：中国人民大学出版社，2016.

[5] 韩丽萍，许士斌，姜爱萍.探讨建筑物的纠偏技术[J].江苏建筑，2005(1)：31-33.

[6] 郑胜蓝，蔡乐刚，陈洋.城市房屋使用安全管理现状分析与对策研究[J].住宅科技，2016，36(1)：53-57.

[7] 刘雷.物业管理[M].郑州：郑州大学出版社，2009.

[8] 张天申，王震.中小学校舍安全排查技术指南[M].北京：中国水利水电出版社，2014.

[9] 浙江省人民代表大会常务委员会.浙江省房屋使用安全管理条例[J].浙江人大(公报版)，2017(3)：30-36.

[10] 郎志坚，孙学忱.建筑施工安全隐患通病治理图解[M].北京：中国建筑工业出版社，2018.

[11] 中国建筑工业出版社.建筑结构检测维修加固标准汇编[M].北京：中国建筑工业出版社，2016.

[12] 陆珏.我国既有房屋信息化管理现状及对策研究[J].中国建设信息化，2018(8)：75-77.

[13] 娄乃琳，赵尤阳.既有建筑适老化改造技术规程课题解析[J].建设科技，2018(7)：10-13.

[14] 黄淑芳，叶文秋，林绍英，等.老年跌倒患者二级预防的延续性护理[J].护理学报，2014，21(9)：51-55.

4 城市住宅小区设备设施及市政供给系统安全风险防控

本章主要介绍在城市住宅小区运行中，电梯、给排水系统、供暖系统、供电系统、防雷系统等设备设施及市政供给系统存在的安全风险及其成因，提出风险防控的对策，以确保城市住宅小区设备设施和市政供给系统运行安全稳定，提升居民生活的安全感和幸福感。

4.1 住宅小区电梯使用安全风险防控

4.1.1 住宅小区电梯使用安全管理的基本情况

1. 电梯使用及其事故概况

我国是电梯生产和使用大国，电梯保有量、年产量、年增长量均为世界第一。截至 2011 年年底，我国电梯产销量超过 45 万台，超过全球总产量的 60%，成为世界最大的电梯制造地①；2014 年，我国在用电梯总量达 360 万台，且每年以 15%～20%的速度增长②；截至 2019 年年底，全国特种设备中电梯为 709.75 万台③。电梯在城市楼宇中的应用和普及，使它从一种生产设备，演变为生活设施、人们的“腿脚”，支撑着生活的运行。

在电梯的应用场景中，住宅用梯占有最大的份额。随着我国经济持续发展和城市化进程的加速，高层住宅楼越来越多，电梯作为住宅小区配套功能设备，是衡量一个住宅小区现代化水平高低、是否宜居的重要标准，在住宅小区建设中起着举足轻重的作用。与此同时，随着老龄化社会的到来，为满足居家养老的需求，多层住宅已开始加装电梯。“出门第一步，回家最后一程”，电梯已经成为居民日常生活必不可少的主要垂直交通工具，接触和使用最频繁的特种设备。

电梯作为一种机电设备，在其运行过程中会出现故障，如发生剪切、挤压、坠落、幽闭、火灾等，其中一些会伤害乘用人的生命和身体，酿成重大事故。导致电梯事故发生的因素多种多样，因而电梯事故具有随机性，电梯使用者无法事先预测事故发生的时间、地点、形式和程度。[1] 从目前的现实情况看，一方面我国电梯乘用安全水平在不断提升，另一方面电梯故障、电梯事故又比较常见，不时曝出的“电梯惊魂”“电梯吃人”事件刺激着公众的神经。电梯运行安全引发的各

---

① 中国成为全球最大电梯制造地和销售国.人民网，2012-09-04.

② 我国电梯保有量年产量年增长量稳居世界第一.中国财经，2015-06-24.

③ 市场监管总局发布 2019 年全国特种设备安全状况.搜狐，2020-04-17.

类问题，日益引起各级政府、新闻媒体和广大群众的关注，电梯使用的安全性、可靠性、舒适性、便利性一直是使用者关注的焦点，电梯使用安全风险防控成为公共安全治理的重要内容。

有研究者通过对中国报刊数据库进行检索，收集到 17 座城市 2005—2015 年发生的电梯事故 435 例，进行统计分析研究。该项研究表明，住宅小区发生电梯事故的概率最高，共计 259 例，占事故总数的 59.54%；商业场所，包括商场、酒店、超市和餐饮娱乐休闲场馆，共计 87 例，占 20%；写字楼等办公场所 72 例，占 16.55%；医院、学校共计 15 例，占 3.45%；政府机关电梯事故率最低，共计 2 例，占事故总数的 0.46%。具体情况详见表 4-1。[1]

表 4-1　　电梯事故发生城市及各场所事故占比

城市	住宅小区/%	商业场所/%	医院、学校/%	办公场所/%	政府机关/%
北京	66.67	13.33	6.67	13.33	0.00
天津	66.67	19.05	7.14	2.38	4.76
沈阳	71.43	11.43	0.00	17.14	0.00
哈尔滨	50.00	35.00	5.00	10.00	0.00
上海	44.00	44.00	0.00	12.00	0.00
南京	20.00	60.00	20.00	0.00	0.00
苏州	58.33	41.67	0.00	0.00	0.00
杭州	55.56	33.32	5.56	5.56	0.00
武汉	57.14	14.29	4.76	23.81	0.00
广州	30.77	23.08	15.38	30.77	0.00
深圳	56.25	12.50	0.00	31.25	0.00
汕头	33.33	33.33	16.67	16.67	0.00
佛山	56.25	18.75	0.00	25.00	0.00
东莞	56.25	12.50	3.13	28.12	0.00
重庆	58.82	11.77	5.88	23.53	0.00
成都	69.77	13.95	0.00	16.28	0.00
西安	76.47	9.8	1.97	11.76	0.00

该研究显示，电梯事故发生时段中，安装阶段 13 例，占案例总数的 2.99%；使用阶段379 例，占 87.13%；维保阶段 43 例，占 9.88%。从中可以发现，使用阶段事故率最高。电梯事故可分为困人事故、坠落事故、挤压事故 3 种。其中，困人事故 329 例，占 75.63%；坠落事故75 例，占 17.24%；挤压事故 31 例，占 7.13%。困人事故是电梯事故中最常见的情形，坠落和挤压事故发生较少，但一旦出现，给安装、维保、乘客等人员带来的伤害程度要远远超过困人事故。在 435 例电梯事故中，挤压致死发生 19 次，死亡 22 人，次均 1.16 人；坠落致死发生 57 次，死亡 68 人，次均 1.19 人；重度受伤发生 28 次，受伤 39 人，次均 1.39 人；轻度受伤发生 34 次，受伤 102 人，次均 3 人；安然

脱困发生 297 次，共计 1 788 人，次均 6.02 人。[1]值得强调的是，安然脱困指的是未对人身造成直接的伤害，但对使用人心理、精神的刺激伤害是存在的，并不应低估其危害。

总之，对电梯事故的危害性和电梯使用风险不可轻视；住宅小区电梯在使用阶段发生事故的概率相对较高，需要重视。

2. 电梯使用安全管理基本情况

在我国，电梯属于特种设备。根据《中华人民共和国特种设备安全法》规定，电梯的安全事务由所在地县级以上的特种设备安全监督管理部门(市场监督管理局)管理。

国务院负责特种设备安全监督管理的部门对全国特种设备安全实施监督管理。县级以上地方各级人民政府负责特种设备安全监督管理的部门对本行政区域内特种设备安全实施监督管理。国务院和地方各级人民政府应当加强对特种设备安全工作的领导，督促各有关部门依法履行监督管理职责。

目前，电梯安全监管部门深化"放、管、服"改革，主要采取的是"监察＋检验"的双轨制方式，对电梯实施安全监督管理。监管的重点是电梯设备安全、设备检测。

电梯的日常管理一般由物业公司负责，其中包括安全管理的内容。按照《物业管理条例》，住宅小区物业公司有权选择符合国家规定具有资质的电梯维保单位从事电梯的日常维护工作。目前住宅小区物业公司在电梯管理、维保工作中有几种不同的操作形式：①电梯的管理、维保工作全部委托电梯维保单位，签订的电梯维保合同是全面保养合同(大包)。②电梯的管理工作由物业公司负责，电梯维保工作则委托电梯维保单位，一般签订的电梯维保合同有全面保养合同，也有标准保养合同(清包)。③电梯的管理、维保都由物业公司自己负责，委派专人专职管理，专职上岗维修工负责维保，有些住宅小区物业公司与电梯维保单位签订技术支持、配件销售合同。[2]①和②两种方式是主流。

4.1.2 住宅小区电梯使用的主要安全问题及其成因

1. 电梯事故的直接原因

就住宅小区而言，电梯事故多发生于使用过程之中，电梯事故的直接原因可分为使用不当、设备故障、违规操作和其他原因 4 类。使用不当是指乘用电梯的乘客未遵守电梯使用规范，如踢踹轿厢门、随意丢弃垃圾、运送沉重的装修材料、超载等，引发电梯事故。设备故障是因电梯的开门系统、轿厢系统、控制系统、电气系统、导向系统、曳引系统和安全保护装置等发生故障而引发的事故。违规操作针对电梯维保，指维保人员未能严格遵守电梯维修保养规程而引发事故。其他原因主要是非人为、非设备方面的归因，如突然停电、遭受雨水浸泡等。[1]

2. 使用管理方面的原因

电梯使用管理方面的原因实质上也就是管理风险，主要表现在：

(1) 电梯维保不到位。维保单位人员不足，责任心和能力欠缺，未能严格按照有关安全技术规范要求对电梯进行维保，不能及时检查出电梯故障，使得电梯带病运行，存在安全风险；电梯无维保单位，不按规定定期维护保养和定期检验。电梯的保养是电梯安全使用最重要的方面，根据电梯行业规范，每部电梯每个月必须保养两次。如能按上述要求对电梯进行全方位保养，电梯安全事故将大幅度减少。

（2）老旧电梯修理、改造资金不足。电梯使用年限较久，使用频率较高，大部分设备零部件都有寿命极限，修理更换资金成本较高，现实中住宅专项维修资金往往不足，筹措渠道不畅，导致电梯设备零部件出现过度磨损、锈蚀而不能及时更换，设备超期服役，大大降低了电梯的安全性，并导致事故的发生。

（3）部分居民安全意识薄弱、未能文明乘梯。电梯本归住宅小区全体居民所有，按理大家应爱惜设备、关心其安全。但居民当委托物业公司管理电梯后，部分居民觉得与己无关，只管使用，不承担电梯安全使用的义务，使用不当、不爱惜电梯、人为破坏电梯现象较为普遍。超载装修材料，强制电梯开关，在电梯内吸烟、大（小）便、乱扔垃圾，在轿厢内壁上乱涂乱画、粘贴小广告，破坏电梯内部通信装置和警铃设施，牵绳拉着宠物乘坐电梯，推着电动车、自行车乘坐电梯等不文明乘梯行为客观上加快了电梯的磨损，影响了电梯的使用寿命和安全。

（4）物业公司管理不到位。①电梯管理认识上存在误区。目前住宅小区物业管理实行多层次的综合性管理服务，对于电梯等技术性要求较强的机电设备项目，多聘用具有维保资质的电梯维保单位进行日常的维保工作，很多物业公司管理人员认为只要电梯维保单位按时对电梯进行维保，就尽到了自己的管理职责。存在这种认识一方面是对电梯管理职责的一种误解，另一方面更是对物业公司在电梯使用管理过程中的重要性认识不足所致。②住宅小区电梯技术档案资料不健全。[3]目前物业管理人员流动较频繁，导致资料交接不严格而造成技术档案的遗失；在房地产开发商把住宅小区移交物业的过程中电梯技术档案就已经遗失，而物业公司又未督促其补齐相关技术档案；物业管理过程中由于人员借阅后未归还而造成了技术档案遗失；住宅小区物业管理人员自身电梯管理知识欠缺使电梯技术档案建立不健全。③使用管理不严，对居民宣传引导管理薄弱。未建立电梯安全管理制度，很多物业公司仅依靠维保单位管理电梯；未配备专（兼）职电梯安全管理人员，对不文明乘梯行为放弃管理；未按要求建立应急救援预案和紧急救援措施、定期组织开展应急救援演练活动。

3. 管理体制机制方面的原因

影响电梯安全使用的管理体制机制方面的原因属于制度风险。

（1）电梯安全使用监管方式存在一定局限性。主要表现在以下几个方面：①电梯安全监管侧重点在设备的局限性。目前的电梯安全监管，主要是针对电梯设备存在的安全隐患。这种监管侧重点在设备，优点是针对性强，能及时有效地解决群众投诉、举报所反映的电梯安全隐患个案；但随着城市化进程加快，电梯增长飞速，量大面广，且安全隐患状况复杂，群众安全需求多样，如此监管必然面临一线力量不足和能力欠缺等问题。更重要的是，监管重在设备，工作的着眼点就自然落在设备隐患的排查、消除上，至于隐患产生的制度性原因容易被忽视，使住宅小区电梯安全主体责任不清、落实不力等问题也无法得到有效解决。②电梯安全监管方式单一的局限性。电梯安全面临着经费筹集、责任认定、事故赔偿、维保市场低价恶性竞争等多种问题，形成错综复杂的局面。目前采取“监察＋检验”的行政监管方式，往往侧重事后监管，头疼医头、脚疼医脚，难以标本兼治，尤其是涉及电梯安全的经费问题，仅靠单一行政措施，效果有限，也很难满足人民群众日益增长的质量安全需求。③电梯安全检验机制的局限性。电梯安全检验是电梯安全工作中的重要环节。目前大多数省、市电梯安全检验工作模式是由政府部门设置的事业单位性质的特种设备检验机构直接从事电梯安全检验工作，没有推行市场化、多元化特种设备检验检测，让更多符合法律规范要求的第三方检验机构参与进来。

(2) 物业公司责任不够明确，物业公司、维保单位、业主三方的关系有待理顺。目前住宅小区的管理模式是业委会聘请物业公司，物业公司与电梯维保单位签订合同。由于业委会是一个群众自治组织，大多对电梯管理不内行，缺少选择合适的维保单位并对其进行考核的能力。而物业公司缺乏电梯维保专业人才，在维保单位选择上，部分物业公司从自身利益出发，容易在选择维保单位时更注重价格而不是质量，过低价格的维保必然造成日常维保不到位，以抢修代替维保的情况屡见不鲜，而这样做带来的后果却需要全体业主从自身的住宅专项维修资金中支出，这就造成了一种权利义务的不对等，形成恶性循环。此外，电梯所有权和管理权的分离，容易导致无人对电梯的长期运行负责，不管是业主、物业公司，还是维保单位，都是短期行为，安全主体责任不落实，对电梯不能进行长效规划和资金投入。[4]

(3) 信息碎片化。电梯安全涉及信息包括：电梯身份信息(电梯型号、安装日期、维保单位、维保人员、使用单位等)，电梯检验信息(使用前检验、半年检验、年度检验等)，维保信息(维保技术信息和维保费用信息)，故障信息(故障时间、次数、类型、排除等)，救援信息(地理位置、救援主体、救援方法、救援结果等)。这些信息由不同主体掌握，而主体间又缺乏信息交流沟通的渠道和机制，降低了信息的价值，增加了电梯使用安全风险。例如，由于对维保信息不了解，居民无法对维保单位进行监督，维保单位缺乏提升维保质量的社会监督机制；对维保费用信息不了解，导致居民无法对物业公司进行有效监督，物业公司对电梯的日常使用管理维护缺乏足够的动力和责任感。[1]

4.1.3 住宅小区电梯使用安全风险防控对策

针对住宅小区电梯使用安全管理中存在的风险因素，应采取有效的防控措施，尽量减少或降低风险带来的故障和事故危害(包括财产损失和人员伤害)。下面从政府监管部门、物业公司、居民，以及体制机制改革四方面详细阐述。

1. 政府监管部门

(1) 政府监管部门应该转变观念。从重点管设备向电梯使用安全全面监管转变，把监管目标定位在推动使用及管理单位落实电梯安全主体责任上。政府应当以电梯安全规范和标准的制定者、宣传者与监督者的身份出现，应充分利用法律和市场调控相结合的手段，引导和保障业主在电梯安全管理上享有权利并履行义务。

(2) 政府监管部门应加强对电梯维保的监管，规范行业管理，维护市场秩序。电梯的维保质量是电梯安全运行的重要保障。在电梯设备故障中，80%的事故是由于维保不到位所致。政府监管部门应加强对电梯维保的监管，督促物业公司、电梯维保单位按期保质地对电梯进行维护保养。可以考虑从技术规范上增加维护保养的频次，增加内容，以减少、杜绝电梯“带病运行”。[1]要定期开展电梯维保质量抽查，督促有关单位严格按照安全技术规范和质量保证体系的要求进行电梯日常维保，并向社会公示抽查的结果，促进物业公司对维保单位择优聘用机制的形成。

(3) 政府监管部门应加强安全培训。加强企业安全管理、特种设备管理作业人员的安全教育和专业知识培训、考核，使其了解特种设备的范围、特性及国家对这类设备使用的规定要求，提高其对特种设备危险性的认识，使其克服麻痹侥幸心理，成为安全管理的明白人、设备操作上的行家。提高设备使用登记率、持证上岗率和定期检验率。[5]

(4) 政府监管部门应牵头整合电梯运行安全信息，建立信息公开与交换平台。①督促物业公司、维保单位建立电梯基础数据库，包括电梯运行数据。②建立平台，把相关政府部门掌握的电梯安全信息，以及物业公司、维保单位建立的电梯数据公布出来，便于各方进行数据交换。③改进电梯事故的报告统计制度，定期发布电梯安全的排名和黑名单，通过市场倒逼电梯厂商、物业公司、维保单位提高产品质量、服务质量，确保电梯使用安全。

2. 物业公司

电梯使用安全风险防控必须要落实物业公司电梯使用安全管理的主体责任。物业公司要履行电梯安全管理义务，对电梯使用安全负责。即使聘请了电梯维保单位，电梯使用安全也是由物业公司负总责。理顺各方关系，由物业公司牵头做电梯使用、维护保养、更新规划。建立长效机制，对相关责任单位形成长期的利益吸引，比如探讨电梯长期管理权机制的建立、电梯维保全包模式的引导等，让相关单位特别是电梯维保单位有积极性长远考虑电梯的管理和服务。要制定隐患排查治理和故障统计制度，建立隐患自查自改台账和故障报修处理台账，确保每一项安全隐患有整改时限、整改责任人和整改结果，保证住宅电梯安全运行。

物业公司应设置安全管理机构或者配备专职安全管理人员。要聘用责任心强、专业技术能力符合管理要求的人员，建立岗位责任制。选择电梯维保单位时，应在充分考虑电梯使用状况、故障类型、发生故障时间间隔等因素的基础上，结合经济支撑能力来决定维修保养方式。

物业公司应加强电梯日常使用管理。安全管理机构或者安全管理人员应当履行下列职责：①巡视电梯运行情况，并做好记录，巡视记录至少保存 5 年；②保管电梯层门钥匙、机房钥匙和安全提示牌；③配合维保单位开展工作，签字确认维护保养记录；④电梯安装、改造、修理、检验、检测时，做好现场配合工作，协助施工单位落实安全防护措施；⑤在需要暂停使用的电梯出入口张贴停用告示，并采取避免电梯乘用的安全措施；⑥发现违反电梯乘用规范的行为，予以劝阻；⑦发现电梯存在故障或者其他影响电梯正常运行的情况时，作出停止使用的决定，并及时报告本单位负责人。

物业公司应加强技术文件管理和日常运行记录。住宅小区物业公司发生变更时，做好新老物业公司工作交接，对电梯相关安全技术文件的交接作出书面移交记录，确保后续电梯安全管理工作和定期检验的顺利开展。对于无物业公司管理的小区，电梯技术文件由居委会暂时代为管理，待新的物业公司进驻后，再办理相关移交手续。要建立并严格执行电梯日常运行记录制度。

3. 居民

为了有效防控电梯使用安全风险，物业公司可沿着加大宣传、加强培训、落实行为管理、搭建居民参与平台的方向开展各项相关活动，以提升居民文明、安全的乘梯意识。

由物业公司在电梯内加装视频监控，建立提醒制度，规范电梯使用人的乘梯行为。采取多种形式对电梯使用人开展乘梯知识的宣传，让安全深入人心，充分利用广播、电视、网络等宣传平台及每年的“安全生产月”等活动，同时将电梯安全使用须知、警示标志和应急电话号码张贴在醒目位置。

政府部门、社区、物业公司联手组织居民进行电梯故障救援方法和程序的培训。应用电梯物联网智慧监管系统，控制电动车进入电梯的行为，杜绝因电动车违规进入建筑物内停放而引发火灾。建立与居民的互动平台，及时回应居民提出的电梯使用安全方面的意见和咨询，鼓励居民参与安全风险防控。

4. 体制机制改革

认真贯彻落实党的十九大和习近平总书记关于质量发展和安全生产的系列重要讲话精神，强化安全发展理念，切实增强红线意识，以改革创新为动力，以落实生产使用单位主体责任为核心，以科学监管为手段，推动简政放权向纵深发展，更好激发市场活力和社会创造力，不断提升特种设备质量安全水平，努力实现更高质量满足人民日益增长的美好生活需要①。体制机制改革的主要内容包括：

(1) 开放一部分电梯检验市场。积极发挥社会检验力量的作用，允许获得电梯检验资质的第三方公益检验机构开展电梯检验；把目前强制性的电梯定期检验定性为社会性的技术服务，由电梯所有人或使用人自行选择有资质的检验机构对电梯进行检验，并缴纳费用。政府把开展监督检验作为履行电梯安全监管责任的重要技术支撑手段，每年依据经济发展和财政现状、电梯使用以及故障状况，确定一定比例的电梯实施抽查，并通过监督检验来掌握和监督电梯维保单位和使用单位是否严格按照国家的要求履行职责。

(2) 构建电梯修理、改造保障资金申请、使用、监管长效机制。由政府电梯主管部门牵头，构建落实电梯修理、改造资金筹措长效机制，制定资金使用管理制度，明确资金使用的标准，加强资金使用监管。针对目前行业里的难点问题，简化公共修理基金的使用程序，提高企业效率。

① 北京市质量技术监督局关于印发《北京市特种设备行政许可和电梯检验改革试点工作方案》的通知(京质监发〔2018〕28 号)。

同时对资金落实有困难的使用单位或使用单位不清晰的电梯，由政府安排出专项资金或与设备所在地街道、使用单位共同出资，在规定期限内整改完善。老旧电梯更换也要简化资金使用程序，确保电梯及时更新，避免超期运行带来的安全事故。

(3) 应用“智慧电梯安全保障险”，向住宅小区电梯用户推广使用“保险＋运营＋服务”的新模式。该模式不但可以有效降低企业制度性交易成本，更能有效地发挥保险事故赔偿和维修风险预防作用。基于物联网技术的“保险＋服务”电梯运营管理，通过大数据云平台分析，可以为政府监管部门提供可靠的数据支持；可以使用户能够直观地了解电梯运行状况，监管和管控电梯风险，让电梯安全更有保障。通过订单化管理，将传统设备管理以“修”为主，改为以“管”为主。把各个环节的不同处理整合成唯一的订单时间轴，落实到责任人，从源头监管。

(4) 改进市场监管。改进对电梯维保市场的管理，严控从业标准，向社会公布维保质量状况，鼓励维保单位公布各自维保服务标准和价格，促进物业公司对维保单位择优选择机制的形成，通过运用市场手段促进维保工作质量的不断提高。运用诚信奖励机制，引导物业公司争先创优。创新物业付费方式，将物业费中的电梯运营费用单独列支，进而增强物业公司的电梯管理主动性。对不规范、不符合标准的维保单位加大处罚力度，对性质严重的要坚决取缔，避免一些维保单位恶性竞争，扰乱市场。推动优胜劣汰，减少维保单位数量，让有实力的企业占据主导地位。[6]

4.2 住宅小区给排水系统运行安全风险防控

4.2.1 住宅小区给排水系统运行的主要安全问题及其成因

给排水系统属于城市的基础设施。水，无论是供给还是排放，都与居民生活息息相关，与生产活动息息相关，与城市运行息息相关，在城市现代化进程中起着举足轻重的作用。城市有一个完备的供水系统，住宅小区有一个科学安全的给水系统，可以提供给城市居民充足的饮用水和生活用水，是人民生活的基本保障；城市形成一个科学畅通的排水系统，可以及时排除积水，避免受到洪灾威胁，是人们生命健康财产安全的重要保障。

随着城市人口不断增加，空间不断扩大，经济飞速发展，给排水系统逐渐引起了人们的关注。一方面，人民生活水平日益提高，对给水水质提出更高的要求；另一方面，近几年来特大暴雨等极端天气经常发生，造成了严重的城市内涝，严重威胁着居民的生命财产安全。在现实生活中，由于住宅小区的给排水设计施工相比一些功能复杂的现代化建筑，在技术要求上相对简单，因此往往得不到应有的重视。但当住宅小区投入使用后，最早出现问题且频次最多的就是给排水系统，比如供水水压流量不足、供水水质不达标、排水管道连接接口泄漏、管道堵塞、管道折断、雨后积水等问题时常出现，给居民生活造成极大不便，带来安全隐患。我国城市给排水系统需要升级，管理需要现代化。

就住宅小区而言，在公共安全的范围里，给排水同样也面临一系列需要解决的问题。

1. 供水方面

住宅小区供水方面目前存在的最主要的安全问题是二次供水可能引发的水质不合格甚至

污染事故。

二次供水是相对城市市政直供而言的，一般将市政直供自来水的方式叫作一次供水，而将在市政直供基础上进行加压、储存、再供水的方式称为二次供水[7]。随着城市建设的发展，高层住宅越来越多，住宅小区日趋密集，一次供水基本已无法满足需求，需要采用二次供水模式。在以往的高层住宅中，二次供水一般采用加压泵与水池(箱)联合供水模式，如在顶楼设水箱，用水泵加压注水，由水箱分送到各户。正是由于二次供水环节的存在，加上设施质量优劣不齐、设计合理性问题、日常管理问题等因素的影响，有可能造成水质污染，危及居民身体健康。发生二次供水水质不合格甚至污染事故的原因主要分为三类：

(1) 物业管理上的疏忽和混乱。如供水设施日常维护不到位，一部分水箱或供水设施处于长期破损、漏水、漏雨状态，个别水箱有盖但没有使用。

(2) 政府监管不到位。按现行的法律法规，政府有责任对二次供水的水质和服务进行监督，但由于监管力度不够，手段有限，造成了二次供水管理中的混乱，使得二次供水管理中暴露出来的问题未能得到及时解决。

(3) 二次供水设施陈旧。很多建筑的二次供水设施已经非常陈旧，材料老化，材料质量不达标，甚至存在严重破损，有的还存在设计施工不合理的情况，特别是老旧建筑。再加之城市二次供水系统水质管理不到位，导致居民末端的水质被二次污染，水质混浊，微生物以及重金属等有害物质超标，危害居民身体健康。

2. 排水方面

住宅小区排水方面目前存在的最主要的安全问题有两个：

(1) 室内下水管发生渗漏而造成污染，如果和传染病相遇则会造成疫情传播。出现这种安全事故的原因是对下水管线的检查、维修不及时，属于管理方面的问题。

(2) 强降雨后，住宅小区、地下室、车库排水不畅，或住宅小区外雨水倒灌进入住宅小区，造成室内进水，地下室、车库被淹，导致居民财产损失。

住宅小区排水安全问题产生的原因既有管理方面的，也有规划建设方面的。

(1) 老城区道路给排水系统建设较早，受当时实际情况的制约，设计的容量、标准偏低，管径小，布置混乱，而且管道大多年久失修、老化，使得管道给排水能力下降甚至丧失。随着城市发展，原有的管道设计已不能满足要求。[8]

(2) 给排水泵站能力不足，一些泵站由于修建时间比较久远，泵站设备老化，甚至难以正常运行，无法满足排水需要。[9]

(3) 给排水体系尚待完善，管网覆盖率比较低，给排水设施不完善，规划中的泵站未配套实施。一些小区地形平坦，地势低洼，加上排水泵站的数量不足，使得污水不能顺利排出，滞留在污水管道中，沉积的杂质异物淤塞管道。[9]

(4) 不规范建设影响排水设施功能。一些住宅小区和单位自行建造的给排水管道，由于设计不规范、不合理，建成后甚至无人进行维护和保养，导致淤堵严重；一些城市道路建设给排水系统时，由于某些原因，未能按照设计和施工标准实施建设，存在给排水井中穿管及排水管道平坡、反坡等现象，给排水能力差，排水系统功能不完善，管道淤堵破损严重。[9]

3. 小区室外管网方面

住宅小区室外管网方面目前存在的主要安全问题有两个：

(1) 井盖损坏或丢失，造成人员跌落。管道井井盖由于车轧引起损坏、破损，或丢失，若巡视检查不及时、补充不及时，人员经过时容易跌落，造成伤害。

(2) 排水管道破损、断裂造成环境污染。由于排水管道质量问题或使用较长年限，排水管道老化，由于外力或楼体沉降引起管道断裂，污水外溢造成环境污染。

4.2.2 住宅小区给排水系统运行安全风险防控对策

1. 给水系统

1) 政府

应明确行政监管部门，完善制度办法，对城市二次供水的管护单位进行有效监督管理；统筹规划，使二次供水的管理和维护服务能够健康运行。加强对二次供水设计审查、选材控制、竣工验收和清洗消毒等的全面考核和评估，严格执行二次供水水质检查制度。[10]

应制定相关政策，给予适当的资金支持，引导住宅小区进行二次供水的技术改造，用无负压技术取代加压泵与水池(箱)联合供水模式。

2) 物业公司

应制定相关制度和设备运行的操作规程，明确操作要求、操作程序、故障处理、安全生产和日常保养维护要求等，并确保严格执行。对供水管道与设施要定期进行检查和维护，及时更换破损严重以及老旧不合格的管道和设备，从而避免二次污染以及水资源的损耗。[10]

应规范水质监测。配备相应的设施与人员进行日常水质检测并记录存档，按规定定期委托有资质的水质检测机构进行水质检测。二次供水设施每次清洗消毒或改造维护完毕，需将水样送二次供水水质检测机构检验。水样检测报告需限期向用户公示。[10]

应培养专业化的二次供水管理人员。加强对相关管理人员、技术人员的专业培训，设施运行维护岗位人员要求具备相应的专业技能，熟悉二次供水设施、设备的技术性能和运行要求。新员工要先进行培训并且专业合格后才能上岗。员工要持健康证上岗。

应积极协调业主，筹措资金，对老旧二次供水系统进行技术改造，采用无负压供水，变频供水，取消二次水箱供水。

应建立与居民的互动机制，及时发现水质的变化。

2. 排水系统

1) 政府

根据城市的发展状况和近年来暴雨洪涝灾害的发生情况，修订城市排水系统的规划标准，投入资金组织排水系统的升级改造;同时,制定相关政策,引导各方参与。

建设海绵城市。遵循生态优先原则,将自然途径与人工措施相结合,在确保城市排水防涝安全的前提下,最大限度地实现雨水在城市区域的积存、渗透和净化,促进雨水资源的利用和生态环境保护。统筹自然降水、地表水和地下水的系统性,协调给水、排水等水循环利用各环节,统筹发挥自然生态功能和人工干预功能,有效控制雨水径流,实现自然积存、自然渗透、自然净化的城市发展方式,修复城市水生态、涵养水资源,增强城市防涝能力。[11]

2)物业公司

首先是履行责任,落实日常的维护管理。定期对排水管道、管线、检查井进行疏通,保持排水畅通;定期对污水泵进行巡视检查、维护保养。每年检查清理污水泵坑。定期清理雨水管线,保持雨水排水畅通,每年在进入雨季前,清理雨水井、雨水管线中的杂物淤泥。在降雨前后巡视平台、雨水井、污水泵等设施设备。

其次,定期检查户内排水管道是否有生锈、渗漏等现象,发现隐患应及时处理。加强对居民的宣传,宣传给排水设施保护的知识、卫生知识,告知业主将杂物倾倒进排水管的危害;建立与居民的互动机制,及时收集信息,鼓励居民参与管理。

再次,对住宅小区暴雨内涝排水进行风险评估,结合以往发生的积水事故,找出风险点,制订应急预案。进入汛期,每个风险点都要有相应的物资准备、人员配置,预先防护,确保一旦发生情况,能够有效处置。

3. 室外管网

主要是从加强管理、落实操作规程入手,防范控制风险。要建立完整的室外管网技术档案,给每一个管井及井盖进行登记建档,及时更新。加强污水管井的巡视,保证井盖齐全完整,发现丢失、破损,及时进行补齐。加强化粪池、污水井的清淘管理,根据用量定期进行清淘。严禁在污水井、化粪池附近燃放烟花爆竹、使用明火作业。

4. 推动供水制度改革,保障供水质量安全

为持续、有效解决二次供水的安全、价格等问题,近年来,许多城市除加强监管外,尝试进行供水制度改革。2006 年,珠海开全国之先河,由供水部门接手住宅小区内二次供水设施管理。2006—2014年八年间,珠海水务集团有限公司自筹资金 5 700 万元,对主城区 454 个住宅小区的二次供水设施进行整改,整体更新 80 多个住宅小区的二次加压设施,二次供水综合合格率从 2006 年的 68.5%上升至 2012 年的 96.4%。[12]重庆开始推行由市自来水公司建管一体、专业运营、二次供水同城同价的政策。从改革效果和总体趋势看,改变传统的设施分割管理模式,将二次供水设施移交或委托给专门的二次供水管理单位,即城市公共供水企业统一经营管理,其内容包括设施日常运转、养护、维修、更换等,是一种可行的、有效的管理模式。

(1) 相对于产权单位、物业公司或者业主自管的分散管理方式,实行集中统一规模化管理,有利于改变管理标准不统一造成的供需矛盾,有利于降低管理费用,有利于提高专业管理水平,能有效提高管理工作效率,节省社会资源。

(2) 公共供水企业在城市的供水管理中有其长期积累的经验和经营方法,在二次供水设施管理方面,经验和技术积累相对产权单位、物业公司或者业主有着显著的优势。发挥行业优势,解决积累问题,搞好供水服务,公共供水企业责无旁贷。如郑州自来水公司,开发了二次供水设备远程监控系统,通过登录系统,调取实时用水数据,远程开关阀门,实时监控水泵运行状态,真正做到 24 小时无人值守远程监控泵房,并成功同时监控 300 多个小区,切实做到了合理有效利用企业资源。

(3) 城市供水服务是衡量一座城市公共管理水平的一项重要指标,由城市公共供水企业直接面对用户,就不会产生二次供水收费不透明、乱收费、收费标准不统一等乱象,不会产生物业公司和产权单位与用户的矛盾日益激化的现象;在出现供水问题时,用户知道责任人是谁,真正做到投诉有门,解决有道,便于社会监督,有利于解决社会矛盾,构建和谐社会。

(4) 城市公共供水企业接管二次供水管理工作,在城市供水现状方面,对区域内用户数量、水量分析、高峰用水情况等数据有了综合掌握;在城市整体布局和管网优化上,有了坚实准确的数据依据,有利于合理地进行城市管网改造;在出现爆管等供水问题时,可以第一时间进行供水调度,将各项损失降到最小,有利于保障安全供水。

推行住宅小区二次供水集中统一管理改革,不是简单地一交了事,不是简单地由市政部门、供水企业包干兜底,必须符合市场原则,需要有合理的经济运行机制作支撑,服务需要有偿。所以要与供水价格调整统筹考虑,要解决老旧二次供水设施改造的资金筹措问题,同时还要推进公开透明,防止垄断带来的弊端。因此,政府必须尽快出台相应的二次供水管理规定和制度,规范二次供水管理工作,出台一些有利于城市公共供水企业的政策,鼓励城市公共供水企业接手二次供水管理工作。

4.3 住宅小区供暖系统运行安全风险防控

4.3.1 住宅小区供暖系统运行的主要安全问题及其成因

冬季采暖是寒冷地区城乡居民的基本生活需求,做好供暖工作关系广大人民群众生活,是事关民生、事关群众冷暖的大事。随着生活水平的提高,人们对供暖质量的要求越来越高,冬季供暖的范围也在由北向南扩大。因此,保证供暖系统稳定、安全运行相当重要,被政府、市民以及各方所关注。

就住宅小区而言,冬季供暖有三种方式:①由市政热力集中供暖;②小区自建锅炉房供暖;③由住户用燃气炉采暖或电采暖。

就能源使用而言,随着能源技术的进步,从单一的燃煤锅炉供暖,到燃油、燃气锅炉房、太阳能技术、水源热泵、地源热泵清洁化改造,环境得到进一步改善,供暖系统运行效率逐渐提高。由于供暖能源消耗大,节能减排、提高能源使用效率已成为供暖管理的重要目标。

从整体看,我国城市供暖安全在不断进步,情况良好,但供暖安全事故依然普遍存在。随着供暖方式的增加，供暖设备的种类随之增加，供暖系统的风险源种类随之增加，与供暖相关的各类安全事故也不断出现，如锅炉爆炸、燃气泄漏、水蒸气烫伤、触电、跑水、大面积或局部停暖等，给人民生活带来诸多不便，也给相关人员家庭带来负担和痛苦。如 2000 年 3 月 24 日，某高校迁建工程锅炉房内 MVK5000 型燃气锅炉在调试过程中，发生炉膛爆炸事故，造成 2 人当场死亡，直接经济损失 56.8 万元。[13] 2012 年 4 月 1 日，某大厦保安员在巡视过程中发现大厦东侧栅栏墙外的人行道上冒出热气，行走中路面突然塌陷，滑入热水坑。经医院全力抢救无效，不幸身亡。因此，在冬季供暖期内，保证供暖系统的安全、正常运行，是城市管理的重要任务。

从住宅小区公共安全风险防控的角度来看，住宅小区供暖系统运行中的安全事故主要指对人身安全造成伤害，对财产造成重大损失，造成大范围、长时间停暖的事件。住宅小区供暖系统运行安全事故可分成 3 类：

(1) 锅炉事故。锅炉是生产水蒸气和高温热水的设备，一旦锅炉发生出力不足、停炉或爆炸等故障，将会给整个供暖系统的正常运行带来极大障碍，甚至会导致整个供暖系统瘫痪，轻者带来一定的财产损失，重者会造成人员伤亡。

(2) 热力站事故。热力站是一次管网和二次管网的中间节点，它的作用是通过直接连接或间接连接等方式，根据用户对室温的需要进行调节，转换一次管网输送的热媒，再利用二次管网分配到各个热用户终端。作为热用户热源的热力站，一旦发生故障，即便上端的一次管网有足够的热量，热用户也得不到热媒，供暖系统相当于处于瘫痪状态。[14]

(3) 管网事故。供热管网包括管道、支座、阀门、管件（三通、弯头、套筒）、除污、补偿器、放气、疏水、放水等装置，是供暖系统的重要组成部分。管网事故主要表现为管网泄漏，包括管道泄漏、焊缝泄漏、补偿器泄漏、阀门泄漏、法兰泄漏等几种形式。

发生功能安全事故，都可以从设备、技术方面找到原因，但导致事故发生的最主要原因存在于管理环节，是管理方面的因素造成设备运行的故障、缺陷，进而导致安全事故的发生。总结分析供暖系统运行安全事故，其管理方面的原因如下：

(1) 供暖企业不注重前期介入，供暖系统在设计施工阶段会存在以下情况：设备选型（热源负荷）与项目（供热负荷）不匹配；设备与设备间不匹配，如燃烧机与锅炉、燃烧机与燃气阀门、锅炉与水泵、锅炉与板换不匹配等。

(2) 运行管理单位制度不健全或安全责任制流于形式，未落到实处；在人员更替时变更不及时，有空窗期；管理人员安全意识淡薄。

(3) 企业缺乏必要的维修保养投入，未对供暖设备设施进行规范的维护保养、检修，供暖设备带病运行，管网跑冒滴漏较多，系统运行参数检测仪器仪表误差较大或损毁率较高。

(4) 安全设备设施（如锅炉房消防系统、燃气泄漏报警系统等）长期得不到维护保养，处于瘫痪或半瘫痪状态。

(5) 在大中型改造时，低价中标，造成改造缺斤短两，降低安全投入，使设备存在缺陷。

(6) 从业人员技术能力低，安全意识淡薄。由于工资水平普遍较低，从业人员文化水平较低；部分操作人员未参加培训、未持有任何操作证书就上岗操作，员工缺少必要的岗前安全培训。

(7) 政府监管部门监管不到位，随着供暖规模的扩大，负责监管的质量技术监督部门、安监机构、消防部门人力不足，分工不严密，监管存在盲区。

在目前的管理体制下，政府多个部门从不同分工介入供暖安全管理。锅炉属于特种设备，由劳动部门负责；供暖企业生产安全由安监部门监管；企业的防火安全由消防部门负责监管；住建部门(或市政部门)从主管供暖的角度参与供暖安全管理。

4.3.2 住宅小区供暖系统运行安全风险防控对策

全面提高供暖系统运行安全风险防控水平，需要各级政府机构、供暖企业、居民用户共同努力，全社会齐抓共管。

1. 政府管理部门

政府各职能部门应加强对生产、安装、运行等环节的监管，其工作要点如下：

(1) 做好供暖设备生产的监管，主要是对锅炉、压力容器等特种设备生产厂家的监督监管，确保质量。及时淘汰能源利用效率低、安全性能差的供暖设备。

(2) 做好对供暖设备安装、调试、维修单位的监管，以及对锅炉、压力容器等特种设备、燃气施工单位的监管。

(3) 安全主管部门应引导供暖企业建立健全安全管理体系，提高企业安全管理能力，并加强对供暖企业的安全管理监督检查，定期进行安全风险排查。

(4) 行业主管部门应做好行业监管工作，定期组织企业进行风险源分析，建立风险源台账，进行定期销项处理；对重大风险源、社会影响较大的风险源牵头协商解决；督促企业解决一般风险源。

(5) 社区积极参与辖区供暖风险隐患的排查，协助企业解决存在的问题。

(6) 加大对供暖企业的财政扶持力度，对采用新能源、新技术的改造提供财政补贴或奖励；对老旧管网、设备大修、设备更新给予财政支持，减轻企业负担。

(7) 政府各部门之间应加强工作协同，信息共享。

2. 供暖企业

供暖企业应承担起供暖风险管理主体责任，其工作要点如下：

(1) 建立健全安全生产责任制，逐级签订安全责任书，并实施责任追究。建立完备的设备安全、人员安全、防火安全、用电安全等安全生产管理制度，形成系统完善的设备运行规程和技术操作规程。

(2) 对通过风险评估找出的隐患，实行记入台账、整改销号制度。

(3) 建立并完善三级安全培训体系，全员进行安全培训，使“安全第一、预防为主”思想深入每位员工心中。建立符合企业需求的安全管理文化。

(4) 制订出现各种突发事故时的应急预案。

(5) 确保安全生产投入,明确安全就是最大的经济效益。

(6) 负责供暖运行的企业要提前介入,参与设计审查,严格进行工程验收,确保设备质量,确保验收合格。

(7) 每年供暖运行结束后,应对供暖系统进行一次全面的检修,为下期供暖系统正常运行做好准备。

(8) 居民自供暖的,物业公司应每年组织设备检测服务,及时发现问题。

3. 居民

居民用户作为供暖的最终使用者,要发挥主人翁意识,参与到安全风险防范中去,积极参加政府、企业对供暖隐患的排查工作,发现问题及时反馈。在装修时不改动供暖设备设施,在供暖上水打压时留人配合。供暖服务企业要建立与居民互动的信息平台。

4.4 住宅小区供电系统运行安全风险防控

电能是现代社会最基本的能源,也是住宅小区居民使用最多的能源。电和居民的生活息息相关,居民几乎时时刻刻离不开电,空调、电采暖、电磁炉、电饭煲要用电,电冰箱、电视、电脑、电风扇要用电,手机充电要用电,正所谓"一日无电,百事荒芜"。住宅小区的运行要依赖电,安保设备、消防设备、供水设备、电梯等都离不开电,可以说,现代住宅小区没有电会陷于瘫痪。因此,住宅小区供电系统运行管理的基本目标是提升其安全性和可靠性。

4.4.1 住宅小区供电系统的基本情况

住宅小区供电系统可以简单划分为3部分:供电设施,将电网高压电送入住宅小区;配电设施,根据住宅小区用户需要和分布,将电配送到各楼各户;用户端,如居民家中的电路、安全保护设备、计量设备。

1. 住宅小区供电管理模式

目前,住宅小区供电管理有物业公司管理、供电单位管理和混合管理3种模式。

(1) 物业公司管理。即住宅小区居民用电,公共电梯、供水、消防等设施供用电及设施运行维护由物业公司负责,与供电单位签订供用电合同,按变压器总计量表结算电费。

(2) 供电单位管理。住宅小区开发建设单位在按照设计方案完成变配电系统建设后,将其无偿移交供电单位,供电单位全权负责供用电设施的管理,当供用电设施出现问题时,由供电单位进行维修与处理,并且供用电日常的一系列管理工作也都由供电单位负责。

(3) 混合管理。即居民用电由供电单位抄表到户直接管理,而住宅小区公共电梯、供水、消防等设施供用电及设施运行维护由物业公司负责管理,住宅小区公共供电设施等属全体业主所有。[15]

2. 供电安全情况

随着变配电技术的进步，以及国家投资对城市电网进行大规模改造，许多城市对老旧住宅实施增容改造，住宅小区供电安全状况有了很大提升。然而，随着人们生活水平的提高，家用电器不断增加，大功率用电，如电采暖、家用中央空调、电磁炉等，也在逐步增加，居民用电量增长很快，住宅小区的供电设施不能满足目前居民用电负荷增长的需要成为普遍状态，电气故障、供电事故易发多发。就影响住宅小区公共安全而言，供电安全事故有如下 4 类：

(1) 电气火灾。近年来我国的社会用电量持续上升，由此带来的安全风险持续增加。从电气火灾的占比看，2020 年全年因违反电气安装使用规定引发的火灾共 8.5 万起，占总数的 33.6%，因目前还有 1 万起火灾原因尚未查明，预计后续该比重还将提高；其中，因电气引发的较大火灾 36 起，占总数的 55.4%。①

(2) 居民电器财产损害。除了居民自身的使用不当，有一部分损害来自变配电系统，如电压不稳、安全保护系统故障导致电器损害。

(3) 变配电系统故障对其他安全系统产生的不利影响。

(4) 在变配电系统维修和工程维修中发生的电气事故引发的人身伤害。

因此，加强风险防控，提升住宅小区供电的安全性和可靠性，防止安全事故发生，是住宅小区安全管理的主要任务之一。

4.4.2 住宅小区供电系统运行安全事故的成因

1. 电源配置方面

根据国家标准和相关规定，住宅小区高层住宅的消防等用电为一级负荷，应配置双电源供电，并配备自备应急电源，而实际电源配置许多未达到规定要求：①供电单位供电能力与供电电源达不到国家标准，无法提供双电源或只能将供电电源降格为同一变电站的不同母线的双回路供电；②开发建设单位为节省投资，未按供电单位制订的供电方案投资配置双电源，也未按供电单位制订的供电方案配置应急电源。电源配置不到位，一旦电网故障停电，一无备用，二无应急电源供电，势必影响居民生活安全。[15]

2. 供配电系统方面

(1) 住宅小区供配电系统单相短路。原因主要有：线路导线与保护装置配置不当，在导线过载运行时保护装置拒动，导致导线过热引起绝缘层损坏；系统线路及设备长期疲劳运行；外力因素导致导线绝缘层破坏；线路导线本身质量不过关以及开关设备开断能力不足；等等。如系统发生短路而保护装置没有及时动作，导线过热引起电气火灾，可能造成重大的经济损失。[16]

(2) 住宅小区供配电系统电压跌落。大部分的电压跌落问题发生于住宅小区的配电系统之中，主要是因为线路中的短路、变压器充电、电容器投切、感应电机的启动或者系统自动装置

① 2020 年全国火灾及接处警情况.应急管理部消防救援局，2021-02-01.

的动作而引起的。一般情况下,大负荷的投切或者感应电机的启动引起的电压跌落幅值较小,持续的时间较短,不会引起较大的事故或损失;在实际的住宅小区供配电系统中,危害最大的电压跌落主要是系统中电路的短路造成的,其传播距离较远而且电压跌落幅值较大。[16]

(3) 供配电能力未达标。由于住宅小区的用电需求量增长快,用电负荷也随之大幅度提高,但是有些设计人员忽略了这一问题,没有从供电实际情况出发,按原有条件设计,最终使得配电设施与住宅小区的实际用电量不相匹配,很大程度上降低了住宅小区供配电能力。[17]

(4) 电缆及其导体截面选择不符合规范要求。在对住宅小区的供配电进行设计时,最为关键的是配电电缆及其导体截面选择,这部分主要由设计人员通过专业经验及科学方法进行选择。应根据现实条件,选择能够承担最大用电负荷率的供配电系统。但由于资金等各种条件的限制,常会出现电缆截面偏小的情况。[17]

3. 供配电设施方面

供配电设施的使用年限一般为 15 年左右,而房产的使用年限为 70 年,二者差距大,需要多次改造或更换供配电设施,以保证住宅小区的用电安全。同时,供配电设施也会由于用电需求增长过快而需要改造升级。但由于各方的重视程度不够、资金不足和缺失筹资机制,某些设备因使用年限太长老化,小马拉大车易造成故障。

4. 供电设施运维方面

供电设施运维好坏,直接影响住宅小区的用电安全。供电设施运维安全风险主要体现在以下 4 个方面:①开发商或物业公司缺乏合格的运维人员,电气运维人员无相应作业证和专业技术,临时用工多,专业运维能力不够;②高压供电电源线路维护、巡查不到位,供电电源可靠性难以保证;③电气运维管理制度缺乏,相关技术操作难落实,违章作业,误操作,影响供用电的安全性和可靠性;④缺少维护资金,产权所有人维护资金不足,而物业公司是委托代管服务行为,不能定期开展预防性电气试验,对用电线路维护也是短期行为,致使存在的安全隐患不能得到有效整改。

5. 日常管理方面

日常管理方面的问题,首先表现在住宅小区在变更物业管理主体时,不按物业管理规定保存、移交相关的供用电技术资料、图纸,致使住宅小区供配电技术资料和图纸丢失或不全,影响日常的安全运维与应急处置。其次,应急处理机制落实不到位,缺乏日常运维值班人员,电与非电应急处理方案缺失。再次,应急电源缺乏日常调试管理,不能正常发挥作用。最后,安全工器具和消防器材不按规定配置与试验、高压电气设备及保护装置未按期进行预防性试验等也是住宅小区供电日常管理方面存在的问题。

6. 监管主体方面

对住宅小区供用电设施运维管理进行监管的有业主及业委会、供电单位、政府电力管理和安监部门,但现实中常常出现主体责任虚置的现象,其原因概括如下:

（1）住宅小区业委会是一个群体代表组织，现实中常常缺失或运行不正常，且难有专业技术人员，故难以承担相应的监管责任。

（2）供电单位是一个供电经营主体，与住宅小区的关系是电能买卖及提供相应服务的经济合同关系，是平等的法律主体，无行政管理职能，对住宅小区供用电安全检查发现的安全隐患，难以发挥督促整改的效能，仅起到告知的义务。而随着住宅小区规模与数量不断增大，供电企业难以对每个住宅小区进行定期的全面指导服务。

（3）政府电力管理和安监部门在法律上具有电力安全行政管理职权，但其主要精力放在电力生产和城市电网运行上，对住宅小区供用电安全的监管目前还未引起其足够的重视。[15]

4.4.3　住宅小区供电系统运行安全风险防控对策

1. 政府管理部门

政府电力管理和安监部门应提升对住宅小区供用电安全的重视程度，进一步规范住宅小区供用电管理模式，完善安全管理体系，明确安全职责，加强安全管理与执法，确保居民安居乐业。具体做法包括：

（1）总结实践经验，从法律上明确供电单位、物业公司、业委会在住宅小区供用电安全管理上的分工和责任，建立衔接机制。

（2）细化、完善住宅小区电力设施建设标准，规范电力设施建设。进一步试点并推广“新建住宅小区供配电设施配套费”模式，即按面积向开发商收取新建住宅小区供配电设施配套费，由政府实行专账管理，接受政府财政、审计和物价有关部门的监督，专款专用，对新建住宅小区实行供配电设施统一规划、统一标准、统一建设和统一管理；住宅小区供配电设施建成后移交给供电单位，由其承担新建住宅小区供配电设施的运行维护工作，将运行维护的责任前移，解决住宅小区用电可靠问题。这种模式可以解决住宅电力工程建设与运行维护主体一致性的问题，理顺住宅小区供配电设施产权纽带，住宅小区供配电设施资产从建设到运维的全生命周期管理由供电单位“终身”负责，避免住宅小区供配电设施后期运维中开发商缺位，也体现住宅小区供配电设施建设成本公平性，利于促进房地产业健康发展。但需要防止供电单位因垄断而产生的各种问题。[18]

（3）调查了解现阶段老旧住宅小区用电问题，根据其现状制订合理的政策补助机制，引导、扶持老旧住宅小区增容及系统改造。

（4）改进电力工程市场监管，扶持优秀企业，打破垄断。

2. 供电单位

（1）适当扩大供电单位的责任和服务范围。为住宅小区业主把好电源配置关；把好供电设施设计、施工、质量关，经验收合格方能送电；指导业委会加强对供用电设施运维的监管，帮助与指导物业公司建立运维制度，完善应急处理机制；不定期地开展服务检查活动，帮助排查安全隐患，督促整改，并配合政府相关执法部门安全执法，同时建立服务档案。

（2）配置住宅小区供配电监控系统。为了保证整个住宅小区供配电数据采集的一致性、控制的灵活性以及负荷的可调性，可以在每个单体建筑物内布设供配电的电力监控系统。采用电力监控系统，可以实现整个供配电控制硬件系统的模块化，从而提高整个供配电系统的安全可靠性；可以对整个建筑物的照明、空调以及动力电流模拟量和开关量的状态进行实时监控和调节，发现问题及时解决；可以大大降低供用电管理的工作强度。同时还可依靠供配电监控系统来实现电能的节约使用，其节能效果也是非常可观的。[16]

（3）进一步推广住宅小区供配电设施移交供电单位，由其承担住宅小区供配电服务和运行维护工作的模式。供电单位要按此配置资源，改善服务，努力降低成本。

3. 物业公司

在住宅小区配电用电由物业公司管理的运行模式下，要严格落实管理规程，加强日常管理。重点如下：

（1）严格执行供用电设施资料的管理。住宅小区供用电设施多且复杂，供用电设施技术资料、图纸是提高日常运维效率、提升应急抢险能力的重要基础。要实行责任制，保障资料的及时归档和完整性。

（2）加强值班运行管理，加大排查力度，及时发现安全隐患，及时更新设备，排除隐患，防止设备损坏或老化引起的短路事故。

（3）落实应急电源管理，定期对自备发电机、应急电源进行调试管理，做到定期有调试，急时用得上。

（4）加强运维电工培训和管理，运维电工上岗应具备进网作业证，应避免频繁更换电工，保持相对稳定，以提高人员对设备的熟悉度和正确操作与维护能力。

（5）加强主、备电源的倒闸操作管理。主、备电源设有自投装置，在正常情况下，禁止人为倒闸操作，特殊情况应有二人操作，一人监护，一人按程序操作。严禁双电源（回路）合环操作，防止误操作引起电网越级跳闸事故发生。

（6）建立应急处理机制，要有电与非电应急处理方案，对日常运维值班人员进行应急处理预演。

（7）配备相应的安全工器具和消防器材，确保工器具合格且满足需要。[15]

在住宅小区配电用电由供电单位管理的运行模式下，物业公司应做好相应的配合工作，同时还应承担一定的用电日常管理工作，除公共设施用电外，还包括住户的用电安全。供电单位与物业公司之间要形成有效的衔接配合机制。

4. 严格落实供配电系统的运维管理

（1）建立住宅小区供配电系统设施定期检查制度。住宅小区供配电系统在日常的运行过程中，不可避免地会产生这样或那样的问题。但是，通过科学合理的设施检修制度，可以极大地减小故障的发生率，尽可能地排除安全隐患。比如，物业公司定期配合供电单位进行供配电设施的预防性试验、安全运行检查，对隐藏在设施中的各种隐患及时发现、及时处理，将事故扼杀在萌芽状态，并可以根据设施的具体技术状况以及条件因素等,对设施进行性能以及运行状态的直观了解与革新尝试。[19]

(2) 发挥业委会的作用,对供配电设施运维情况进行监管,提出改进意见,督促安全隐患整改,防止设施线路维护短期行为。

(3) 建立运维资金的保障机制。

5. 采用多种方式加强用电安全知识宣传

采用多种方式加强用电安全知识宣传,及时披露住宅小区用电存在的问题,关注和提醒用电量较大的居民,保障居民用电安全,降低停电频次,减少安全事故。

4.5 住宅小区建筑防雷系统安全风险防控

4.5.1 雷电灾害和建筑防雷

1. 雷电灾害

雷电是大气中的自然放电现象,指天空中带有大量电磁的雷云层之间或云层向大地迅速放电,产生强烈的闪光,并伴有巨大的雷击声音。云层之间的放电主要对飞行器产生危害,云层对大地的放电则对建筑物和人畜危害极大。一般来说,雷电的破坏形式有三类。

(1) 直击雷,即雷电直接击在建筑物和设备上。建筑物易受直击雷的部位多为屋檐、屋脊、屋角、檐角、女儿墙,还有雷电侧击高层建筑的情况。直击雷所产生的灾害有两种形式:①当闪电击中建筑物天面或引雷装置(如避雷针、避雷网或避雷线),由此产生的跨步电压会对周围触碰到的人或动物造成生命伤害;②闪电击中建筑物或防雷装置后以强电流的形式沿着导电体向大地泄放,产生的电势差会危及电路周围可触碰到的生命和设备。

(2) 感应雷,即雷电流产生静电效应和电磁效应,分为静电感应雷和电磁感应雷。静电感应雷指当雷云来临时,地面上的一切物体,尤其是导体,由于静电感应,都聚集起大量与雷云极性相反的束缚电荷,在雷云对地或对另一雷云闪击放电后,云中的电荷就变成了自由电荷,从而产生出很高的静电电压(感应电压),其过电压幅值可达几万到几十万伏,这种过电压往往会造成建筑物内的导线、接地不良的金属物导体和大型的金属设备放电而引起电火花,从而引起火灾、爆炸,危及人身安全或对供电系统造成危害。电磁感应雷指在雷电闪击时,由于雷电流的变化率大而在雷电流的通道附近形成了一个很强的感应电磁场,对建筑物内的电子设备造成干扰、破坏,或者使周围的金属构件产生感应电流,从而产生大量的热而引起火灾。

(3) 雷电波侵入,雷电流沿电气线路和管道引入建筑物内部,危及人身和设备安全。

因为雷击在不同的功能区域,其风险组成不一样,所以将区域划分为建筑物外部区域和建筑物内部区域。建筑物外部区域主要为混凝土道路、绿化带、水域和活动区,特征是空旷且没有雷击防护措施;建筑物内部区域包括建筑物天面的雷电防护装置,以及室内的各种弱电系统(如消防系统、广播系统、门禁系统、电视电话系统、计算机网络、管道系统)。[20]

2. 建筑防雷

通常所说的防雷即预防雷电灾害，它是一种通过一些特殊的方式来应对雷击给建筑物以及建筑物内部物品造成损失的保护措施，通常的方式包括拦截、疏导、泄放。防雷广义上还包括对雷电和雷电灾害进行研究、监测、预警和预报，防雷物品的研发设计、生产、产品检测与性能认证，雷电防护装置的安装、调试和维护，防雷技术的风险评估，对雷电灾害进行的调查、鉴定与评估，等等。

建筑防雷是一项综合性的系统工程，主要包括对直击雷和雷电电磁脉冲的防护。建筑“防雷”如同“防洪”。像在防洪过程中，为了防御或减轻洪水的危害，需要采取引流和泄洪措施一样，在防雷工程中采取一系列技术措施的目的是为雷电流提供一条低阻抗泄入大地的通道，有效地把电流导入大地，同时还要防止雷击电磁脉冲通过“场”和“路”侵入，保护建筑物及其内部物件和人员的安全。

4.5.2 住宅小区建筑防雷系统的主要安全问题及其成因

就住宅小区而言，发生雷电灾害的直接原因主要有两个：①防雷系统的设计不合理、有缺陷，或者是防雷设备质量不合格，无法发挥作用；②防雷系统投入使用后，缺乏规范的保养维护，关键时刻无法正常工作。

在社会层面，由于雷电灾害发生较少，各方面重视程度普遍不够，民众对雷电灾害的了解少，防雷知识学习少。

在管理层面，我国的防雷工作由气象部门负责。根据气象系统的机构设置和职能分工，防雷安全工作大致包括防雷社会管理、防雷技术服务、雷电科研业务三大类。其中，防雷社会管理包括防雷装置设计审核和竣工验收两项行政许可、防雷法律法规的制（修）定与执行、社会防雷工程管理、资质资格管理、防雷产品管理、防雷宣传及媒体配合管理等；防雷技术服务与雷电科研业务包括防雷装置技术评价、新建建筑物防雷跟踪检测、防雷装置定期检测、防雷工程设计与施工、雷电预警预报、雷击风险评估、雷电科研新技术、新方法的研发与推广、雷灾调查与鉴定、技术规范的修（制）定等。[21]

存在的主要问题：尚未建成全国范围内的雷电监测网站，预测预报能力不够；县级气象防雷管理机构在技术能力上跟不上；制度建设尚待进一步完善；防雷产品的检测和认证监督力度不够。在住宅小区物业管理层面，防雷风险主要是认识不到位、能力不足、日常检查维护不严格。

4.5.3 住宅小区建筑防雷系统安全风险防控对策

（1）加强关于防雷安全的宣传教育，提升社会各方面对防雷工作的认识，提升民众对防雷知识方法的知晓程度。一方面，随着气候变化，我国极端气候状况频发，灾害风险增加。另一方面，随着技术进步，电子产品特别是以集成电路为核心的电子设备广泛使用，家用电器增多，这些设备的元器件集成度高，耐冲击电压、电磁脉冲干扰能力差，一旦遭受破坏，不仅造成的直接经济损失大，而且由此产生的社会影响也大。[22]因此，要采用各种有效方式，加强关于防雷安全的宣传教育，在中小学增加防雷知识课程，让人们了解防雷不仅仅是安避雷针，不仅仅是政府、物业公司的事，还涉及每个家庭对电子产品的使用、每个人外出的行为方式，大家必须建立自我防范意识和自救能力。

（2）各级政府要改进和加强对防雷工作的管理与监督。①把防雷工作纳入防灾减灾工作体系，统筹规划，统筹安排。要细化和完善相关制度，加强对住宅小区防雷工作的指导，明确各方责任，理顺关系，特别是要解决好资金筹措问题。②气象部门要扩大监测范围，完善监测体系，提升雷电预测预报能力和水平，为企业、为民众提供可靠、精准的雷电预报，为防雷工作的效能提升创造条件。③改进气象部门与安监、消防应急、住建等部门、社区的协同，形成信息共享、工作联动的平台。④制定政策，引导各方解决老旧住宅小区防雷设施陈旧、不达标问题，解决老旧楼房未装防雷设施问题。⑤严格执行防雷工程的监测和验收，包括对基础接地体的检测、引下泄流系统的检测、楼层之间接地体系的检测、需要设置防雷均压环的建筑物检测、不需设置防雷均压环的建筑物检测、建筑物主体结构完工时的检测、接闪系统的检测、浪涌保护器的检测，确保工程质量。

（3）严格执行防雷系统的日常维护和检查。由物业公司担负防雷系统的日常维护和检查责任，加强管理，建立年度系统性检查制度并严格执行，形成记录。具体做法包括：①防雷设备投入使用后，要建立管理制度。将防雷设备的设计、安装、隐蔽工程图纸资料、年度检查测试记录等及时归档，妥善保管。②应经常进行外部防雷装置的电气连续性测量，若发现脱焊、松动和锈蚀等，应进行相应的处理，特别是在断接卡或接地测试点处。③检查接闪器、杆塔和引下线的腐蚀情况及机械损伤，包括由雷击放电造成的损伤情况。若有损伤，应及时修复；当腐蚀部位超过截面的三分之一时，应更换。④测试接地装置的接地电阻值，若测试值大于规定值，应检查接地装置和土壤条件，找出变化原因，采取有效的整改措施。⑤检测内部防雷装置和设备金属外壳、机架等电位连接的电气连续性，若发现连接处松动或断路，应及时更换或维修。⑥检查各类浪涌保护器的运行情况，有无接触不良，漏电流是否过大，发热、绝缘是否良好，积尘是否过多，等等。出现故障，应及时排除或更换。

参考文献

[1] 孙柏瑛.安全城市 平安生活：中国特（超）大城市公共安全风险治理报告[M].北京：中国社会科学出版社，2018.

[2] 张东平.对电梯物业管理相关问题的思考[J].中国电梯，2008，19(22)：62-65.

[3] 陈海鹰，张东平.对当前电梯物业管理中有关问题的思考[J].中国电梯，2009，20(2)：66-69.

[4] 陶函.关于加强住宅小区电梯安全使用管理的若干建议[J].中国房地产业，2016(10)：130.

[5] 齐黎明，朱建芳，张跃兵.安全管理学[M].北京：煤炭工业出版社，2015.

[6] 国家质量监督检验检疫总局法规司.中华人民共和国质量技术监督法规汇编 特种设备安全监察分卷[M].北京：中国质检出版社，中国标准出版社，2012.

[7] 刁俊峰.二次供水管理模式分析与建议[J].给水排水,2015,41(9):18-23.

[8] 温超.居住小区室外给排水常见的问题分析[J].民营科技,2010(12):318.

[9] 程宇光,王涛.电缆中间头过热的危害及防范[J].黑龙江科技信息,2008(1):41,196.

[10] 左仲夏.城市二次供水系统水质管理模式浅析[J].水能经济,2017(12):178.

[11] 黄国如.城市暴雨内涝防控与海绵城市建设辨析[J].中国防汛抗旱,2018,28(2):8-14.

[12] 汪雯.龙头水不达标究竟谁的错?[N].南方都市报,2013-11-27.

[13] 国家质检总局特种设备事故调查处理中心.特种设备典型事故案例集[M].北京:航空工业出版社,2005.

[14] 中国职业安全健康协会.中国职业安全健康协会2010年学术年会论文集[M].北京:煤炭工业出版社,2010.

[15] 张跃武.浅谈高层住宅小区供用电安全管理及风险防范[J].低碳世界,2015(29):118-119.

[16] 李燕玲.住宅配电设计中易忽视问题思考[J].中国科技博览,2016(13).

[17] 陈亚东,杨长云,唐彦年,等.浅析居民住宅区配电管理存在的问题及其改进措施[J].山东工业技术,2018(21):205.

[18] 蔡维肖.浅谈住宅小区供配电设施建设与维护[J].中国新技术新产品,2013(19):135-136.

[19] 范臻.住宅小区供配电系统问题分析及解决对策[J].中国新技术新产品,2011(19):173.

[20] 刘少志.我国的雷灾与防雷[J].科技信息,2011(31):278,326.

[21] 陈晓元,刘凤姣,徐永胜,等.防雷安全工作风险管理初探[J].气象软科学,2011(6):39-45.

[22] 杨新.高层建(构)筑物雷电综合防护的分析[J].中国科技信息,2010(16):99-100.

5 城市住宅小区火灾风险防控

火灾是指在时间或空间上失去控制的燃烧所造成的灾害，是发生频率较高和时空跨度较大的一种灾害。火灾毁坏物质财产，直接或间接危害人们的生命，从而造成社会秩序的混乱。

《中国消防年鉴》中相关数据显示，近年来各类住宅发生的火灾数量一直居高不下，超过全年火灾总数的30%，有的年份超过40%，且造成大量的人员伤亡。住宅小区的防火安全已成为城市消防治理的重点之一，也同样是住宅小区公共安全的重点。

当前，国家正在进行消防管理体制的改革，本章将结合城市消防治理的转型，讨论住宅小区火灾风险防控。

5.1 住宅小区火灾事故现状

改革开放以来，我国经济与科技飞速发展，城镇化进程不断加快，城市规模与经济总量不断提高，人口不断增长，城市建设向集约化、紧凑化方向转型，传统旧时代的发展方式与产业结构发生了深刻的变化，并且伴随着大型CBD商圈、高层及超高层建筑、城市综合体的不断涌现，城市住宅小区也由原来的以低、多层建筑为主向高层建筑发展，城市运行系统日益庞大与复杂。由此也导致了火灾种类的增加、诱因的变化和增加、防范与救火难度的增加，城市防火安全进入一种更复杂的状态。在各方面的努力之下，近几年来我国火灾总体形势趋于平稳，但火灾发生的次数和损失仍居高不下，尤其是特大火灾和重大火灾时有发生，甚至发展成严重的群死群伤事件。

住宅小区的防火安全情况不容乐观。随着住宅小区规模的不断扩大和城镇人口占总人口比重的不断上升，各类家用电器的增长、用电量的快速增长直接导致因家庭用电设备故障、生活用火不慎、吸烟、儿童玩火等各类消防安全隐患引发的住宅火灾事故频繁发生。以《中国火灾统计年鉴》和《中国消防年鉴》为主要依据，2015—2019年全国居住类建筑火灾情况如表5-1所列。

表5-1 2015—2019年全国火灾情况统计

年份/年	火灾数/万起	伤/亡人数/人	直接经济损失/亿元	居住类建筑火灾数据统计	
2015	34.7	1 213/1 899	43.6	住宅火灾 11.4 万起，占比32.9%	住宅火灾死亡 1 319 人，占比69.5%

（续表）

年份/年	火灾数/万起	伤/亡人数/人	直接经济损失/亿元	居住类建筑火灾数据统计	
2016	32.4	1 093/1 591	41.3	各类住宅火灾 12.3 万起，占比 38.0%	住宅火灾死亡 1 183 人，占比 74.4%
2017	28.1	881/1 390	36	各类住宅火灾 11.0 万起，占比 39.1%	住宅火灾死亡 977 人，占比 70.3%
2018	23.7	798/1 407	37.75	居民住宅火灾 10.7 万起，占比 45.1%	住宅火灾死亡 1 122 人，占比 79.7%
2019	23.3	837/1 335	36.12	城乡居民住宅火灾 10.4 万起，占比 44.6%	住宅火灾死亡 1 045 人，占比 78.3%

从表 5-1 可以看出，2015—2019 年，每年全国接报火灾起数、伤亡人数、经济损失整体呈现出下降态势，说明我国对于消防安全的重视程度越来越高，消防水平也在不断提高。但在整体火灾损失中，居住类建筑的火灾起数、伤亡人数仍然占比较大。

根据公安部消防局的《2015 年全国火灾事故统计》，2015 年全年住宅火灾 11.4 万起，造成 1 319 人死亡，虽然该类火灾起数只占火灾总数的 32.8%，但死亡人数占总数的 69.5%，其中未成年人和老年人占总数的 58.2%。

根据应急管理部消防救援局发布的 2019 年全国火灾情况，城乡居民住宅火灾亡人占比大，电气因素及老幼病残等弱势群体应引起重点关注。2019 年，城乡居民住宅火灾占总数的 44.6%，共造成 1 045 人死亡，占因火灾死亡总数的 78.3%，远超其他场所死亡人数的总和。[1]

住宅小区火灾发生和蔓延成灾的原因多种多样，造成严重损失的火灾通常是多种因素共同作用的结果，主要包括以下 6 个方面。

(1) 用电不安全。部分住户疏于用电安全或缺乏用电常识，存在电器长时间通电、私拉乱接电线的现象，导致电气及线路故障引起火灾。例如，2019 年全国城乡居民已查明原因的住宅火灾中，有 52%系电气原因导致。①

(2) 部分居民火灾风险防范意识差，如动火做饭时离开时间过长、液化气使用后不及时关闭、燃放烟花爆竹、小孩玩火、烟头没有熄灭就随意乱扔等，因生活中的种种疏忽引发意外火灾。例如 2013 年 1 月 4 日 8 时 30 分，河南兰考县城关镇一居民楼发生火灾，截至 1 月 6 日，共造成 7 人死亡，1 人受伤。②

(3) 室内外装修保温材料选用不当。一些居民住宅室内装修一味追求美观，不顾防火安全，采用大量可燃易燃物，如木龙骨三合板或墙壁采用可燃软包，一旦起火会迅速蔓延成灾。例如 2010 年 11 月 15 日上海市静安区胶州路 28 层教师公寓特大火灾事故，现场使用大量尼龙

① 2019 年全国接报火灾 23.3 万件起.应急管理部消防救援局，2020-02-26.

② 兰考火灾：一个生命无法承受的社会之痛.环球网，2013-01-06.

网、聚氨酯泡沫等易燃材料，造成大火迅速蔓延至整栋大楼。

(4) 人为纵火。例如2017年6月22日的杭州保姆纵火案，4人被困火场，吸入一氧化碳中毒死亡，并造成该住宅室内精装修、家电、家具和邻近房屋部分设施损毁，鉴定财产损失共计257万余元。[2]

(5)“三合一”违规建筑存在火灾隐患。“三合一”建筑是指住宿与生产、经营、储存场所合建，由于生产经营类场所火灾风险较高，若不采取合规的防火分隔和人员疏散设施，生产经营类场所一旦发生火灾，极易造成住户伤亡和财产损失。例如2018年5月29日3时许，苏州市姑苏区三花二村一两层民房突发火灾，造成5人死亡，该民房就是典型的“三合一”建筑。①

(6) 工人在房屋施工改造期间违规操作。施工工人无证上岗、违规操作引起的火灾在新闻中时有报道。例如2010年11月15日14时，上海余姚路胶州路一栋高层公寓起火。公寓内住着不少退休教师，45个消防中队、1 300多名消防官兵经过奋战控制住了火情。大火导致58人遇难、70余人受伤。事故直接原因是无证电焊工违章操作，深层次原因在于装修工程违法违规、层层多次分包，导致施工作业现场管理混乱、抢工，违规使用大量尼龙网、聚氨酯泡沫等易燃材料，加之有关部门安全监管不力，造成了这一惨剧的发生。[3]

总体来看，我国城市防火安全最主要的矛盾是现有消防安全管理水平、管理能力与现代城市化发展要求不适应、不协调。在这种形势下，如何科学、宏观地认识城市住宅小区的火灾风险水平，如何系统、规范地评估其火灾风险，如何从战略高度积极有效地防范其火灾风险，是摆在我们面前的重要课题。

5.2　我国城市消防管理体系

消防管理体系是保障消防工作高效实施的重要支撑，本节首先介绍我国消防管理体制的改革变化，然后介绍消防体系的构成，最后以城市住宅小区为对象，介绍消防管理体系中各个参与方的职责。

5.2.1　消防管理体制

2018年3月13日，中共第十三届全国人大一次会议审议的机构改革方案指出，将公安部的消防管理职责和其他部门相关职责整合，组建应急管理部，作为国务院组成部门。中国人民武装警察部队消防部队、中国人民武装警察部队森林部队转制后，与安全生产等应急救援队伍一并作为综合性常备应急骨干力量，由应急管理部管理。新中国成立69年来，消防队伍始终是公安机关的一个警种，消防工作也是警务活动的重要组成部分。改革后，消防队伍不再具备“军、警”的身份，而成为“民”，消防工作纳入应急管理部。

经过此次改革，消防部门由原来集“审核员”“裁判员”“运动员”于一体到现在成功实现了

① 苏州姑苏区一民宅发生火灾 致5人死亡.新华网，2018-05-29.

“分身”，消防“审批、救援、监管”的主责部门发生转变，职责实现分离，消防管理体系专业化时代到来。工程建设项目的消防审批验收职责划归住房和城乡建设部；消防监督、火灾预防、火灾扑救等工作由应急管理部的火灾防治管理司指导；消防监督执法及消防救援则由消防救援局承担。在我国消防管理体制架构中，前端入口审批环节、过程消防安全监管环节和后端应急救援环节分别由不同的部门和队伍负责，体现了“专业的人做专业的事”的管理思路。

(1) 建设阶段，住房和城乡建设部负责建设工程消防设计审核、消防验收、备案和抽查职责。自消防体制改革后，2019 年住房和城乡建设部在全国开展全流程、全覆盖的工程建设项目审批制度改革，指导地方统一审批流程，通过精简审批事项和条件、下放审批权限、合并审批事项、调整审批时序、转变管理方式、推行告知承诺制等措施，完善审批体系，努力实现“一张蓝图”统筹项目实施、“一个系统”实施统一管理、“一个窗口”提供综合服务、“一张表单”整合申报材料、“一套机制”规范审批运行。[4]

(2) 使用阶段，消防保障工作由应急管理部各部门分工负责。应急管理部火灾防治管理司主要职能为组织拟订消防法规和技术标准并监督实施，指导城镇、农村、森林、草原消防工作规划编制并推进落实，指导消防监督、火灾预防、火灾扑救工作，拟订国家综合性应急救援队伍管理保障办法并组织实施。应急管理部风险监测和综合减灾司负责火灾监测预警工作，主要职能为建立重大安全生产风险监测预警和评估论证机制，承担自然灾害综合监测预警工作，组织开展自然灾害综合风险与减灾能力调查评估。应急管理部消防救援局负责组织指导火灾预防、消防监督执法以及火灾事故调查处理相关工作，依法行使消防安全综合监管职能；组织指导社会消防力量建设，参与组织协调动员各类社会救援力量参加救援任务；组织指导消防安全宣传教育工作。

(3) 灭火阶段，应急管理部负责管理消防救援队伍、森林消防队伍两支国家综合性应急救援队伍，承担相关火灾防范、火灾扑救、抢险救援等工作，设立消防救援局、森林消防局，分别作为消防救援队伍、森林消防队伍的领导指挥机关。

5.2.2 消防体系构成

我国的消防体系按照“政府统一领导、部门依法监管、单位全面负责、公民积极参与”的格局目标来构建，包括如下 4 个部分：

(1) 政府管理体系，包括消防救援队伍体系。

(2) 技术标准体系，我国结合目前经济社会发展，建立了一整套包含消防规划、消防设计、消防验收、消防监督等的技术标准体系，以保证工程建设达到一定的消防安全水平。这一体系以社会消防科研机构、设计机构为支撑。

(3) 生产服务体系，包括防火产品的生产厂商，消防工程设计、施工单位，专业消防技术服务机构，保险公司，等等。

(4) 社会责任体系，按照消防法规的要求，社会的每一家单位都负有消防义务和责任，都需要投入适当的人力、财力来落实火灾风险防范、应急救灾的准备，以保护自己的安全和利益。

5.2.3 住宅小区消防管理体系

为提高城市住宅小区消防安全管理水平，预防和降低火灾事故危害，保护人民生命、财产安全，许多城市人民政府根据《中华人民共和国消防法》《住宅物业消防安全管理》等相关法律、法规、标准，结合地方特点，制定了居民住宅物业消防安全管理办法(表 5-2)，对政府部门、社区、物业公司、居民在消防工作中的职责进行划分，明确权利义务和工作机制，构建住宅小区消防管理体系。

表 5-2　　部分城市住宅消防管理相关制度

序号	发布机构	名称	发布时间
1	上海市人民政府	《上海市住宅物业消防安全管理办法》(沪府令 55 号)	2017 年 7 月 18 日
2	长沙市人民政府	《长沙市住宅物业消防安全管理办法》(长沙市人民政府令第 137 号)	2018 年 10 月 27 日
3	广安市人民政府	《广安市人民政府关于印发〈广安市高层住宅物业消防安全管理办法〉的通知》(广安府发〔2019〕23 号)	2019 年 12 月 13 日
4	北京市人民政府	《北京市城镇居民住宅防火安全管理规定》(北京市人民政府令第 30 号)	1995 年 11 月 16 日

以《上海市住宅物业消防安全管理办法》(沪府令 55 号)为例，其对政府及其相关部门，街道、社区、居委会，物业服务企业，业委会，业主、物业使用人等各个层级的职责进行了明确[5]，具体如下。

1. 政府及其相关部门

区人民政府应加强对本行政区域内住宅物业消防安全管理工作的领导，组织实施有关住宅物业消防安全的政府实事工程并提供财政保障，督促区人民政府有关部门和街道办事处、乡镇人民政府履行住宅物业消防安全管理职责。

市公安局是本市住宅物业消防安全管理工作的主管部门。市、区公安机关消防机构对住宅物业消防安全管理实施指导和监督。公安派出所对辖区内住宅物业消防安全管理进行日常监督检查。

住房城乡建设管理部门配合公安机关及其消防机构，对物业服务企业履行住宅物业消防安全责任进行行业指导和监督。

城管执法部门在其职责范围内，做好与住宅物业消防安全相关的执法工作。

规划国土资源、民防等部门按照各自职责，做好住宅物业消防安全相关工作。

2. 街道、社区、居委会

(1) 街道办事处、乡镇人民政府应将住宅物业消防安全管理纳入基层社会治理和城市网格化综合管理范围，协调和处理辖区内住宅物业消防安全管理综合事务和纠纷。

(2) 居(村)委会主要职责如下：①指导和监督业委会履行消防安全责任；②协同业委会监督物业服务企业实施消防安全防范服务事项；③组织制定防火安全公约，进行防火安全检查；

④对所在区域内的孤寡老人、残疾人、瘫痪病人等行动不便人员登记造册;⑤组织开展以物业服务企业员工为主体,业主、物业使用人参与的志愿消防管理和志愿消防宣传等志愿消防活动,根据需要建立志愿消防队;⑥法律、法规、规章和消防技术标准规定的其他消防安全任务。

对尚未选聘物业服务企业且未组建业委会的住宅小区,居(村)民委员会应当组织业主、物业使用人做好消防安全工作。

3. 物业服务企业

物业服务企业应当履行下列住宅物业消防安全责任:

(1) 实施物业服务合同约定的消防安全防范服务事项。

(2) 制定并实施管理区域的消防安全制度、操作规程和消防档案管理制度,实行消防安全责任制,组织物业服务企业员工消防安全培训。

(3) 定期开展管理区域内共用部位的防火巡查、检查,消除火灾隐患,保障疏散通道、安全出口、消防车通道畅通,保障消防车作业场地不被占用。

(4) 定期进行管理区域内共用消防设施、器材及消防安全标志的维护管理,确保完好有效。

(5) 制定灭火和应急疏散预案,定期开展消防演练,根据需要制定针对管理区域内的孤寡老人、残疾人、瘫痪病人等行动不便人员的应急疏散预案。

(6) 落实消防控制室管理制度,发现火灾及时报警,积极组织扑救,并保护火灾现场,协助火灾事故调查。

(7) 督促业主、物业使用人遵守消防安全管理规定。

(8) 配合公安派出所、居(村)委会和业委会开展消防安全工作。

(9) 法律、法规、规章和消防技术标准规定的其他消防安全责任。

4. 业委会

业委会应当履行下列住宅物业消防安全责任:

(1) 督促业主、物业使用人履行法律规定的义务。

(2) 监督物业服务企业实施消防安全防范服务事项。

(3) 支持居(村)委会承担消防安全任务,并接受其指导和监督。

(4) 制定对业主、物业使用人的用电用气安全等消防安全知识宣传教育和年度消防演练计划。

(5) 按照相关规定和约定,审核、列支、筹集专项维修资金用于共用消防设施的维修、更新和改造。

(6) 法律、法规、规章和消防技术标准规定的其他消防安全责任。

5. 业主、物业使用人

业主、物业使用人应当履行下列住宅物业消防安全义务:

(1) 遵守住宅小区临时管理规约、管理规约约定的消防安全事项,执行业主大会和业委会有关消防安全管理的决定。

(2) 按照规划国土资源部门批准或者不动产权属证书载明的用途使用物业。

(3) 配合物业服务企业或者业主自行管理机构做好消防安全工作。

(4) 按照规定承担消防设施维修、更新和改造的相关费用。

(5) 做好自用房屋、自用设备和场地的消防安全工作,及时消除火灾隐患。

(6) 法律、法规、规章和消防技术标准规定的其他消防安全义务。

5.3 住宅小区防火安全存在的主要问题

随着城市建设的不断发展,城市居民对生活质量和改善居住环境的要求与日俱增,城市住宅小区的防火安全成为居民最关心、最需要解决的问题。本节整理了城市住宅小区防火安全存在的主要问题,包括规划建设、基础设施、物业管理、居民意识、政府管理五个方面。

5.3.1 规划建设方面存在的问题

要保障住宅小区防火安全,首先要从源头抓起,做好住宅小区消防规划建设至关重要。基于规划建设角度,目前住宅小区防火安全存在以下三个问题。

1. 整体规划不合理或规划实施不严格

一些住宅小区的整体规划不合理,或者规划虽然合理,但是规划实施过程不严格。住宅小区道路的安排、管线的敷设、绿植的配置等都会给灭火救援带来阻碍。另外,管线的不合理敷设,如电缆、燃气管道、热力管道等的不规范敷设,会造成严重的消防事故。其他一些不规范的行为,诸如零星小建筑的无序建设,也会对建筑物的防火间距产生影响。诸如上述现象的存在,将影响住宅小区的消防安全环境,降低消防安全系数。

2. 消防设施配置先天不足

一些住宅小区内的市政消火栓数量存在问题,不能达到每 120 米设一个的消防标准要求。现存的消火栓也存在一定问题,比如设置不规范、部分消火栓被遮挡、无明显标志、年久失修、线路腐蚀等。[6]

3. 防火间距不足、消防通道不畅通

住宅小区的零星无序建设是导致防火间距不足的主要原因,特别是在一些老旧的住宅小区内部,在住宅小区建成投入使用后私搭乱建或违规零星建设的情况时有发生,如储藏室、车棚、热交换站、配电室等的搭建,以及停车管理不当的情况,不仅缩小了防火间距,还严重影响了消防车的通行。[6]

5.3.2 老旧住宅小区消防基础设施方面存在的问题

老旧住宅小区是住宅小区防火安全监控的重点,尤其在北京、上海等大城市。目前,老旧住宅小区的消防基础设施问题主要为以下三点：

(1) 相当一批老旧住宅小区由于建设年代较早，防护标准低，耐火等级较差，已不适应现代防火要求，但由于资金筹集或空间结构方面的限制，没有进行升级改造。

(2) 消防设施老化，消防器材不能及时更换，消防设施配套严重不足，如住宅小区水喉压力不足，用于高层火灾施救的设备落后，给火场抢险带来阻碍。

(3) 变配电设施、电路的承载能力跟不上居民用电需求的增加，跟不上各种大负荷家用电器(如电暖气、电磁炉、空调)的增长，长时间超负荷运行，配电设施和线路易超载短路而引发火灾。

5.3.3 物业公司消防管理方面存在的问题

根据相关的法律法规，我国住宅小区目前的日常消防管理和设施维护应该由物业公司承担，但实际上，部分物业公司存在专业能力不足、履职不到位等问题，给防火安全带来一定的隐患。[7]

1. 物业公司专业能力不足

物业公司发展迅速，缺少长期的管理经验积累，部分负责消防管理的人员专业素质水平不高，流动性较大，不能及时发现和整改存在的火灾隐患，已发现的火灾隐患上报领导层后得不到物业公司的重视。长此以往，消防配套设施处于无人监管的状态。很多住宅小区成立的业主大会，基本流于形式，不能及时了解和监督消防管理情况，致使物业公司不重视消防管理。

2. 物业公司责任意识不强

部分物业公司重经营轻安保、重眼前轻长远、重修补轻维护，精力、人力、财力、物力多被投在物业经营、费用收取、环境卫生、治安防范和普通的水电维修等方面，忽视了对公共消防设施的日常维护和消防安全日常检查。物业公司内部消防安全制度不完善、机构不明确、职责不清晰，消防值班、巡查、维护失位、缺位，出现问题相互推脱，不能主动实施管理。

3. 物业公司维护资金缺乏

按照《中华人民共和国物权法》及有关规定，物业公司实施消防管理所需费用主要来自业主交纳的物业服务费，物业服务收费遵循合理、公开以及费用与服务水平相适应的原则。然而在实际生活中，物业公司提供的服务常不能满足业主要求，服务质量与物业收费不成正比是纠纷的核心所在。作为业主，往往采用拒交物业费的维权手段，长期积压、欠费给物业公司造成较大压力，使其不得不缩减开支、压缩管理项目，造成服务质量降低，从而产生恶性循环。另外，商品住宅、售后公有住房住宅等虽有住宅专项维修资金，可用于共用部位、公共设施设备保修期满后的维修、更新和改造，但其使用条件和程序较为复杂，能够成功动用住宅专项维修资金在现实中并不多见。缺乏资金，物业公司对一些隐患问题的整改也是有心无力。

5.3.4 部分居民防火意识方面存在的问题

居民的消防安全意识直接决定着火灾隐患发生的概率。现实情况是，居民对公共防火安全基本知识及应承担的法律责任认知普遍偏低，邻里意识淡薄。相关调查发现，居民住宅、宿舍火灾在火灾总数中占比较高，而电器、电路布线、用火不慎和吸烟又是诱发火灾的重要源头，说明部分居民防火安全责任观念淡薄，消防安全知识贫乏。部分居民不良的生活习惯给住宅小区的防火安全带来很多隐患，如乱拉乱改电线、楼道堆物、卧床吸烟、电器使用混乱、煤气管线和排油烟机管线老化等，造成很大的火灾风险，高层住宅小区风险尤甚。

5.3.5　政府消防管理方面存在的问题

政府在消防安全管理方式上依赖传统的行政动员和“运动式”管理，造成消防管理难以形成制度化的长效机制。我国消防管理的常规制度不完善，存在大量的“盲区”和“缝隙”，随着城市大规模扩张，这种潜在的风险越来越大。消防管理惯常采用“运动式”管理方式，上级机关或根据火灾发生数量和火警形势严峻程度，或根据刚刚发生的重大火灾事故，命令、要求进行消防安全专项整治行动，依靠行政性命令集中指挥，大规模调集资源，动员各方力量“齐抓共管”，一时间投放大量人力、物力、财力，围绕专项任务，清理排查，挖出死角，促使火灾发生率在短期内快速下降，收到成效。然而，在专项行动之后，各方面的应对开始松懈，隐患和火灾数量逐步回复上升，出现“整治—降低—反弹—再整治—再降低—再反弹”的循环。这种“运动式”的管理方式，一方面，治标不治本，无法从根本上消除导致火灾的风险因素，致使同样的问题反复发生；另一方面，弱化了包括法制在内的制度建设能力，降低了消防管理理性的、系统性的思考，增加了管理的非规范性，抑制了规范化的制度创立和严格执行的文化培养。[8]

5.4　住宅小区火灾风险防控对策

住宅小区管理涉及关系复杂，火灾风险无时不有、无处不在。如果不进行合理防范，火灾风险在一定条件下就可能演化为突发的、影响较大的紧急事件，产生负面的社会影响。本节以问题为导向，就加强住宅小区火灾风险防控提出改进措施。

5.4.1　重视并做好住宅小区消防规划

加强城市住宅小区消防安全建设，首先要从源头抓起，做好建筑消防安全规划工作。对于新建的住宅小区一定要进行严格的消防规划，主管部门要严格把关，注重消防设施的部署以及消防通道的规划，做好规划工作将会大大减轻之后的监督检查工作。

城市消防规划主要包括消防安全布局、消防站、消防供水、消防通信、消防车通道、消防装备等内容，作为上位规划，应从以下 7 个方面对住宅小区的外部消防环境进行梳理，并与住宅小区消防规划相衔接。

1. 城市总体布局

旧城区中影响城市消防安全的工厂、仓库，必须纳入近期改造规划，有计划、有步骤地采取限期迁移或改变生产使用性质等措施，消除人员密集住宅小区的不安全因素。

2. 城区改造

原有耐火等级低且相互毗连的建筑密集或大面积棚户区类的住宅小区，必须纳入城市近期改造规划，并采取防火分隔、提高耐火性能、增大防火间距和开辟消防车通道等措施。

3. 居住区布局

（1）居住区消防规划的目的在于按照消防要求，结合城市规划，合理布置居住区和各项市政工程设施，满足居民购物、文化生活的需要，提供消防安全条件。

（2）在综合居住区及工业企业居住区，可布置无污染、噪声小、占地少、运输量不大的中小型生产企业，但最好安排在居住区边缘的独立地段上。

（3）居住区住宅组团之间要有适当的分隔，一般可采用绿地分隔、公共建筑分隔、道路分隔和自然地形分隔等。

（4）居住区的道路应分级布置，要能保证消防车驶进居住区内。最小道路路面宽不小于4 米；尽端式道路长不宜大于 200 米，在尽端处应设回车场。在居住区内必须设置室外消火栓。[9]

（5）液化石油气的储配站要设在城市边缘。液化石油气供应站可设在居住区内，每个站的供应范围一般不超过 1 万户。供应站如未处于市政消火栓的保护半径内，应设消火栓。

4. 消防给水

（1）居住区消防用水量，应按同一时间内的火灾次数和一次灭火用水量确定。同一时间内的火灾次数和一次灭火用水量应按照《建筑设计防火规范（2018 年版）》（GB 50016—2014）的规定确定。

（2）消防给水管道管径、消火栓间距应当符合《建筑设计防火规范（2018 年版）》（GB 50016—2014）的规定。市政消火栓规格必须统一，拆除或移动市政消火栓时，必须征得当地公安消防监督机构同意。

（3）原有消防给水管道陈旧或水压、水量不足的，供水部门应当结合供水管道进行扩建、改建和更新，以满足城市消防供水要求。

（4）大面积棚户区或建筑耐火等级低、建筑密集的住宅小区，无市政消火栓或消防给水不足或无消防车通道的，应由城市建设部门根据具体条件修建消防专用蓄水池，其容量以100～200 立方米为宜，水池保护半径为 150 米。[10]

5. 消防车通道

街区内应当合理规划建设和改造消防车通道。消防车通道的宽度、间距和转弯半径等均应符合有关规范要求，保证消防车辆通行畅通无阻。

6. 旧城居住区消防规划

（1）维修老旧住房，提高耐火等级。一般应根据住房结构类型的不同、损坏程度、日照通风条件等决定维修或翻建方式，提高住宅小区建筑的耐火等级。

(2) 改善居住环境,增加防火间距。应拆除旧居住区中搭建的杂乱棚屋或其他简陋的临时建筑,通过一定的分割和清理障碍,调整院落和户外空间,增加防火间距,同时也可改善居住区的环境卫生和日照、通风条件。

(3) 整顿道路,满足消防要求。旧居住区的道路往往简陋、狭窄、弯曲且不畅通,应有计划地进行疏通和铺设;同时在控制规划道路红线的前提下,通过裁弯取直、扩宽打通、封闭废弃、改变道路性质等方法来调整和改善道路系统,满足消防要求。

(4) 结合调整、增设公共设施,解决消防用水。在旧居住区逐步建设完善的给水系统,保护或改造原有水井,调整、增设公共消火栓、路灯、公厕、垃圾箱等,采取适当新建或利用旧房加以改建的办法。

(5) 调整用地布局,降低火灾危险程度。旧居住区的工厂、仓库等单位用地应做适当调整,可根据其火灾危险程度、污染程度、生产发展情况等,按城市或地区用地的规划调整,采取保留、合并、迁移等办法,统筹安排。[11]

7. 住宅小区层级的消防规划

(1) 建立防火小区的理念,从整个规划区域出发,合理设置防火分隔,搭建安全防火疏散体系。规划消防疏散廊道、联络安全岛、安全公园、安全医院等防灾场所,结合消防和其他灾害防御要求规划建设主干道,形成疏散通道。

(2) 提高建筑物的耐火等级,降低火灾发生和蔓延风险。住宅小区应建造一级、二级耐火等级的建筑,控制三级耐火等级的建筑,严格限制四级耐火等级的建筑。

(3) 优先整治高人口密度、重点历史街区、高密度商贸区等火灾危险系数大的区域,构建消防安全保障体系。合理布局公共建筑、居住区、各类市政设施,确保整个规划区域符合防灾空间布局要求。

(4) 在灾害综合防御理念指引下完善消防规划,搭建反应迅速的应急系统,注重多灾种应急协调配合,多单位主动出击,避免多灾种防灾减灾与消防规划的重复建设。减少中间环节,促进城市住宅小区的应急消防救援体系功效最大化,减少损失。

5.4.2 消除老旧住宅小区的火灾安全隐患

老旧住宅小区由于建设年代久远,设施设备老化,加上管理不力,消防基础设施损坏比较严重,已经成为火灾危险区域。政府应大力实施老旧住宅小区综合改造工程,把老旧住宅小区的整改纳入城市综合治理建设当中,落实计划、资金和相应的人员,做到有能力、有责任、有计划地开展工作。对于老旧住宅小区应进行详细调研,广泛地收集信息,对于存在火灾安全隐患的区域,该翻新的翻新,该拆除的拆除。

(1) 要制定系统的引导政策,特别是资金筹措机制,调动各方参与老旧住宅小区改造的积极性。要安排适当的财政资金支持、推动改造工作。要把防火、建筑安全等其他安全改造综合起来考虑,与节能、环境治理统筹起来,节省投资,实现效益最大化。

(2) 通过调研摸清底数,对住宅小区的消防设施开展一次全面摸排,登记造册,确定老旧住宅小区需要消防提升改造的点位。

(3) 突出改造重点。如对老旧住宅小区的室外消防管网进行改造,增加消火栓;实施供电系统升级;对电动车充电设施进行改造,增加充电点位。

(4) 适当增加停车位,缓解私家车引发的消防问题。

5.4.3 加强住宅小区消防建设的规范性

住宅小区在建造伊始,就应当重视消防设计和施工,发生火灾时,合理规范的建筑防火设计能够很好地阻碍火势的发展,保障人员安全。建筑防火设计常用的法律法规、标准规范如下:

(1)《中华人民共和国消防法》;

(2)《建设工程消防监督管理规定》;

(3)《建筑设计防火规范(2018 年版)》(GB 50016—2014);

(4)《民用建筑电气设计标准》(GB 51348—2019);

(5)《消防控制室通用技术要求》(GB 25506—2010);

(6)《生物质成型燃料锅炉房设计规范》(NB/T 10240—2019);

(7)《自动喷水灭火系统设计规范》(GB 50084—2017);

(8)《消防给水及消火栓系统技术规范》(GB 50974—2014);

(9)《建筑防烟排烟系统技术标准》(GB 51251—2017);

(10)《火灾自动报警系统设计规范》(GB 50116—2013);

(11)《火灾自动报警系统施工及验收标准》(GB 50166—2019);

(12)《电气火灾监控系统》(GB 14287—2014);

(13)《气体灭火系统施工及验收规范》(GB 50263—2007);

(14)《消防联动控制系统》(GB 16806—2006);

(15)《建筑灭火器配置设计规范》(GB 50140—2005)。

在建造过程中,建筑消防工程施工容易受到技术、人员、设备、材料等因素的影响,任何一个环节出现失误都可能导致整个消防工程出现问题,影响整个消防工程的质量。为了更好地确保建筑的整体防火能力,提高消防工程的质量水平,必须重视和加强消防工程施工问题分析,并及时提出科学的解决措施进行整改;必须加强工程监管,保证工程质量;必须严格进行工程验收,有效防止防火设施设备带病运行。

5.4.4 理顺并完善住宅小区消防安全机制

根据目前住宅小区的实际情况,依据现行消防标准规范及相关条例,本小节从消防职责、监督机制、消防队伍、职业培训、物业管理、宣传教育、智慧消防等七个方面对住宅小区的防火安全机制进行分析。

1. 明确细化各方消防安全职责

在部门监管上，消防、住建等部门应加强沟通、协同，出台明确的物业公司消防安全管理标准，包括各岗位消防安全职责、消防组织机构、消防制度、消防宣传与演练、消防巡查、火灾隐患督促整改等，便于操作。在物业服务合同范本中应将消防安全管理的内容细化，确保各方职责的履行。

依据相关法律规范，强化物业公司在住宅小区消防安全工作中的主体地位，细化其职责范围，具体如下：制定消防安全制度，落实消防安全责任，开展消防安全宣传教育；开展防火检查，消除火灾隐患；保障疏散通道、安全出口、消防车通道畅通；保障公共消防设施、器材以及消防安全标志完好有效。消防安全服务应该成为物业公司的必备服务项目。[12]

强化部门监管。应急局、消防大队等政府部门平时要不定期开展集中检查整治活动。发现住宅小区及沿街店铺存在乱搭乱建、乱堆乱放、电动车违规停放与乱充电等现象，及时清理整改，对拒不整改的采取行政强制措施督促其整改到位。落实住宅小区消防安全巡查，重点巡查现有消防设施的管控、消防通道的畅通、电瓶车的有序停放情况，有效降低消防安全隐患。

2. 加强街道、社区管理监督机制

住宅小区消防建设重点是建立社区消防服务网络，使消防融入社区，进入家庭，切实预防和减少火灾事故的发生。要高起点、高标准、高质量完善社区消防管理机制，建立、健全消防管理组织，夯实社区消防工作的群众基础，促进社区消防建设的全面落实。[13]

(1) 消防设施设备完好是做好火灾防范工作的重要基础。加强住宅小区消防基础设施以及灭火装备、器材的建设，各类住宅小区必须根据自身的人口、面积、规模以及环境等因素配套相应的消防基础设施、装备以及器材，以达到消防自救的要求。

(2) 将住宅小区的防火工作纳入各有关部门的考评之中，从根本上改变以往仅由公安机关消防机构一个部门管理的落后局面，形成齐抓共管的态势。比如在考评居委会时，有监督管理辖区住宅小区的物业公司的内容；考评公安机关时，有要求公安派出所履行《消防监督检查规定》中兼职消防监督工作的内容。负责物业行业管理的部门要把消防履职纳入监管范围。将消防安全工作纳入街道、社区的网格化管理之中，责任落实到人。街道、社区要加强对住宅小区动态化常规防火安全工作检查，保持管理压力，保证各项管理措施的落实。

(3) 加强对物业公司的监督，严格进行责任追究。街道、社区、消防机构要切实加强对住宅小区物业公司的检查，如果发现其不履行职责义务，没有把消防设施纳入目标管理内容中，没有进行日常的检查以及维护保养，出现了违反消防法律法规的情形，有责任责令物业公司进行整改，如经责令仍不整改的，可依据各自职权范围对其进行相应的教育和处罚。通过严格执法，解决物业公司在住宅小区消防设施维护管理方面不力的问题。

3. 组建多种形式的消防队伍

消防工作重在防患于未然，难点也在防患于未然，消防工作不能完全依赖消防部门，需要各个方面尤其是住宅小区居民全员参与，建立多种形式的消防队伍，这将有效地弥补消防队远离住宅小区、警力不足等问题。

（1）责任单位视其管理、服务范围的大小，以及防火安全的状况，建立专（兼）职消防管理人制度。可以依托消防部门，招聘一些专业消防员，主要负责登记其管辖区域所有重点单位，并对其进行定期检查。遇到重大节日要进行每日巡查，做到不放过任何一个火灾隐患点的地毯式排查。平时还应对管辖区内的消防器材进行养护和修理。督促清除住宅小区道路和消防通道内存放的杂物以及影响消防设施发挥功能的因素，如消火栓、消防通道周围的车辆等，保持消防通道的畅通。

（2）组建社区、住宅小区的消防志愿者队伍。

4. 加强职业培训

加强对社区民警、社区安全委员会成员、社区义务消防人员、物业公司负责人、物业公司消防管理人员的消防业务培训，使他们了解防火安全的形势变化，掌握消防安全检查的基本方法，了解家庭防火的基本内容和注意事项，提高消防技能，为住宅小区消防管理工作打实基础。

5. 提高物业公司的消防管理能力

物业公司的管理能力对住宅小区消防安全起着关键作用，良好的物业管理能力能够维护保障未发生火灾时消防设施的安全运行，是住宅小区居民生命财产安全的保证。

（1）提高物业公司的准入门槛。要明确规定物业公司必须配备一定数量通过消防专业培训的消防专业技术人员，并把此作为发放物业公司运营执照的条件；还可以考虑建立物业公司安全管理服务（包括消防）资质认定考核制度。

（2）加强对物业公司的监督管理。消防监督部门应该把加强对物业公司的管理作为今后消防管理的一项经常性工作。与建设、房管等部门之间建立信息通报制度，建立物业企业履行消防安全职责信息公开制度，运用市场手段推动优胜劣汰。

（3）统一维护保养技术标准。借鉴消防安全重点单位管理模式，物业公司也要定期向消防部门报告建筑消防设施维护保养的状况。

（4）提高物业公司从业人员消防业务技能，建立持证上岗制度。物业公司必须从提高从业人员自身业务素质方面入手，通过参加消防部门的集中培训和自我学习，努力提高综合技能，提升消防设施的维护管理水平。

（5）加强法制建设，理顺物业公司与业委会的关系。一方面，要进一步明确二者的法律责任和制约措施。《中华人民共和国消防法》第十八条明确了住宅小区的物业公司的消防安全管理责任，但是物业公司受雇于业委会，目前对业委会的法律责任规定还是空白；第六十七条对物业公司的法律惩戒措施较弱。另一方面，要明确消防设施的维保资金来源。可以通过地方立法或制定政府法规文件的方式，将消防设施维护保养、更新及接入城市远程报警监控系统的费用纳入大修基金和物业费支出的项目内，从而解决资金来源问题。[14]

6. 加强和改进消防安全的宣传教育，提升居民防火安全意识和能力

公众参与是防火安全治理的重要环节，也是“短板”。如何让社区、居民有动力、有能力参与到火灾风险防范之中，从消防安全服务使用者和消防安全维护者的双重视角来认知自己的主体责任，对住宅小区火灾风险防控具有非常重要的意义。[8]

(1) 要把住宅小区作为消防安全工作的基本单位，面向居民开展消防培训教育，把公共场所作为消防宣传的重点，通过宣传栏、宣传画和网络多媒体等形式普及消防安全法律、法规和科普知识，推进消防社会化进程。

(2) 要利用微信等信息网络技术，建立信息交互平台，收集居民对住宅小区消防工作的意见，动员居民随手拍、找弱点，及时回应居民的关切，回答居民提出的咨询；同时，发布防火提示，公开住宅小区消防工作情况，开展网上培训。

(3) 开展火场逃生演练和灭火训练，演练消防设施的使用和保养，也可以请消防部门对一些常见火灾风险源的识别及处置措施、逃生技巧进行宣讲，增强居民对火灾消防的了解，提高居民应对常规火灾事件的能力和火灾逃生的能力。

7. 实施住宅小区“智慧消防”建设

(1) 构建动态火灾数据监控体系。在“智慧消防”建设进程中，要重点围绕“智慧消防”构建全面的消防体系。在消防物联网建设推广背景下，必须增加社会力量投入，加强对物联网技术的运用，构建起动态火灾监控网络，促使住宅小区部署消防远程监控系统，从而构建动态火灾数据监控体系，最终建立起一个更加全面的物联网感知网络体系。

(2) 开展消防大数据平台建设。在消防大数据平台建设中，加强对消防业务中各类消息内容以及数据信息的整合和处理，并且将各个社会单位基础数据以及各部门的消防管理数据充分结合在一起，促使消防大数据平台建设更加标准、全面化，并最终形成协调统一的“消防数据云”。消防大数据平台体系可以为消防管理部门开展城市消防工作分析、消防安全管理以及消防处理提供充足的信息和平台支持。[15]

(3) 建立消防风险评估体系。通过智慧消防平台，及时获取实时消防信息，获取历史消防数据，对其进行动态追踪，从而实施深入的风险分析。同时，对城市消防运行中可能出现的风险作出及时的科学判断。此外，通过对消防风险进行科学评估，能提前做好消防能力布防，能够灵活应对可能出现的各类消防风险。

5.5 典型案例：兰园小区火灾风险防控调查分析

5.5.1 兰园小区概况及火灾风险分析方法

本案例分析的住宅小区共有 25 栋多层住宅楼，楼层为 6 层，砖混结构；住户 1 686 户；地理

位置及周边环境如图 5-1 所示；小区实施物业管理。

图 5-1　兰园小区地理位置

组建专家小组，通过实地走访调研及问卷统计分析方法，从消防布局及消防设施合规性、消防设施实际使用状况、生活服务区火灾隐患、居民消防意识、消防宣传教育、消防管理、特殊群体及致灾因素 8 个方面，展开火灾风险分析，并针对存在的实际问题，提出解决方案。

5.5.2　火灾风险分析与解决措施

1. 消防布局及消防设施合规性

1）室外消火栓设置

兰园小区共有室外消火栓 17 个，其分布如图 5-2 所示。通过实地查看和作图分析，该小区的消火栓布置不存在大的问题，但主干道未设置消火栓，会造成使用上的不方便。

根据《建筑设计防火规范(2018 年版)》(GB 50016—2014，以下简称《建规》)，室外消火栓压力应满足最不利点消防用水要求。根据不同小区的楼层高度，确定各小区的室外消火栓栓口压力。经计算，该小区的消火栓栓口压力应为 0.36 兆帕。专家小组聘请专业机构对消火栓栓口压力进行测量，将压力测试结果汇总(表 5-3)。其中，1 号消火栓未能打开，其压力状况未知，其他均符合标准。

图 5-2　兰园小区室外消火栓分布

表 5-3　　兰园小区消火栓栓口压力测试结果

编号	消火栓形式	型号	栓口压力/兆帕	所需压力/兆帕	是否符合规范要求
1	地下	—	—	0.36	未知
2	地下	SA100/65	0.41	0.36	符合要求
3	地下	SA100/65	0.39	0.36	符合要求
4	地下	SA100/65	0.40	0.36	符合要求
5	地下	SA100/65	0.39	0.36	符合要求
6	地下	SA100/65	0.42	0.36	符合要求
7	地下	SA100/65	0.40	0.36	符合要求
8	地下	SA100/65	0.40	0.36	符合要求
9	地下	SA100/65	0.41	0.36	符合要求
10	地下	SA100/65	0.42	0.36	符合要求
11	地下	SA100/65	0.39	0.36	符合要求
12	地下	SA100/65	0.40	0.36	符合要求
13	地下	SA100/65	0.39	0.36	符合要求
14	地下	SA100/65	0.39	0.36	符合要求
15	地下	SA100/65	0.38	0.36	符合要求
16	地下	SA100/65	0.40	0.36	符合要求
17	地下	SA100/65	0.40	0.36	符合要求

根据《建规》,建筑的室外消火栓设置地点应设置相应的永久性固定标识。专家小组在调查中发现,该小区室外消火栓未设置醒目的永久性固定标识。

2）室外消火栓布置间距

根据《建规》,室外消火栓的间距不应大于 120 米,此条规定主要保证沿街建筑能有两个消火栓的保护。图 5-3 中圆圈半径为 60 米,圆圈相交则说明两消火栓布置间距小于 120 米。从图 5-3 可以看出,该小区建筑周围的室外消火栓之间的布置间距均不大于 120 米,在发生火灾时能同时有两个相应的室外消火栓提供水源保证。

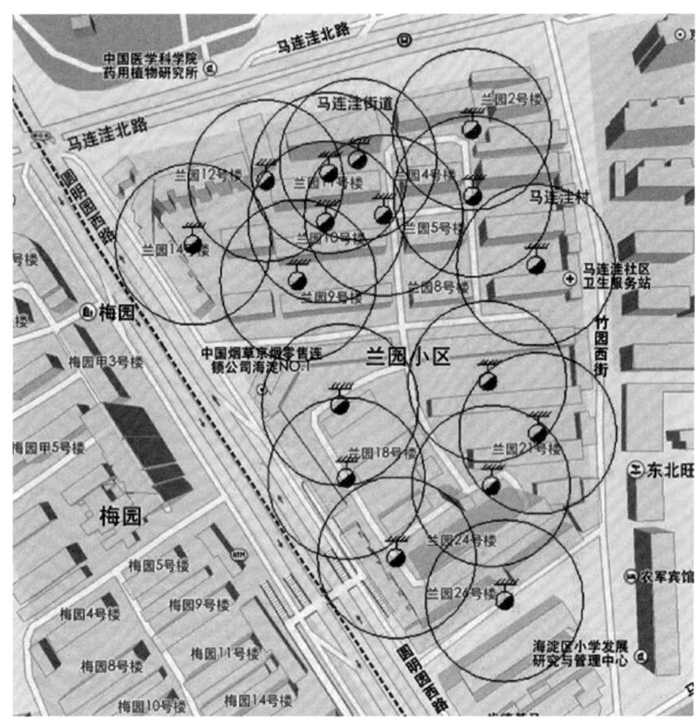

图 5-3　兰园小区室外消火栓布置间距

3）室外消火栓保护半径

根据《建规》,室外消火栓的保护半径不应大于 150 米,此条规定主要保证对消防车的供水。图 5-4 中圆圈半径为 150 米,该小区中消火栓保护半径圈都能相交,覆盖所有建筑,满足规范要求。

4）耐火等级和防火间距

根据《建规》,低/多层民用建筑的耐火等级不做严格限制。由于该小区比较老旧,建筑结构多为砖混结构,为提高评估的可靠性,将建筑的耐火等级定为三级。

三级耐火等级的民用建筑之间的防火间距不应小于 8 米。专家小组对该小区建筑的防火间距进行测量,将小区建筑防火间距作图,如图 5-5 所示。

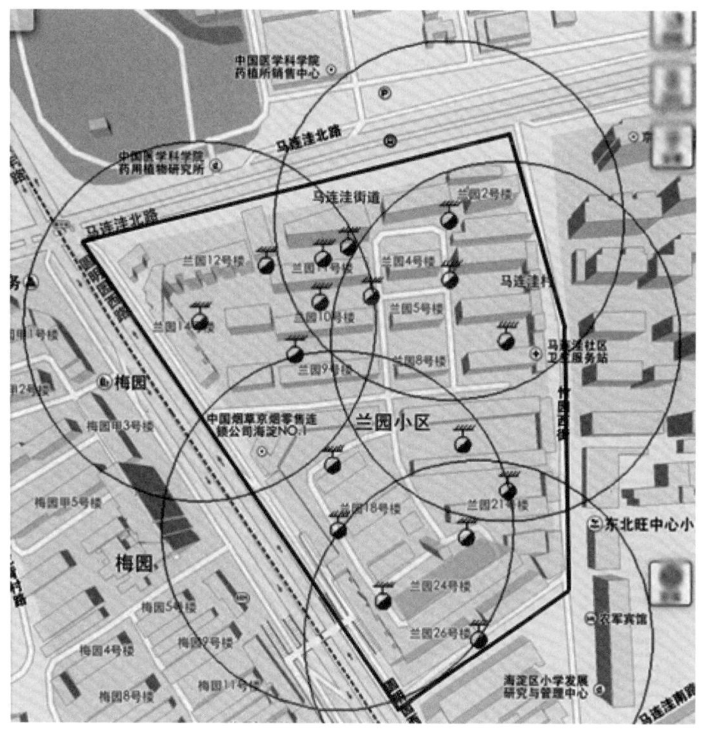

图 5-4　兰园小区室外消火栓保护半径示意

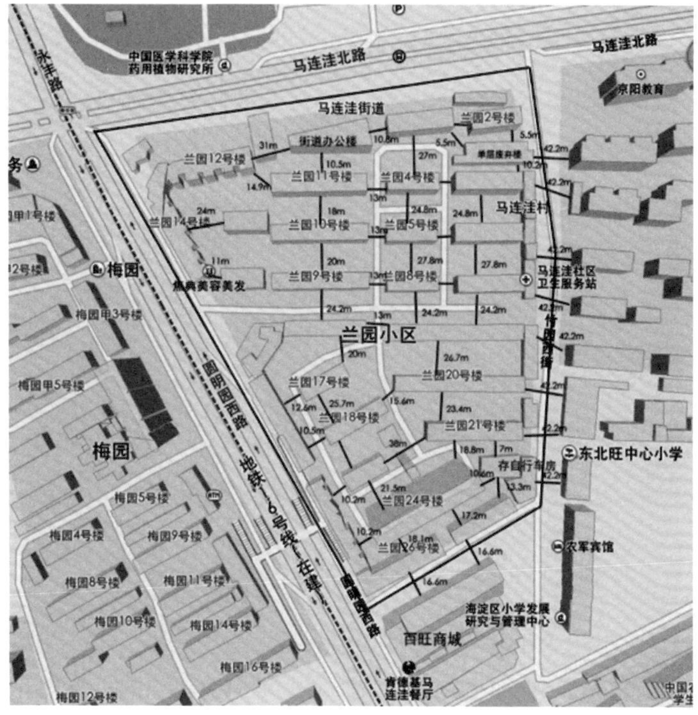

图 5-5　兰园小区防火间距示意

该小区周边商铺多，使用性质复杂，且有部分小饭店存在。商铺火灾荷载较大，一旦发生火灾，极易扩散蔓延至居民楼，造成人员伤亡及财产损失。小区东侧与两层公共建筑相接，公共建筑用途主要是居委会、卫生服务站、商场、饭店，不符合规范要求。小区六层街道办公楼与东侧居民楼防火间距仅 5.5 米，不符合规范要求。

该小区防火间距出现问题的原因主要有两个：一是建筑建造时间不同，适用的《建规》版本不同，对防火间距的要求也就有所不同；二是不少建筑在改变使用功能时没有及时按照相关规范要求做出消防工程的调整。虽然这些问题是历史遗留下来的，但也必须积极采取措施予以解决，否则会大大增加火烧连营的可能性，造成更大的损失。应将防火间距不足的建筑列为消防重点巡查部位；在防火间距不足的建筑附近设置灭火器集中布置点，以便在发生火灾时能够迅速扑救。

5）消防车道

根据《建规》，街区内的道路应考虑消防车的通行。专家小组对该小区需评估建筑周围的消防车道进行测量，测量结果显示小区内的消防车道宽度均符合要求。

2. 消防设施实际使用状况

1）消防车通道

现状与问题。在实地调研中发现，该小区不同程度地存在着占用甚至堵塞、封闭消防车通道的情况，尤其是在下班后车辆集中回到小区时，占用情况相当严重。测量发现小区消防车通道的平均宽度约为 5 米，一般家用车辆的平均宽度为 1.7 米，一般灭火用消防车宽约2.5 米，也就是说若车道两侧停放私家车，所剩宽度仅为 1.6 米，消防车根本无法通过。消防车通道被占用、堵塞(图 5-6)，致使消防车不能顺利进入小区，延误最佳灭火时间甚至无法抵近灭火，给扑救工作带来很大困难。

(a) 情形一

(b) 情形二

图 5-6　兰园小区消防车通道被占用、封堵

解决措施。加强对小区室外停车的管理，杜绝占用消防车通道停车，在消防车通道入口设置指示牌，严禁封闭消防车通道；加强关于消防车通道常识及法规的宣传教育；为物业配备一辆简易消防车，以便发生火灾，大型消防车无法进入时，能快速扑救火灾。

2）室外消火栓

现状与问题。实地测试中发现，虽然消火栓压力都达到规范要求，但也存在消火栓无标识或标志不清晰，以及栓口锈蚀打开困难的问题。小区修建时间久远是导致消火栓性能出现问题的原因之一，但更主要的原因还是物业公司缺乏对室外消火栓的维护保养。一旦发生火灾，不能顺利启动消火栓供水，将会使居民的生命财产安全遭受更大的损失。

解决措施。根据《建规》相关要求，建筑的室外消火栓应设置相应的永久性固定标识，建议用醒目的颜色装饰；如果室外消火栓在停车场，应该有不被车辆压住的措施，如设置防护栏杆或醒目标识；建议小区物业公司每季度对消火栓进行维护保养，并指派专人实施，将责任落实到人。

3. 生活服务区火灾隐患

现状与问题。兰园小区西侧临街住宅楼一层全为商铺，东侧一墙之隔为两层商用楼房，南侧一街之隔为综合性商城，这些为居民日常生活提供服务的商业点包括餐馆、商店、电器维修中心、培训中心等，小区内部住宅还开设有餐馆、美容美发室等。这些场所的设置确实在很大程度上为居民的日常生活带来了便利，但同时这些场所的存在大大增加了该小区的火灾危险性，主要体现在增加了用火用电的时长和用量、火灾荷载这两方面。这些场所一旦发生火灾，极有可能蔓延到邻近的住宅小区，给居民的生命和财产安全带来威胁。

解决措施。将底商列为消防日常巡查重点对象，加强消防日常巡查；在小饭店的厨房设置气体泄漏报警装置。

4. 居民消防意识

现状与问题。部分居民消防意识淡薄，不少人根本不会使用消防器材，更不了解遇到火灾时应当如何自救。缺乏行之有效的消防演练和宣传教育途径是导致居民消防意识不够完善的主要原因。社区消防工作必须要依靠每一位居民的积极参与才能真正搞好，一旦居民由于自身缺乏相关消防常识和消防法律意识而忽视了消防这一环节，那么单单依靠政府职能部门和物管公司的有限人力资源是不可能将消防工作落实到家家户户的，也就无法从根本上搞好消防工作。

解决措施。加大小区消防安全教育资金投入，健全小区消防安全教育机制；街道办、社区和物业联合消防安全机构加强对居民的消防安全教育。

5. 消防宣传教育

现状与问题。没有固定工作的居民、退休在家的老年人群、学龄儿童群体接受消防宣传教育的途径相对较少，所接受到的内容也不够系统、完整，主要表现在以下 3 个方面：

（1）居民的消防安全意识普遍淡薄，对火灾的偶然性及严重性危机感不强，认为消防安全与自身生命财产安全关系不大。许多居民把消防工作看作是消防部门、街道办事处、居委会等的事，对消防宣传视而不见或不当回事，更有甚者找各种借口不参加消防知识培训，给消防宣传教育带来了很大的障碍。

（2）消防宣传教育经费不足。在调查中，物管公司提出经济上确实有困难这一问题，这是由于在消防经费的开支上出现了“重硬件、轻软件”的现象。

(3) 消防宣传教育机制有待完善。小区消防安全教育是居民接受消防宣传教育最直接的途径，需要各方积极参与，尤其需要建立一个社会化消防宣传教育体系，使在小区内普及消防知识成为居民日常活动的一部分。

解决措施。每季度举办一次消防安全知识讲座，如火灾逃生知识讲座、家庭防火知识讲座、灭火器具使用讲座等；制作消防宣传板报，开设消防宣传画廊，张贴消防宣传标语，如消防安全常识二十条、消防安全“四个能力”建设等宣传画报，并经常更换宣传的内容；根据实际条件和需求，组织播放消防宣传影视作品；每半年由社区和公安消防机构组织消防安全竞赛活动，如消防安全知识竞赛和灭火技能竞赛；每年组织参观消防站点、消防博览馆，可以使居民更真切地体会到消防安全的重要性；每半年联合消防队开展消防演练，增强居民的逃生自救能力；街道办、居委会和物业公司协商解决经费问题。

6. 消防管理

现状与问题。调研中发现，该小区物业公司制订了相应的消防检查方法、火灾扑救方案等规章制度。但是，由于所有安全保卫人员均身兼数职，没有足够的时间和精力从事消防工作，而且这些人员往往并不具备足够的知识、技能胜任消防管理工作。受从事消防工作的人员不固定、人数少以及经济条件的制约，小区消防工作还没有形成长期有效的机制，往往停留在纸上，无法落实到实践当中。

解决措施。①社区、物业公司要确定消防安全管理人，上岗前组织培训并考核，考核合格后方可取得资格。②组织居民制定防火安全公约，根据需要建立志愿消防队和消防巡查队伍；建立消防工作例会制度。社区各单位、社区管理各组织应当制定和实施消防工作例会制度，明确定期召开社区消防工作会议的时间、地点、参会人员以及需要研究决定的事项等。遇到重大事项由社区居委会主任临时召集会议。关系社区消防安全管理的重大事项应当列入消防工作例会进行研究表决或决定。[16]由于社区有很强的自主性，很多工作都是实行自治管理，因此消防工作例会研究决定的重大事项，应及时向群众公开，接受群众监督，并发动群众参与消防安全管理工作。③对辖区单位的消防安全检查，每年不少于一次；居民委员对居民住宅楼院、居民住宅通道的消防巡查，每月不少于一次；物业公司对居民家庭应随时进行防火提示；社区消防巡查队伍建立 24 小时消防巡逻制度，对辖区进行经常性的消防安全巡逻检查。

7. 特殊群体

1) 老年人

现状与问题。调查显示，部分老年人对家庭基本灭火常识的掌握不够完整全面；相较于其他年龄段的群体，老年人自愿参加消防宣传教育、消防疏散演练和义务消防队的积极性是最低的。在调研中物管公司反映，老年人常参加的讲座以保健养身类为主，活动则主要是歌舞、戏曲、棋牌等，几乎没有涉及消防安全的讲座，即使有消防安全的宣传、讲座，也很少有老年人去关注。老年人作为弱势群体，在一定程度上存在着体质下降、遇事反应迟钝的情况，并且会频繁地接触火、电，容易引起火灾。大多数老年人救火避难能力减弱，发生火灾后造成伤亡的概率大大增加。另外，许多老年人听力、视力减弱，一些老年人重病缠身，瘫痪在床或记忆力丧失，这些行为能力很差的老年人面对突发火灾往往束手无策，火灾蔓延扩大的危险性很大。

解决措施。一是摸清辖区内老年人的情况，建立完善的档案台账，定期组织开展消防安全检查，发现隐患，及时消除。二是为独居老人家中配备简易家用灭火器并安装可燃气体报警器。

2）租户

现状与问题。小区内不少住宅租赁给来京工作的各类务工人员及周围大学的学生居住，这部分住户大都基于暂住于此的心态，对住宅内的电器、电气线路等不加爱护，尤其是群租户，私拉乱接电线、超负荷用电的情况严重，给小区火灾的发生埋下了隐患。

解决措施。定期对租户进行防火安全检查，及时清除火灾隐患；房东与租户签订出租房屋消防安全协议书。

8. 致灾因素

1）现状与问题

（1）电线老化、私拉乱接。调研中发现，小区室外电线老化严重，有些电线的外皮破损，金属丝裸露在外，许多电线密密麻麻、纵横交错，存在私拉乱接的现象。这是由于该住宅小区的建造时间较久，最早的建造于20世纪50年代，建造时间较晚的也是20世纪90年代，电线老化严重，很容易造成电线短路、过载，从而酿成火灾。

（2）阳台、楼前、楼道堆放大量杂物。调研中发现不少居民将报纸、纸箱等可燃物堆放在阳台上或是楼前的空地上，增加了火灾荷载，同时也为火灾蔓延提供了通道。通过分析调查问卷发现，34%的居民反映其所住居民楼内楼梯间有堆放杂物的现象。这些现象都是由于部分小区居民缺乏足够的消防意识以及物业公司未及时制止而产生的。一旦发生火灾，火势将难以被控制在一定范围内，从而造成危害的扩大。更重要的是小区内的建筑均采用一个单元一部疏散楼梯的形式，对于每一位居民来讲，只有唯一的一部疏散楼梯、一个安全出口，如果底层发生火灾点燃楼道上堆放的杂物，那么楼上各层人员将难以从楼梯顺利疏散。

（3）家庭内可燃物多，火灾荷载大。小区内一些居民的家装采用了大量可燃材料，如三合板、高分子材料等，吊顶、墙面、地面等装修材料也多为可燃物。同时，现代家庭各类家具齐全、种类繁多，加上各种生活用品、可燃织物如窗帘等，使单位面积的火灾荷载显著增加。越来越多的居民只顾追求装修材料的新颖美观，忽视了家庭防火，无形中增加了居民家庭火灾荷载。一旦发生火灾，势必会造成较大财产损失。

（4）家装防护栏影响人员疏散逃生。调研中发现，大多数家庭都在窗户上安装了防护栏，这在防盗上似乎起到了一定的作用，但对火灾逃生却是一个非常大的隐患。火灾立体蔓延时，防护栏致使屋内人员无法通过窗口逃生，同时也阻碍消防队员进入救人。

2）解决措施

（1）对建筑内部的电线和用电设备进行检查，将独居老人列为重点，防止因电器线路和设备引发火灾。将老化的、容量过低的电线及时更换;及时治理私拉电线现象,使线路尽量走近路、直路;家用大功率设备的电源必须设有单独的过载保护装置。

(2) 为每栋楼配置灭火器,经计算建议每栋楼配置两具灭火器,统一放置在一楼;并根据需要情况,建议给每户居民配备一套消防应急包。

(3) 居委会和物业公司对所有居民楼的楼道进行定期检查。占用疏散通道、私自安装入户门的通知居民清理;无主的,由居委会或物业公司负责清理。要求居民在阳台不乱放杂物,防止外来火源引起火灾。

(4) 由物业公司主管,设立小区消防器材放置点。占有一定面积,由专人负责,放置灭火器具等常用消防器材,并可停放简易消防车,以便于统一管理。

(5) 针对窗户防护栏,应采取以下两种方案解决疏散问题:大型的防护网(栏),应在中间开小窗门并上锁;小型窗户防护栏在安装上可采取像安装门一样的做法,左右侧开或向上开启并上锁。这样既能起到防护作用又不影响美观,一旦发生火灾,也便于室内人员自救和消防救护人员迅速开启使用。[17]

5.5.3 专家小组的综合建议

针对该小区在消防安全方面存在的问题,从风险防控和体系建设的角度,专家小组提出下述综合性建议。

(1) 改善消防硬件设施。消防硬件设施主要包括室外消火栓、灭火器、火灾自动报警设备、其他家用消防器材等。消防硬件设施既是小区防火的基础资源,也是灭火应急处置的前提条件。目前消防硬件设施存在的主要问题是室外消火栓缺少有效标识、灭火器配备不足、缺乏火灾报警手段、居民家中无任何应急消防设备。

针对上述问题,应由街道牵头,会同居委会和物业公司,协商解决资金需求,逐步解决硬件设施存在的问题:定期对室外消火栓进行检查、维护,确保其状态良好;增设室外消火栓固定标识,并确保位置恰当、清晰明显;配备选型正确的手提式灭火器,并设置灭火器集中布置点;通过宣传、倡议等方式,建议各住户自备家庭常用消防器材,如小型厨房灭火器等;根据物业归属权,建议商业用房配置火灾报警设备,或为底商配置相应设备;根据小区经济状况及居民意愿,建议安装与火灾自动报警系统联动的门禁系统。

(2) 排查整改火灾隐患。该小区存在的主要火灾隐患包括:居民乱停车堵塞消防车通道;现有消防设施损坏、标识不清(室外消火栓);室内用电较混乱,存在电线私拉乱接现象;疏散通道内乱堆杂物,堵塞通道;窗户设置固定护栏,影响逃生;小区内乱丢烟头现象严重;部分现有建筑防火间距不足。

针对上述问题,街道应协同居委会、物业公司进行火灾隐患的详细排查和彻底整改:社区组织宣传教育专项活动、设置宣传展板等,向居民介绍火灾隐患的危害,督促居民自行整改;加强物业职能、强化小区管理,严禁私家车乱停乱放、堵塞消防车通道;清除消防车道周围影响作业的灌木、高空广告板等障碍物；社区与街道协同解决现有消防设施的损坏和标识不清问题；社区加强宣传和检查，杜绝居民乱接电线和超负荷用电问题；物业公司加强巡查，及时清除堵塞楼梯间等疏散通道的杂物；强化居民消防意识，改造影响火灾逃生的固定式防护窗；物业公司加强管理和处罚，杜绝小区内乱丢烟头现象；物业公司采取相应措施弥补防火间距不足问题。建立消防隐患台账，实行销号管理，责任落实到单位，落实到人，以确保整改到位。

(3) 提高居民消防安全意识。居民的消防安全意识对火灾后果的严重程度起着重要影响。通过问卷调查发现，小区居民对消防安全问题关注程度不高，住户消防安全意识普遍比较淡薄。

针对该问题，街道应协同社区，制订可操作性强的消防宣传、教育、演练方案和具体的实施计划，定期在社区内开展消防安全知识讲座、制作消防宣传板报、张贴消防宣传标语漫画、播放消防安全题材影视作品等，并定期联合消防部门开展消防演习、消防安全技能培训观摩等演练活动，切实提高居民的消防安全意识和应急处置能力。

(4) 健全消防安全工作运行机制。完善的消防安全工作运行机制是最大限度降低火灾发生频率和最大程度减少火灾损失的有力保障。针对街道的现状，健全、完善消防安全工作运行机制可以从以下三个层面入手：

第一，从社区(物业公司)入手，解决居民小区日常消防安全管理问题。以社区和物业公司为主导，小区居民共同配合，组织居民(业委会)制定防火安全公约，确定具体的消防安全管理人和消防安全责任人；建立物业公司和小区居民代表共同参与的消防安全工作例会制度，定期通报小区火灾情况、安全检查存在的问题等，共商解决问题的方法和下一步工作方案；组织相关人员定期进行防火检查，尤其是对重点危险部位及消防车通道和人员安全疏散通道的日常巡查；与租户签订消防安全协议书；等等。

第二，从街道入手，协调人力、物力资源，完成各社区间重大联合消防安全活动。以街道为主导，统一调配资金和人力资源、统一制订活动方案和实施计划，定期组织形式多样并易于接受的消防安全宣传教育活动，营造积极向上的活动氛围，各社区联手为提高居民消防安全意识而努力；街道牵头与消防部门联合共建，定期邀请专业消防技术人员和中队指战员，为街道各社区开展消防安全技能培训和演练，切实提高居民应急能力；街道协调各方资源，对现有消防设施状态进行检查，解决硬件消防设施存在的问题，并建立、健全消防设施的定期检查、维护制度，实行专人专管、专项资金支持。

第三，上级主管部门提供支持帮助，协调各部门完善消防应急运行机制。街道根据消防安全需求，向上级主管部门职能机构建议，进一步完善突发事件(火灾)应急处置体系，建立社区、街道与消防部门一体化应急响应机制，制订完善的应急预案，从而在火灾发生时，物业公司、街道、消防队能够以最快的速度有效响应。

(5) 行为方案。根据现存问题对消防安全的影响程度及解决的紧迫性，将问题划分为紧急、急、一般三个等级；根据问题解决方案操作的难易程度及责任者，将解决方案划分为操作、协调、建议三个区间。操作类方案表示可行性高，小区可独立完成或在街道的支持下完成；协调类方案表示可行性较高，需街道与其他职能部门协调统一完成；建议类方案表示可行性一般，需上级主管部门协助，或需较多资金支持，个别由小区建议、需用户自愿完成的项目也被划分为建议类方案。

由此，对各类消防安全问题及其解决方案进行分类匹配，把解决小区消防安全问题的行动方案划分为五类：

① 紧急—操作类：该类行动方案主要以社区、物业公司为主体，重点为保证室外消火栓的完好可用、配备种类适宜的灭火器、确保消防车道畅通、保证人员疏散通道畅通、消除小区内潜在火源等。

② 急—操作类：该类行动方案亦主要以社区、物业公司为主体，部分工作需在街道的帮助下完成，主要工作为开展有效的消防宣传工作、制定防火安全公约、建立社区消防安全制度等。

上述两类行动方案可由街道主导，社区和物业公司作为责任主体，尽快开展工作、具体执行。

③ 紧急—协调类：该类行动方案以街道为执行主体，重点工作为统一协调资金、人力等，完善、增设必要消防设施，建立制度和专项资金支持。

④ 急—协调类：该类行动方案的执行主体仍为街道，需要相关职能部门协同支持，主要工作为街道统一配发消防宣传资料、与消防部门协调定期组织消防演习和消防技能培训等。

上述两类行动方案由街道向上级主管部门申请资金或尽快与相关职能部门联系，推动工作开展。

⑤ 急—建议类：该类行动方案主要由街道或社区发起建议，并由相关人员或部门完成，重点为建议住户自备家用消防器材、在资金允许的情况下为小区安装与火灾自动报警系统联动的门禁系统、向上级主管部门建议建立社区、街道、消防部门一体化的应急响应机制等。

第⑤类行动方案仅由街道向住户或上级主管部门提出建议，住户根据情况自愿完成或上级主管部门联合相关职能部门推动工作开展。

根据上述分类，该小区应集中力量优先开展“紧急—操作类”和“急—操作类”行动方案，然后积极开展“紧急—协调类”和“急—协调类”行动方案，最后努力促成和配合“急—建议类”行动方案的实施。通过整改方案的落实，消除隐患，将消防安全的红利惠及小区每一位居民。

参考文献

[1] 应急管理部消防救援局办公室.2019年全国消防安全形势总体稳定 大火为历史上最少年份之一 消防救援队伍处警量再创新高[J].中国消防，2020(1)：13-15.

[2] 杭州“保姆放火案”被告一审被判死刑[N].当代生活报，2018-02-10.

[3] 刘宇霞，康丽琴，苏红梅.危机管理理论与案例精选精析[M].北京：清华大学出版社，2016.

[4] 国务院办公厅.国务院办公厅关于聚焦企业关切进一步推动优化营商环境政策落实的通知：国办发〔2018〕104号[A/OL].(2018-10-29)[2018-11-08].http://www.gov.cn/zhengce/content/2018-11/08/content_5338451.htm.

[5] 上海市住宅物业消防安全管理办法[J].上海市人民政府公报，2017(17)：3-9.
[6] 潘涛.浅谈城市居住小区的消防安全现状及防火对策[J].科技资讯，2014，12(23)：233.
[7] 龚昊.城市住宅小区常见消防安全问题及管理策略[J].今日消防，2020，5(3)：65-66.
[8] 孙柏瑛.安全城市　平安生活：中国特(超)大城市公共安全风险治理报告[M].北京：中国社会科学出版社，2018.
[9]《建筑防火》编写组.建筑防火[M].北京：群众出版社，1995.
[10] 陶佳能，陈国福.浅谈三峡库区坡地城市的消防规划[J].重庆建筑，2007(1)：50-52.
[11] 刘洵蕃.城市规划[M].北京：中国建筑工业出版社，1991.
[12] 黄柏川.基层消防安全管理手册[M].广州：广州出版社，2003.
[13] 马妮娜，罗庆华.社区消防工作建设现状及对策[J].中国新技术新产品，2009(17)：79-80.
[14] 杨富东.浅析高层居住建筑火灾隐患及预防对策[J].科技致富向导，2010(29)：214-215.
[15] 李世洪.推进“智慧消防”建设的建议[J].今日消防，2019(11)：46，48.
[16] 陈祖朝.家庭和社区消防安全[M].北京：中国石化出版社，2008.
[17] 罗少如.浅谈园林工程造价成本控制的模式优化[J].科学与财富，2010(6)：49-50.

6 城市住宅小区环境污染及公共卫生风险防控

环境和公共卫生安全属于非传统安全风险的范围，环境污染事件、公共卫生事件是当代各国所面临的重大安全挑战。交通工具的发达与便利导致人口的流动性非常强，人口不仅在一国范围之内流动，而且在各个国家之间流动，这使得城市聚集了海量的人口。一旦发生重大环境污染事件或重大公共卫生事件，就会带来系统性的社会危机。2003 年暴发的“非典”和 2020 年新冠肺炎疫情导致的全球性危机，都证实了这一点。本章将讨论环境污染事件、公共卫生事件对城市住宅小区的影响，以及在风险防控和应急处置中住宅小区的任务和应对举措。

6.1 住宅小区环境污染风险防控

如今，环境污染已经成为阻碍城市发展的关键问题。我国采取了一系列综合整治措施，协调解决城市环境污染问题，如“全面推进蓝天保卫战，着力推进碧水保卫战，稳步推进净土保卫战，开展生态保护和修复”等攻坚行动，使得我国城市环境质量有了明显提高。但是城市环境仍然面临多种问题，尤其是突发环境污染事件给城市居民健康造成很大的伤害，是城市住宅小区环境污染风险防控的重点。[1]

6.1.1 突发环境污染事件的特征与突发环境事件的分级

环境污染是指进入环境的污染物的量超过了环境的自净能力，造成环境质量下降和恶化，直接或间接影响人体健康。

1. 突发环境污染事件的特征

突发环境污染事件是指在社会生产和人民生活中所使用的化学品、易燃易爆危险品、放射性物品，在生产、运输、贮存、使用和处置等环节中，由于操作不当、交通肇事或人为破坏而造成爆炸、泄漏，从而造成环境污染和危害人民群众健康的恶性事故。其具有如下特征：

(1) 发生时间的突然性。突发环境污染事件有别于一般意义上的环境污染，事件的发生非常突然，多在一瞬间发生，且来势迅猛，人们对此始料不及，缺乏防御，往往造成现场人员及周围群众重大伤亡。

(2) 污染范围的不定性。由于突发环境污染事件的成因、规模及污染物种类具有很大的未知性，故对大气、水域、土壤、森林、绿地、农田等环境介质的污染范围具有很大的不确定性。由于有毒有害物质迅速扩散，其污染空间很快向下风向（或河流下游）扩散，使人群伤亡和生态环境破坏范围迅速扩大。

(3) 负面影响的多重性。无论是发达国家，还是发展中国家，突发环境污染事件一旦发生，将对社会安定、经济发展、生态环境、人群健康产生诸多影响，且事件级别越高，危害越严重，恢复重建越困难。

(4) 健康危害的复杂性。突发环境污染事件可对现场及周围居民产生严重的健康危害，其表现形式与事故的原因、规模、发生形式、污染物种类及理化性质有关。事件发生后的瞬间，可迅速造成人群急性中毒，容易导致群死群伤。那些具有慢性毒作用、环境中降解消除很慢的持久性污染物，则会对人群产生慢性危害和远期潜在效应。同时，环境严重污染后，消除污染极为困难，处置措施不当，不仅浪费大量人力物力，还可能造成二次污染。[2]

2. 突发环境事件的分级

突发环境污染事件是突发环境事件的一部分。按照我国《国家突发环境事件应急预案》分级原则，依据事件紧急程度以及对生态环境、人群健康的危害，可将突发环境事件分为以下 4 个级别。

1) 特别重大突发环境事件

凡符合下列情形之一的，为特别重大突发环境事件：①因环境污染直接导致 30 人以上死亡或 100 人以上中毒或重伤的；②因环境污染疏散、转移人员 5 万人以上的；③因环境污染造成直接经济损失 1 亿元以上的；④因环境污染造成区域生态功能丧失或该区域国家重点保护物种灭绝的；⑤因环境污染造成设区的市级以上城市集中式饮用水水源地取水中断的；⑥Ⅰ、Ⅱ类放射源丢失、被盗、失控并造成大范围严重辐射污染后果的；放射性同位素和射线装置失控导致 3 人以上急性死亡的；放射性物质泄漏，造成大范围辐射污染后果的；⑦造成重大跨国境影响的境内突发环境事件。

2) 重大突发环境事件

凡符合下列情形之一的，为重大突发环境事件：①因环境污染直接导致 10 人以上 30 人以下死亡或 50 人以上 100 人以下中毒或重伤的；②因环境污染疏散、转移人员 1 万人以上 5 万人以下的；③因环境污染造成直接经济损失 2 000 万元以上 1 亿元以下的；④因环境污染造成区域生态功能部分丧失或该区域国家重点保护野生动植物种群大批死亡的；⑤因环境污染造成县级城市集中式饮用水水源地取水中断的；⑥Ⅰ、Ⅱ类放射源丢失、被盗的；放射性同位素和射线装置失控导致 3 人以下急性死亡或者 10 人以上急性重度放射病、局部器官残疾的；放射性物质泄漏，造成较大范围辐射污染后果的；⑦造成跨省级行政区域影响的突发环境事件。

3) 较大突发环境事件

凡符合下列情形之一的，为较大突发环境事件：①因环境污染直接导致 3 人以上 10 人以下死亡或 10 人以上 50 人以下中毒或重伤的；②因环境污染疏散、转移人员 5 000 人以上 1 万人以下的；③因环境污染造成直接经济损失500万元以上2 000万元以下的；④因环境污染造成国家重点保护的动植物物种受到破坏的；⑤因环境污染造成乡镇集中式饮用水水源地取水中断的；⑥Ⅲ类放射源丢失、被盗的；放射性同位素和射线装置失控导致10人以下急性重度放射病、局部器官残疾的；放射性物质泄漏，造成小范围辐射污染后果的；⑦造成跨社区的市级行政区域影响的突发环境事件。

4）一般突发环境事件

凡符合下列情形之一的，为一般突发环境事件：①因环境污染直接导致3人以下死亡或10人以下中毒或重伤的；②因环境污染疏散、转移人员5 000人以下的；③因环境污染造成直接经济损失500万元以下的；④因环境污染造成跨县级行政区域纠纷，引起一般性群体影响的；⑤Ⅳ、Ⅴ类放射源丢失、被盗的；放射性同位素和射线装置失控导致人员受到超过年剂量限值的照射的；放射性物质泄漏，造成厂区内或设施内局部辐射污染后果的；铀矿冶、伴生矿超标排放，造成环境辐射污染后果的；⑥对环境造成一定影响，尚未达到较大突发环境事件级别的。[3]

例如，"8·12"天津滨海新区爆炸事故是一起发生在天津市滨海新区的重大安全事故，也是一起城市特别重大突发环境事件。2015年8月12日，位于天津市滨海新区天津港的瑞海公司危险品仓库发生火灾爆炸事故，造成165人遇难（其中参与救援处置的公安现役消防人员24人、天津港消防人员75人、公安民警11人，事故企业、周边企业员工和居民55人），8人失踪（其中天津消防人员5人，周边企业员工、天津港消防人员家属3人），798人受伤（伤情重及较重的伤员58人、轻伤员740人），304幢建筑物、12 428辆商品汽车、7 533个集装箱受损。截至2015年12月10日，依据《企业职工伤亡事故经济损失统计标准》（GB 6721—1986），已核定的直接经济损失为68.66亿元。经国务院调查组认定，天津港"8·12"瑞海公司危险品仓库火灾爆炸事故是一起特别重大生产安全责任事故。[4]

需要说明的是，不同层级政府应急处理范围中环境污染事件的具体分级标准应是不同的，不同地区、不同发展时期的分级标准也应有所不同。各级政府应根据上一级政府的分级标准阈值，结合本地区社会经济发展状况，下调本级政府有关分级标准阈值，同时应定期调整相关阈值，做到与时俱进，切合实际。[5]

6.1.2 城市环境污染事件对环境安全的影响

城市环境污染事件具有集中危害性大、影响面广、损失严重、应急处理复杂的特征，按照波及范围可分为波及整座城市和波及城市局部地区两种情况。通常大气污染和水体污染会波及整座城市，易造成城市环境污染事件。

1. 城市大气污染

城市大气污染是由于城市人居环境中的空气受到严重污染而对多数人群健康造成急性危害的事件。《2018中国生态环境状况公报》显示，2018年，我国338个地级以上城市环境空气质量超标的有217个，占64.2％；出现酸雨的城市比例为37.6％。"雾霾"和"$PM_{2.5}$"从学术领域快速进入普通人们的生活，为人们所熟知，以 $PM_{2.5}$ 为首要污染物的天数占总超标天数的 44.1%。城市中煤烟型烟雾、光化学型烟雾、灰霾和沙尘暴都属于城市大气污染事件。

(1) 煤烟型烟雾。煤烟型烟雾主要是燃煤产生的大量污染物被排入大气，在不良气象条件下不能充分扩散所致。

(2) 光化学型烟雾。光化学型烟雾由汽车尾气中的氮氧化物和挥发性有机物在日光紫外线的照射下，经过一系列光化学反应生成的刺激性很强的浅蓝色烟雾所致，其主要成分是臭氧、醛类以及各种过氧酰基硝酸酯。

(3) 灰霾。近年来，随着城市化的快速发展，人类活动直接向大气排放大量粒子，污染气体越来越多，使得我国大城市中灰霾现象日趋严重，它已经成为一种新的灾害性天气。以珠江三角洲地区为例，通过初步观测发现，2001 年起，广州、佛山、东莞等地的灰霾有愈演愈烈之势；2004 年，灰霾天数最多的是新会、深圳和东莞，均大于 160 天。[5]

(4) 沙尘暴。沙尘暴是沙暴和尘暴二者兼有的总称，是指强风把地面大量沙土卷入空中，使空气特别混浊，水平能见度低于 1 千米的天气现象。全世界有四大沙尘暴多发区，分别位于非洲、中亚、北美和澳大利亚。中国的沙尘暴多发区是中亚沙尘暴区域的一部分。

2. 城市水污染

城市水污染是指污染物质进入水体的数量达到破坏城市水资源，并使水体的水质和水体沉积物的物理、化学性质或生物群落组成发生变化，从而降低水体的使用价值和使用功能的现象。水污染可根据污染物的种类分为物理性污染、化学性污染和生物性污染。城市水污染不仅减少城市可供给用水量，加剧水资源短缺，造成水体富营养化，破坏水环境生态平衡，而且会造成健康危害，如水污染可以导致急、慢性中毒，公害病(如水俣病)，诱发癌变、畸变和突变，等等，也可能会引起介水传染病的流行，甚至引发地方病，如地方性砷中毒、克山病等。[6] 近些年来我国发生的城市水污染事件大致情况如下：

(1) 藻类污染事件。2007 年 5—6 月，江苏太湖爆发严重蓝藻污染，造成无锡全城自来水污染，生活用水和饮用水严重短缺，超市、商店里的桶装水被抢购一空。该事件主要是由于水源地附近蓝藻大量堆积，厌氧分解过程中产生了大量的 NH_3、硫醇、硫醚以及硫化氢等异味物质。

(2) 介水传染病事件。介水传染病指通过饮用或接触受病原体污染的水，或食用被这种水污染的食物而传播的疾病。水源受病原体污染后，未经妥善处理和消毒即供居民饮用或者是处理后的饮用水在输配水和贮水过程中，由于管道渗漏、出现负压等原因，重新被病原体污染。介水传染病一旦发生，危害较大。因为在城市中饮用同一水源的人较多，发病人数往往很多，且病原体在水中有较强的生存能力，一般都能存活数日甚至数月，有的还能繁殖生长，一些肠道病毒和原虫包囊等不易被常规消毒所杀灭。例如 1988 年春，上海市和江苏、浙江、山东三省甲型肝炎暴发流行，患者达 40 余万人，仅上海市 1988 年 1—4 月甲型肝炎发病者达 310 746 人，平均罹患率达 4 082 人/10 万人。该次甲型肝炎的大流行是由生食江苏启东地区所产毛蚶引起的，当地养殖毛蚶的水体受到甲型肝炎病毒的严重污染。[7]

（3）化学性水污染事件。饮水被化学性物质污染进而引起的卫生问题与被微生物污染进而引起的问题有所不同，人们受到的不良健康影响主要是长期暴露于这些化学物质所致。除非受到大量意外的污染引起急性中毒，饮水化学性污染主要引起的是慢性中毒和远期危害（致突变、致癌和致畸）。例如 2005 年 11 月 13 日，中石油吉林石化公司双苯厂苯胺车间发生爆炸事故。事故产生的约 100 吨苯、苯胺和硝基苯等有机污染物流入松花江。由于苯类污染物是对人体健康有危害的有机物，因而导致松花江发生重大水污染事件。哈尔滨市政府随即决定，于 11 月 23 日零时起关闭松花江哈尔滨段取水口，停止向市区供水，哈尔滨市的各大超市无一例外地出现了抢购饮用水的场面。[8]

3. 环境污染性疾病

环境污染性疾病的发病特征包括：①环境污染区域内的人群不分年龄、性别均发病；②发病者均出现与暴露污染物相关的相同症状和体征；③除急性危害外，大多具有低浓度长期暴露、陆续发病的特点；④往往缺乏健康危害的早期诊断指标；⑤预防的关键在于消除环境污染性致病因素、加强对易感人群和亚临床阶段人群的保护。

4. 城市环境污染事件对住宅小区的影响

城市环境污染事件会对住宅小区居民健康造成很大的危害，通常表现如下：

（1）急性刺激作用（由刺激性气体所致）。刺激性气体如二氧化硫、三氧化硫、氯气、光气、硫酸二甲酯、氟化氢、氨气、氮氧化物等，可对事故现场人员和周围人群产生较强的急性刺激作用。轻者可出现接触部位、眼睛、咽喉局灶性急性炎症，表现为急性眼结膜、角膜充血红肿、流泪。严重者可出现眼角膜腐蚀脱落、皮肤灼伤等。呼吸道受到刺激后，可引起剧烈咳嗽、咯痰、呼吸困难。由于喉头痉挛，可突然窒息而死。一些水溶性相对较小的刺激性气体，如二氧化氮对毛细支气管、肺泡有较强刺激、腐蚀作用，可引起急性中毒性肺水肿。急性中毒性肺水肿是死亡的主要原因之一。[9]

（2）急性中毒和死亡。窒息性气体或其他有毒化学品所致突发环境污染事件，可造成现场工作人员或近距离暴露居民群体性中毒、死亡。常见的窒息性气体如高浓度一氧化碳、氰化氢、硫化氢、甲基异氰酸酯、氨气、氟化氢、苯类化合物、酚类、醛类等。在窒息性有毒气体中，以氰化氢毒性最强、作用最快，常可致患者“电击样”死亡。吸入高浓度硫化氢气体，可使暴露人群意识不清、昏迷、抽搐、死亡。[9]例如 2003 年 12 月 23 日 21 时 55 分，重庆市开县（今重庆市开州区）高桥镇罗家寨发生特大井喷事故，富含硫化氢的天然气猛烈喷射，有毒气体随空气迅速向四周弥漫，事故导致 243 人因硫化氢中毒死亡、2 142 人因硫化氢中毒住院治疗、65 000 人被紧急疏散安置。①

（3）急性传染病。介水传染病事件引发病毒性肝炎、阿米巴性痢疾和其他感染性腹泻病。

（4）外照射急性放射损伤。放射源丢失、失控、意外事故或人为破坏所造成的突发环境事

---

① 12·23 重庆开县特大井喷事故.中国国家应急广播，2019-11-05.

件,可使得人群暴露于高强度外照射,从而引起外照射急性放射病。外照射急性放射病依据身体吸收剂量,分为骨髓型、肠型、脑型 3 种。

(5) 对暴露人群的慢性、潜在性健康危害。在突发环境污染事件得到妥善的应急处理后,某些有毒有害危险化学品、放射性物品,由于污染范围较大、缺少有效的后期处置和净化手段,其危害可持续很久。具有较强蓄积作用的持久性环境污染物,如重金属汞、镉、铅、铊、砷,以及某些放射性核素如镭、钴、铀、铯等,在环境中被彻底降解往往需要几年、几十年甚至更长时间,且可进入食物链,表现出明显的生物富集作用。[9]

(6) 突发环境污染事件对人群心理的影响。突发环境污染事件产生的灾难会使许多人产生焦虑、抑郁、神经衰弱等神经精神症状,患创伤后应激障碍(Post-traumatic Stress Disorder, PTSD);抢救人员也可能出现自主神经敏感性增高、幻听、幻视、失眠、焦虑、惊恐等心理卫生问题,被诊断为急性压力症候群中的亚综合征,严重的也可发展为 PTSD;由于心理受到刺激,可使原来患有的某些身心疾病加重或恶化。

(7) 突发环境污染事件会对城市居民生活、社会安定和经济发展造成影响。突发环境污染事件可造成住宅小区房屋损坏,供水、供电、供气中断,居住的自然环境被破坏,使整个社会环境在一段时间内处于混乱、无序和动荡的状态。此种状态持续时间的长短,取决于突发环境污染事件的破坏程度、波及范围、紧急应对能力及灾后重建、恢复的速度。突发环境污染事件不论规模大小,势必对家庭、单位和地区经济发展造成不同程度的影响;较大的环境污染事件可影响整个国家甚至周边地区的经济可持续发展。[9]

6.1.3 住宅小区突发环境污染事件的应急处置

城市住宅小区由于人口密集,集聚性活动频繁,人员相互接触的概率较大,且人员的素质、知识层次、自我保护和防范意识不一,一旦发生突发环境污染事件,如处置不当,灾情的扩散及伤害程度都是难以估量的。此外,在发生原生灾害之后,很容易引发次生灾害和衍生灾害。所以政府、社区、物业公司以及住宅小区的居民,在日常应当有所准备,以便能够应急处置各类突发环境污染事件。

总体上来说,政府、社区和物业公司都应当编制《城市突发环境污染事件应急预案》,建立应急指挥协调系统(或领导小组),建立、健全城市住宅小区环境污染应急处置机制。由于在应对城市突发环境污染事件中,政府、社区和物业公司的职责各不相同,所以应急预案、应急指挥协调系统(或领导小组)主要工作内容各不相同。

1. 住宅小区的管理部门应对突发环境污染事件的主要职责

政府管理部门应编制《城市突发环境污染事件应急预案》和建立应急指挥协调系统。应急预案的编制需符合国家相关法律、法规、规章、标准及方针政策规定,满足应急管理工作要求;应保持与上级和同级应急预案的紧密衔接,保持与相邻行政区域相关应急预案的衔接;应充分考虑管理机制、风险状况和应急能力;应确保分工明确、措施具体、责任落实;应确保内容完整、简

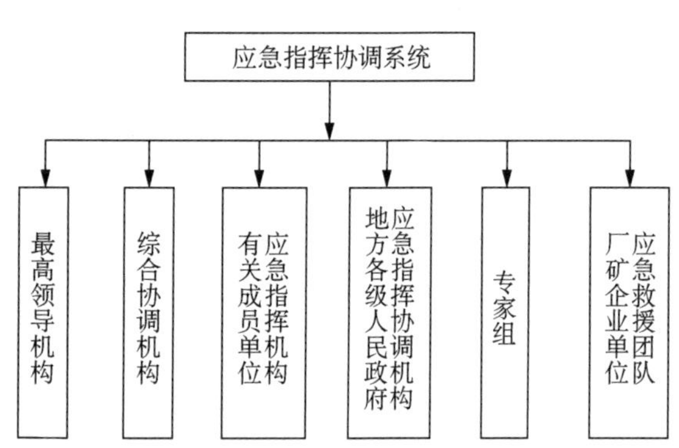

图 6-1　政府管理部门应急指挥协调系统框架
（资料来源：改绘自杨克敌的《环境卫生学》）

洁规范；应具有实效性、科学性、可操作性。政府管理部门应急指挥协调系统的框架可按图 6-1搭建。

社区管理部门应对突发环境污染事件领导小组可根据工作需要，按照卫生部关于《突发公共卫生事件社区（乡镇）应急预案编制指南》的要求，设立多个工作组，如综合协调组、应对防治组、宣传动员组、后勤保障组等。各组职责如下。

（1）综合协调组：负责协调突发环境污染事件现场处理和控制过程中的有关工作；协调做好社会稳定和安全保卫等工作；负责社区内外联络及日常事务，交流工作情况，及时汇报防治工作的动态。

（2）应对防治组：协助卫生部门落实突发环境污染事件的防控、救治，信息的收集分析及上报等工作；组织和动员各方力量，开展自救和互救，参与群防群治。

（3）宣传动员组：负责突发环境污染事件预防控制工作的社会宣传、新闻报道、普及防病知识。

（4）后勤保障组：根据突发环境污染事件预防控制工作的需要，做好物资供应、经费筹集和后勤保障等多项工作；并做好物资和资金使用的监督管理等工作。[10]

社区卫生服务中心是社区突发环境污染事件应急处理的技术机构，其主要职责如下。

（1）能力建设：负责本单位专业人员的技术培训，提高医务人员应对突发公共卫生事件的能力。

（2）技术支撑：参与制订《社区预案》，开展社区居民的健康教育工作，普及突发环境污染事件应急知识和技能。

（3）信息收集：建立突发环境污染事件相关信息管理组织，指定专人负责突发环境污染事件相关信息管理，按照相关法律、法规规定的报告程序，及时报告本社区内突发环境污染事件相关信息。

（4）措施落实：配合卫生行政部门和专业防控机构，落实社区突发环境污染事件的应急处置措施；协助社区突发环境污染事件应急领导小组，监督、检查各项防控措施的落实情况；协助上级医疗卫生机构，开展病人的初诊、转诊和应急医疗救治工作；配合相关部门，做好社区突发环境污染事件应急培训和演练。[11]

2. 住宅小区物业公司和居民应急处置突发环境污染事件的主要工作

物业公司应本着“以人为本、快速反应、统一指挥、分工负责”的原则，制订各类突发环境污染事件的应急预案；本着“高度重视、职责明确、措施得力、统一指挥”的原则，建立应急管理领导小组和各职能管理组(处置分队、救护组、运输组、治安保卫组)。应急管理领导小组的职责是根据上级的指示,及时做好组织、指挥、协调和服务保障等工作。各职能管理组负责在发生突发环境污染事件时配合各有关部门进行相应的工作。

物业公司在城市突发环境污染事件应急处置中的主要工作如下:①信息收集、报告;②对可能继续引发环境污染的设施进行关停和检修;③配合专业防治机构,对本住宅小区内发生的突发环境污染事件开展流行病学调查,协助各专业防治机构做好样本的采集、现场保护、群众疏散及其他各项公共卫生措施的落实工作;④在本住宅小区内做好宣传和解释工作;⑤协助专业机构对住宅小区环境污染进行清理整治。

住宅小区居民在应急处置突发环境污染事件中的主要工作如下:①发现突发环境污染事件及时向政府及卫健委报告;②积极配合相关部门的调查,提供相关信息;③有大局意识,服从转移、安置、安排;④认真进行相关知识的学习,开展有效的自救、互救、避险、逃生;⑤在能力范围内,参加志愿团体,协助环境污染事件应急处理;⑥在环境污染事件过后,开展自助和互助,加快恢复和重建。

6.1.4 住宅小区突发环境污染事件的风险防控

突发环境污染事件是城市住宅小区环境安全风险之一,政府管理部门、社区管理部门、物业公司,以及住宅小区的居民,在日常生活中应当高度重视,做好防控工作。

1. 政府管理部门

政府管理部门负责本行政区域内突发环境污染事件的风险防控工作。

(1) 应不断修正应急预案,举行实战演练。

(2) 完善预警系统,提高应对能力。

(3) 建立各项保障措施。首先是应急救援与装备保障。做好现场救援和工程抢险保障、应急队伍保障、交通运输保障、医疗卫生保障、治安保障、物资保障、经费保障、社会动员保障、紧急避难场所保障等。其次是技术储备与保障。成立相应的专家库,提供多种联系方式,并依托相应的科研机构,建立相应的技术信息系统。组织有关机构和单位开展突发环境污染事件预警、预测、预防和应急处置技术研究,加强技术储备。[12]

(4) 加大宣传教育。

(5) 促进公众信息交流。最大限度地公布突发环境污染事件应急预案信息、接警电话和部门,宣传应急法律法规和预防、避险、避灾、自救、互救的常识等。

(6) 培训。例如,各级领导、应急管理和救援人员进行上岗前培训、常规性培训。

2. 社区管理部门

社区管理部门应对突发环境污染事件应急处置予以全方位的保障。建设突发环境污染事件信息报告系统、建设疾病预防控制队伍、建设医疗救治队伍、建设志愿者队伍;加强应对各类突发环境污染事件的培训与演练;落实应急处置经费,做好应急物资储备工作;落实应急避难场所,保障社区公众临时性避难和救助;加强对驻社区各类社会单位的管理;加强日常监测,定期开展突发环境污染事件危险因素的调查,及时发现各类危险因素,制定并落实相应的监测预警和预防控制措施。

3. 物业公司

物业公司是社会管理和服务的重要力量,是确保居民健康安全不可替代的力量。

(1) 建立与社区、公共卫生机构、环保机构等专业部门的信息联系渠道,加入相关平台,保持交流畅通。

(2) 根据周边危险源的情况以及历史经验,在专业部门的指导下,制订突发环境污染事件应急响应工作预案,并对员工进行培训。

(3) 搞好物业及周围环境的清洁,包括垃圾、各种废物、污水、雨水的排泄清除等,以求保持一个清洁卫生的环境,做好住宅小区内紧急避险场所的维护工作。

(4) 配合社区及专业部门做好对住宅小区居民关于环境安全、环境保护的宣传、教育、引导工作。

4. 居民

住宅小区居民应提高全员危险意识,发现隐患及时上报相关部门。从多种渠道学习各类突发环境污染事件应急知识,掌握自救、互救的方法。

6.2 住宅小区公共卫生风险防控

6.2.1 突发公共卫生事件的主要类型和特点

2003 年 5 月国务院公布的《突发公共卫生事件应急条例》规定,突发公共卫生事件是指突然发生,造成或者可能造成社会公众健康严重损害的重大传染病疫情、群体性不明原因疾病、重大食物和职业中毒以及其他严重影响公众健康的事件。

1. 突发公共卫生事件的主要类型

根据危害程度以及对住宅小区的现实影响程度,这里重点介绍传染病和突发中毒事件。

1) 传染病

传染病是突发公共卫生事件中最主要的类型,占突发公共卫生事件的 80%左右。目前全球每年因传染病死亡的人数大约为 1 400 万人,发展中国家大约 46%的死亡归因于传染病。[13]有些传染病虽然死亡率不高,造成死亡人数不多,但可能会引起成千上万人感染发病,加重社会疾病负担。

有研究者统计分析了 17 座特(超)大城市 2003 年以来的情况,认为我国城市传染病的状况如下:39 种被列入法定管理的急性、慢性传染病的发病总体呈下降趋势,但致死情况波动较大;公共卫生事件数量稳中有降,但发病和死亡情况不容乐观。例如,北京 2012 年的传染病发病和死亡人数分别是161人和1人，到2015年则分别增长到300人和8人；天津2010年的传染病发病和死亡人数都是0，到2013年分别增长到557人和4人[14]。

根据联合国统计数据，预计到2050年，城市人口将占全部人口的68%以上。① 便捷的区域性乃至全球化的交通手段将不同城市中的人群密切地联系在一起，密集的人口和众多的流动人口成为疾病流行的温床，为传染病的传播提供了前所未有的方便，位于交通节点上的大城市也成为传染病大规模扩散传播的节点。我国的大城市以市中心高密度集中式居住为主要特征，住宅小区容积率高，高密度的居住环境大幅度提升了人与人之间相互接触的频率，进一步加大了传染病社区传播的风险。如武汉的住宅小区以高层和超高层为主，中心城区的住宅容积率多为2.0～2.8，部分新建住宅甚至达到了3.0，每一单元的户数一般为120～150户，这就意味着大量人群必须共用电梯、门厅及地下停车库等通风性不佳的公共设施，这成为疫情防控中的一个隐患。[15]

2）突发中毒事件

近20年来，我国化学品生产和使用数量迅速增长，各种化学品、农药、添加剂等有毒有害物质能够通过各种渠道流入城市，建立在城市中的工厂等生产场所事故引起的化学性中毒事件也时有发生，天然毒物中毒危害也呈现快速增长态势。突发中毒事件主要表现如下：自然灾害衍生的突发中毒事件，如地震、海啸、台风等均能造成储存化学品泄漏，而洪涝灾害和旱灾则易引发食物中毒事件；事故灾难衍生的中毒事件，如2003年重庆市开县（今重庆市开州区）硫化氢井喷事故造成重庆市数万人疏散，243人中毒死亡；食物中毒事件和职业中毒事件则是突发公共卫生事件的重要组成部分；投毒和化学恐怖等社会安全事件也可以引发突发中毒事件，如2002年南京汤山的毒鼠强中毒事件，造成42人死亡。[16]

2. 突发公共卫生事件的特点

（1）突发性。突发性主要包括两种含义：一是偶发性，偶然因素引起事件发生，如由于化学物质泄漏导致的突发中毒事件；二是长期积累骤然发生，如某些突发环境事件中污染物长期排放产生累积效应，最终在某个时间骤然暴发。

很难对突发公共卫生事件的发生时间、地点作出准确的识别和预测，而且往往由于事件在刚刚发生时危害程度较小，没有引起足够的重视，造成发展趋势和扩散程度难以预测。如“非典”疫情，历经10个月，从最初局部地区的感染发展成为全球32个国家和地区的流行。[17]

（2）成因的多样性。我国城市人口密集，自然因素和社会因素相当复杂，突发公共卫生事件的成因呈多样化。城市人口密集和大规模流动，可能造成各类突发急性传染病的快速传播。另外，我国已成为化学品生产、使用、进出口和消费大国，有机和无机化合物种类已超7 300万，快速的工业化进程、激增的城市人口和流动人口，使得有毒、有害化学品和农药通过多种途径流入城市，成为威胁公共卫生安全的隐患。[18]

① https://www.un.org/development/desa/pd/node/3479.

突发公共卫生事件与治安事件、自然灾害、安全事故等突发公共事件相互影响、相互关联、相互转化。一些发生在城市的自然灾害事件所产生的公共卫生影响会表现在多个方面，如安全的食品和饮用水缺乏、环境卫生恶化、灾区居民生活条件差、与病媒生物接触增多、卫生服务可及性低，人口流动性大等会使传染病的发生风险增加，因此，大灾之后防大疫一直是公共卫生的工作重点。另外，城市也是环境污染、交通事故、生态破坏等事故灾难发生的主要场所，而事故灾难会引发群体性中毒、传染病暴发等突发公共卫生事件。

(3) 危害的复杂性。大的公共卫生事件不但对人的健康有影响，还对环境、经济乃至政治都有很大的影响。“非典”期间国家统计局数据显示，2003 年全国限额以上餐饮行业收入增速由 2002 年的 27.4%下降至 19.7%，星级酒店入住率增速由 2%变为−4%，众多景点游客接待量增速转负，均体现出疫情对城市经济的打击。2020 年的新冠肺炎疫情造成众多国家经济停摆、社会活动暂停。为控制疫情蔓延，我国武汉采用了“封城”的措施，对整个社会造成巨大冲击。同时，城市发达的通信和网络媒体会使不良信息迅速蔓延，从而对社会造成极大的负面影响，人们的判断能力和行为方式也会因此而改变，如不及时控制并采取干预措施，可能会导致政治或社会危机。[18]

(4) 传播的广泛性。现代城市人口密度大、居住拥挤、人员交流频繁，使得突发公共卫生事件具有传播的广泛性。经济的全球化带来了人员和物资的全球流通，使得传染病可以像商品一样通过现代交通工具跨国流通，一旦传染病在人群中传播开来，就会成为全球性的疫情。比如新冠肺炎、H1N1 流感，具备了传染源、传播途径以及易感人群三个基本环节，就能在全球范围内广泛传播。[18]

6.2.2 公共卫生事件对住宅小区的影响

公共卫生事件对住宅小区的影响可以从外部波及和内部产生两个方面来分析。从历史经验看，重大公共卫生事件往往在城市的某些空间生成，波及侵入居住区，形成社区级感染、传播、损害，危及居民生命健康，对社区的正常生活造成冲击，这也是其最主要的影响方式。

在当下的公共卫生治理研究中，一般都以社区为基层单元，因而本小节的内容既包含住宅小区，也包含社区。

1. 外部影响之一：疫情的社区传播

疫情的社区传播是指这样一种情况：当某种传染性疾病疫情在城市出现，某个感染者将病毒带回到生活居住地——住宅小区(社区)，通过人员接触(如与家人、邻居朋友、物业服务人员或小区商家工作人员)产生交叉感染，或者通过共用的环境、设施(如电梯、楼道、门厅)产生感染，形成一批新的疾病患者或病毒携带者，并由此进一步传播，造成疫情扩散。最为典型的事件当数 2003 年香港淘大花园“非典”事件。

在 2020 年的新冠肺炎疫情中，北京在连续 50 多天没有本土新增确诊病例的情况下，于 6 月 11 日再度出现病毒感染，病例快速增加。其首发地是新发地农贸市场，受感染的商户、市场工作人员、购物者把病毒带回住地,出现家庭密切接触者感染,所幸由于措施及时果断,封闭感染者所在社区,没有形成社区传播,这次疫情在短时间内得到控制。

疫情的社区传播是非常危险的,它会加快疫情的扩散,使众多的住宅小区居民受感染,并随着感染者的活动路线,将病毒扩散到其他居住区、公共场所,最终导致疫情的暴发,形成社会危机。

2. 外部影响之二:外部事故的影响

外部事故的影响是指居住区周边或一定范围内的工厂、仓库发生化学品爆炸,产生的有害气体传入住宅小区,损伤居民身体健康,或运送化学品的车辆在住宅小区周围发生爆燃,产生的有毒气体波及小区。例如 2003 年,重庆市开县(今重庆市开州区)硫化氢井喷事故造成重庆市数万人疏散。[16]

此外,还有供水管网二次污染的风险问题。我国城市的管网和贮水设施可能由于缺乏常态化管理,存在死水区,内部污染、泥沙淤积,在水压变化等状况发生时污染物进入管网,导致水污染事件发生,进而影响住宅小区居民的健康和生活。2015 年 7 月,香港发生了饮用水管铅超标事件,由于焊工使用了含铅焊料,香港部分公共屋邨、居屋、私人屋苑、医院及教育机构食水含铅量超出世界卫生组织标准,给居民正常生活带来较大影响[14]。

3. 社区与住宅小区内部的公共卫生事件风险

社区内部、住宅小区内部也有发生某些公共卫生事件的可能。

社区一般会配置幼儿园、学校,大的住宅小区也会规划配置幼儿园、学校,一旦管理失当,食材采购或制作发生问题,会导致中毒、腹泻、身体不适。有的餐饮店也会发生类似事件。

住宅小区高层楼房有一部分二次供水方式采用加压泵与水池(箱)联合供水模式,在顶楼设水箱,用水泵加压注水,由水箱分送到各户。水箱清洗消毒不规范、破损也会导致水质不合格的问题。

6.2.3 公共卫生安全面临的困难和风险防控中存在的问题

1. 公共卫生安全面临的困难

(1) 新发传染病监测困难。近年来,发生在我国特大城市范围内的传染病的主导病原体基本为细菌及病毒,二者突变的可能性和速度与日俱增,因而新发病原体出现了持续增加的态势,这也就从根本上增加了新发传染病流行的可能。除此之外,新发传染病的传播速度也呈现出加快态势,给监测带来了时间上的困难。我国当前对新发传染病的传播规律尚未有充分认识,基础评估资料也比较有限,所以对这些疾病的监测存在着现实的困难。

(2) 人口密集与流动诱发高风险。对于大城市而言,密集的人口使得传染病的潜在威胁不断增强。在特定的公共场所,如交通枢纽、大型商场等,人员相对集中,相互接触频繁,公共设施重复使用易导致非健康个体的疾病向健康个体传播。这些城市中的外来人口由于平均收入水平偏低,生活水平与生存环境相对较差,增加了传染病的发现和控制难度。

(3) 环境污染因素增加传染病风险。随着工业化的快速推进，我国特大城市产生的废弃物不断增加，大量科学研究已经证实，杀虫剂、除草剂、抗生素、洗涤剂、含苯类的染料涂料、垃圾焚烧产生的二噁英能够促使病毒的基因发生变异。病毒基因变异后随着垃圾的处置进入土壤、空气和水中。当城市环境中的致病因素通过各种媒介进入人体内，产生传染病的概率就将大幅增加。

(4) 基层防治人才队伍亟待加强。具体而言，基层的防治人员数量存在不足，难以通过流行病学调查和现场采样发现、快速甄别辖区内出现的传染疾病；基层的防治人员经验与水平有限，难以应对更加频繁、复杂、多变的传染病传播形势。同时，基层防治人才的待遇相对较低，使得城市难以维持防治队伍的稳定和提升其业务能力[14]。

2. 公共卫生安全风险防控中存在的问题

(1) 应急管理体系存在漏洞和风险。现代社会面临的综合性风险日益增多，新冠肺炎疫情暴露出在重大突发公共卫生事件中我国城市公共卫生应急管理体系存在短板和漏洞。部分城市风险监测预警能力不强、应急反应迟缓、判断失误、应急处置协调不力、应急物资储备与管理体系不完善、专业应急队伍建设滞后。

突发公共卫生事件应急联动机制较弱。当前，特大城市尚未建立起畅通的公共卫生信息网络体系，统一性、协调性、完备性都存在不足。各个行政层级之间的疫情报告系统及制度也有待完善，突发公共卫生事件信息的采集、传输、存储、处理、分析、预案确定及启动全过程的信息化、自动化和网络化还十分不足。同时，跨部门、跨行业的信息沟通机制欠缺，公共卫生领域的危机沟通和信息传递还不顺畅。具体而言，突发公共卫生事件的预警机制还未完善，导致快速反应能力仍不及预期；不同医疗部门之间的交流比较有限，部门间协作尚未常态化；公共沟通和公共关系策略的有效性亟待强化，难以充分发挥部门间的整体优势。[14]完善重大突发公共卫生事件防控机制，健全国家公共卫生应急管理体系，乃是当务之急。

(2) 城市公共卫生体系不健全，重治疗，轻预防。

① 医疗资源布局不均衡，基层医疗机构的卫生应急能力亟待提高。综合性医院和传染病医院是城市卫生应急医疗体系中的主要层级。多数患者更愿意选择到大型综合性医院就诊，而不愿选择医疗条件得不到保障的基层医院，这导致了医疗资源建设跟不上人口增长的步伐，各大综合性医院人满为患，床位使用率基本饱和，一旦发生突发事件，伤病员急剧增加，将给大医院的正常运行提出严峻挑战。基层医疗卫生机构设置标准未充分结合人口和居住空间的分布，且建设标准和人员水平不足，尚未发挥公共卫生安全第一道防线的作用。[19]

② 专业公共卫生机构公共卫生属性不强，技术能力相对不足。近年来在重治疗、轻预防的大环境下，各地市级疾病预防控制机构人才流失，专业技术服务、人力资源、技术能力等方面缺口较大，在突发公共卫生事件应急响应中缺乏独立性，没有充分发挥其监测、预警能力和技术权威性。

③ 医院可拓展建设空间受限，缺乏应急救援的弹性空间。城市优质医院多，各医院床位配

置规模大，但优质医院往往承担区域医疗服务的责任，一方面，吸引大量外来就医人口，使得本就稀缺的医疗资源更加紧缺，床位使用率过高；另一方面，大医院多集中布局在中心城区，建设用地受限，高配置的床位数导致建设容量趋于饱和。若遇突发公共卫生事件，面对巨大的病患需求，大医院无拓展空间。

（3）城市基层社区治理体系和治理能力尚待进一步提高。重大突发公共卫生事件既是对城市危机治理水平的考验，又是对基层社区综合管理能力的考验。在新冠肺炎疫情阻击战中，各城市均采用了社区封闭式管理、隔离的举措，社区和物业公司发挥了巨大的作用。但总体看，多数城市老旧住宅小区较多且分布在中心城区，住户流动性大，老年人口较多，封闭管理、疫情排查和居家隔离管控等基层防控工作难度较大。社区是城市治理的基本单位，也是疫情防控的基础空间单元，需进一步在社区组织、公众参与、协商共治和应急救治管控等方面加快推进治理能力的现代化。

（4）城市居民公共卫生安全风险意识普遍偏弱。由于突发公共卫生事件发生的不确定性，居民容易存在思想松懈的倾向，“重治轻防”的思想较为普遍。此外，居民的公共卫生安全知识和能力有待提升。[14]

6.2.4　社区与住宅小区的公共卫生风险防控

1. 政府的总结反思和改进

政府要认真、系统总结、反思进入 21 世纪以来在公共卫生事件发生、处置方面的经验教训，总结社区防控好的做法以及存在的问题，制定社区、住宅小区公共卫生事件防控处置的标准工作流程，制定社区公共卫生事件防控建设规划，加强对社区公共卫生安全工作的指导。

政府要加强公共卫生高风险地区的空间管控，探索公共空间建设管理模式。①绘制公共卫生“高危”地图。充分调研摸查城市现有各类活禽批发市场、屠宰场和肉菜市场等病毒潜在载体空间，借助医学研究模型，识别高风险源，绘制公共卫生高风险空间分布图，建立数据库。②制订公共卫生“高危”地区改造计划，从环境、功能和管理等角度制订高风险地区改造计划，尤其是社区市场的改造。③制定公共卫生安全标准，将活禽交易区域纳入市场改造的重点。可借鉴新加坡经验，将市场分为干、湿区域，干区域摊位售卖调料、水果和蔬菜等，湿区域摊位售卖鱼、肉和海鲜等需用水冲洗的食物。

2. 改进并加强社区公共卫生风险防控

加快社区改造，创新社区治理模式。突发公共卫生事件是对城市治理效能的考验，防控关键是社区治理，重启社区组织功能。城市管理者要对各个社区进行资源分析，推进新型社区建设，改造老旧住宅小区，通过共建社区、社区赋能等策略，充分发挥社区自治力量的作用。开展空间环境、基础设施、安全保障等方面的研究，探索“开放＋封闭”社区治理新模式，进一步提升社区应急能力。

推进社区网格化管理，提升社区治理能力。社区是防控的第一道防线，需进一步细化社区级的统计数据，将人口数据、医院数据和病人数据进行空间化，结合社区网格化管理，运用大数据、网格化手段，强化其对重大突发公共卫生事件风险评估、预警、应对的支撑作用。

加强资源配置，提升社区医院的应急救援能力。提高基层医疗卫生设施建设标准，增强人员与设备配置，提升服务能力，并结合人口分布，合理布局社区公共卫生设施、福利设施，必要时作为医疗救助点、隔离场所使用，让社区公共卫生设施更好地发挥作用。[20]把公共卫生风险防控纳入社区工作考核体系。

3. 住宅小区在公共卫生风险防控中的定位

住宅小区在公共卫生风险防控中可以作为社区以下的相对独立的管理单元。因为多数住宅小区有独立的、完整的空间布局，有边界，可以实现封闭式的管控，这对传染病疫情发生后实施封闭隔离管控非常有利，也非常重要。有些住宅小区规模较大，有近千户或超过千户，也需要进行独立的管理。

住宅小区在公共卫生风险防控中属于执行单位。传染病的防控以及各种公共卫生事件的预防和应急处理专业性强，风险度高，工作人员有被传染的可能，不同的疾病应对的方法也不同。因此，住宅小区的主要职责是执行城市卫生防疫部门的指令，落实社区下达的任务。

物业公司是住宅小区公共卫生风险防控的主体、责任人。一是因为物业公司熟悉住宅小区的情况，平时就负责住宅小区的运行管理和秩序维护；二是因为当进入封闭管理状态时，物业公司是住宅小区内不能停运的服务单位。在新冠肺炎疫情防控中，社区封闭管理、住宅小区封闭管理，以及封闭后的生活服务，基本上是依靠物业公司来完成的，疫情很快得到有效控制，物业人功不可没。但在目前条件下，物业公司要承担住宅小区公共卫生风险防控责任和工作，在法律和认知上并不明确，业主(住宅小区居民)的委托协议上并未明确，这是需要总结和改进的。

社区、住宅小区是控制疫情传播的关键环节，把住宅小区守住，全社会防控才有更扎实的基础，才能实现阻隔，阻止疫情扩散蔓延。“非典”防控之战与目前还在继续的新冠肺炎疫情防控战都证明了这一点。

湖北在新冠肺炎疫情攻坚战中，于 2020 年 2 月 16 日连下三道社区防控指令。《湖北省人民政府关于进一步强化新冠肺炎疫情防控的通知》要求城乡所有村组、社区、小区、居民点实行 24 小时最严格的封闭式管理；对所有居民开展拉网式动态滚动筛查，做到“不漏一户、不落一人、不断一天”，确保全覆盖，无盲区；对违反重大突发公共卫生事件Ⅰ级响应管控措施、妨碍疫情防控工作的，由公安机关依法采取强制措施；等等。《湖北省新型冠状病毒感染肺炎疫情防控指挥部关于加强城市社区、小区封闭管理工作的通知》要求所有小区、楼栋、门栋在保证消防安全的前提下，原则上只保留一个出入口，住户无特殊情况一律不准外出，每户每 3 天派出 1 名人员外出购买生活必需品。《湖北省新型冠状病毒感染肺炎疫情防控指挥部关于加强农村村组封闭管理工作的通知》要求以自然村组(村湾)为单位实施硬隔离。这些社区级、住宅小区级的措施，事实上发挥了良好的作用。

为应对新冠肺炎疫情，武汉在2020年2月份采取的最关键的措施是实施逐人筛查甄别，落实隐性感染者、确诊者的密切接触者、疑似病人、确诊病人分类管理，做到应隔尽隔、应收尽收、应检尽检、应治尽治。这一过程进行得非常艰难，除去医疗资源准备供给等因素外，各个基层社区为此付出了巨大的努力。后期武汉实行全民核酸检测，也同样要依靠社区的组织。实践证明，如果社区、住宅小区不行动或无能力，措施再好再准，也只能是空中楼阁。

6.2.5 住宅小区对传染病疫情的日常防控与应急响应

1. 日常防控的基本任务

（1）建立完整的居民基础情况数据库。数据库应包括住宅小区内的户籍人口、非户籍人口，房屋业主和租住情况、职业情况，老年人特别是不能自理、需要介护照料的老年人、残疾人的情况，而且数据库应该适时更新。数据库既可以由社区主导建立，与物业公司共享，也可以由物业公司主导建立，与社区共享。建立这样的数据库，既是社区和物业公司日常管理的需要，也是传染病疫情防控封闭管理模式不可缺少的基础，它可以使防控处置措施更加及时、更加精准。值得强调的是，所收集的个人信息并不是越多越好、越细越好，而是适当、够用就行，以保护个人隐私，避免居民的反感以及由此导致的不配合。

（2）适当增加卫生防疫设备、物资的配备和储备。新冠肺炎疫情发生后的一段时间里，相当多的住宅小区物业公司处在防疫设备物资短缺的状态。这里既有市场供应、政府储备不足的问题，也有物业公司平时没有从公共卫生风险角度思考工作、没有防疫工作准备的原因。立足于公共卫生风险防控，物业公司需要适当增加卫生防疫设备（如消杀设备、测温设备）的配备，要有一定的应急防疫物资储备。在这些方面，政府卫生防疫部门应给予指导。从长远看，物业收费应考虑卫生防疫的因素。

（3）建立生活物资供应渠道。从新冠肺炎疫情防治的实践看，一旦进入封闭管理，居民的生活供应问题就会凸显，如蔬菜、水果、肉蛋等副食品的供应。这个问题的解决主要靠政府采取措施保障市场供应，但社区、物业处在第一线，与居民面对面，也是可以有所作为的，特别是大的住宅小区，可以结合平时的日常服务，建立稳定的、可以应急使用的生活物资供应渠道。这样到“战时”能够稳定人心，减少矛盾，有利于防控工作。

（4）物业工作人员卫生防疫能力和自我防护能力的培养。面对公共卫生事件，要参与防疫，首先需要物业工作人员懂得个人防护，保护好自己；同时还要掌握卫生防疫的基本知识和技能。这些需要在平时培养，需要持续地学习、训练。卫生疾控部门应该加强培训，物业公司要将其纳入常规工作安排，持续坚持。

（5）建立住宅小区志愿者队伍。实践表明，公共卫生事件发生后，进入防疫封闭管理，社区、物业公司的工作量会大幅度增加，造成人手不足。建立住宅小区志愿者队伍，调动住宅小区内部的资源，应该是一个现实的选择，也是居民自我服务、参与公共卫生风险防控的途径。

2. 应急响应的主要任务

(1) 实施住宅小区的封闭管理。“非典”和新冠肺炎疫情防控实践表明,当传染病疫情暴发,禁止聚集性社交活动,社区、住宅小区封闭管理是略显笨拙但非常有效的办法。住宅小区的封闭管理分为两个层级:一是一般性(防范)封闭,二是出现病例成为“疫区”的住宅小区的封闭管理。显然,后者要更为严格,前者可以依靠社区和物业公司的力量来完成,后者则应该有专业部门人员的加入,在其指导下实施。实施封闭管理,不是简单地封闭空间,重要的是要了解住宅小区内居民的流动、变化情况,了解重点关注对象的情况,进出要有记录。实施封闭管理,有关人员与居民发生矛盾冲突在所难免,要保持良好的态度,避免矛盾升级,做好与居民的沟通和宣传工作。实施封闭管理,持续性的严格操作是对物业公司的考验,其必须有管理措施。此外,要按照“开放+封闭”的模式来规划建设住宅小区,住宅小区在正常状态下是开放的、宽松的,但在遇到安全等特殊情况时,又是可以封闭管理的,住宅小区、物业公司应具备这样的模式转换能力。

(2) 对居家隔离观察者的服务和监督。在新冠肺炎疫情防控过程中,有一批人需要居家隔离观察。这样的状况产生了两个方面的需求:一是居家隔离观察者及其家人不可外出,其日常生活供应服务需要跟上;二是居家隔离观察者是否遵守规则,需要监督和提醒。无论社区还是物业公司,都要本着严格而又有温度的原则来做这件事情。要有专人跟踪,有关心有问候,提供服务,对合理的要求尽力予以满足,让居家隔离观察者感到大家的温暖和支持。同时,监督必须到位,必须有办法。

(3) 环境消杀。这是一项每天要做的常规工作,必须保证严格落实,符合规范;同时,要讲究科学,不可过度。

6.2.6 住宅小区对突发中毒事件的防控与处置

住宅小区对突发中毒事件的防控与处置,与对传染病疫情的防控与处置有许多类似之处,重复部分不再赘述,强调以下 4 项防控与处置措施。

1. 组织风险源地图的调查编制

一般来说,住宅小区输入性的突发中毒事件与周边工厂、仓库发生安全事故相关。所以,应该由社区牵头,物业公司参与,对社区内以及周边地区的工厂、仓库、大型实验室进行调查,了解其是否具有化学品的生产、存储,是否有放射物质的使用,如果发生安全事故会发生什么样的危害,对周边居民区产生什么样的影响。对可能产生公共卫生安全事件的风险源进行地图标注。通过组织风险源地图的调查编制,使社区、住宅小区物业公司对周边公共卫生安全风险心中有数。社区、住宅小区物业公司应该在专业部门的指导下,根据风险源地图,制订应急预案,并根据预案进行平时的准备。

2. 加强对住宅小区内单位的日常卫生监督

凡是在住宅小区出租房屋开设餐饮店等的商家,物业公司有责任对其加强卫生监管,要求其签订公共卫生安全责任书,明确双方的权利义务,实行定期的检查、记录。

对住宅小区内的幼儿园、学校及其他单位,社区、物业公司要配合政府相关部门,进行卫生安全监督,将发现的问题及时报告。政府主管部门在实施公共卫生安全检查时,可以鼓励社区、物业公司、居民代表参与,实现群防群治。

3. 物业公司要严格规范自身的卫生管理

物业公司应制定科学可行的卫生管理规程,责任到人,严格执行,持之以恒,特别是对二次供水的卫生管理、污水管网的日常维护,要予以加强性的管理安排、特殊的关注(这些内容在第4章已作讨论,这里不再复述)。总之,要避免因自身管理的问题产生公共卫生事件。

4. 稳妥做好应急处置

一旦发生突发中毒事件及其他卫生安全事故,物业管理单位要立即向政府报告,配合主管部门处置,情况严重时,可临时关闭住宅小区。

6.3 典型案例

6.3.1 香港淘大花园"非典"事件

1. 事件背景[17]

2003年的"非典"在全世界很多城市发生了大流行。据统计,香港在2003年共诊断出1 755例疑似病例,病死率达17%。2003年3月底4月初,香港有超过200人集体感染,住进东九龙某公立医院。大部分病人是居住于该医院附近的淘大花园住户。

淘大花园是19幢大楼组成的大型住宅小区,共有住宅4 896套,人口稠密。其中,E楼为36层楼,每层8个单元,呈井字形分布,每个单元约为48平方米。到4月中旬,淘大花园已被检出SARS病例321例。其中,超过80%的病例来自B, C, D, E座,并且这些病例多数是来自10层或以上的住户。淘大花园的疫情在3月24日达到高峰,其后慢慢回落。淘大花园E座出现SARS病例的时间早于此高峰并呈点源流行,而其他座出现SARS病例的时间则比E座迟3天,病例分布趋均匀。

经调查,造成淘大花园集体感染的指示病例在3月14日和3月19日曾分别两次拜访淘大花园E座16层7号单元,并因腹泻多次使用了该单元的厕所,此指示病例曾入住某公立医院并在住院期间感染了SARS病毒。调查认为,淘大花园疫情起源于指示病例,他将其所携带的SARS病毒传给E座少数住户,然后再通过排污系统、人—人传播及公用设施将SARS病毒传给E座其他住户,而SARS病毒在淘大花园其他座的传播主要是通过人—人直接接触和通过直接接触被污染的环境媒介物来实现的。

2. 疾病的时间和地点分布[17]

淘大花园E座SARS大暴发始于2003年3月21日,而其他座出现病例事件为3月24日至26日，3月24日出现的病例最多。SARS的潜伏期为2～10天，能够在这么短的时间内出现SARS病例并不能用人传人的模式来解释，需要考虑其他传播途径。SARS病例在每座居民楼内不是随机或均匀分布的，而是集中在某些楼层或单位。187例病例中99例来自E座，占52.9%，E座的7号单元和8号单元出现的SARS病例最多，分别有17例和45例，10层以下的SARS病例则非常少见。这种分布方式很难用排污系统传播和人传人模式来解释。如果SARS在淘大花园E座是通过排污系统传播，E座低层的住户会更容易受到感染；如果是通过人—人之间的直接接触和直接接触被污染的公共设施（公共电梯或楼梯），就很难解释病例集中在一定的楼层而非均匀分布，很难解释最靠近E座的F座感染人数少，而B，C，D座病例多的现象。4%的淘大花园的SARS病例在其发病前直接接触SARS病人，而8%的病人在3月17日至23日期间曾回过内地。

3. 疾病的传播途径[17]

经调查发现，大楼的污水管道和部分住户的卫生间存在气体流通。U形存水弯是住宅建筑中常见的一种管件，作用是隔绝下水道的空气，防止臭气进入室内。淘大花园E座在建筑设计上有8个垂直的污水管，每条管道都收集来自同一单元各楼层的污水。这些污水分别来自抽水马桶、洗手池和浴室的地漏，这3个卫生设备上都安装了U形存水弯。但只有当存水弯里有足够的水量时，才能够发挥隔离作用。根据对E楼住户的调查，多数居民都提到了卫生间臭味明显的现象，说明上述的3个存水弯里，至少有1个存在问题。抽水马桶、洗手池都是常用的，这两个存水弯应该长期留有积水，所以问题大概率出在浴室地面的地漏上。调查发现，淘大花园的大部分住户都习惯于拿拖把拖地，而不是拿水冲洗，这就容易导致地漏下的U形存水弯存不下水，起不到隔离污水管臭味的作用。

SARS疫情暴发后，香港大学曾在淘大花园E座某一单元里做了一次实验。当打开浴室的排风扇时，浴室内气压为负，污水管里的空气可以通过地漏被吸入浴室。如果污水管里的空气中含有病毒，这条路线就为病毒传播提供了途径，这也能够解释为什么淘大花园的传染病例大多集中在垂直方向上的7号和8号单元。

污水管的水流是往下走的，按这个规律，病毒向下传播。但7号和8号单元集中感染的楼层都为13～24层，这说明病毒还有向上传播的渠道。经研究发现，淘大花园7号单元室外的垂直排污管里产生的负载病毒的气溶胶透过干涸的地面U形管返回浴室，再借浴室排风扇的吸力进入天井。气溶胶受热上浮，天井中潮湿的空气可能会在排风扇产生的负压或楼宇间风力的影响下进入与天井相连的高层住户家中。淘大花园的建筑构造也助推了这种传播。在E座7号和8号单元之间，是一个宽度为1.5米的狭窄天井。根据空气动力学，狭窄天井内的空气很难横向流动，但能够快速上下流动。一旦带有病毒的气体在排风扇的作用下逸出室外，它就可以在这个狭长的空间里通行无阻，这就为病毒向上播散提供了可能。

淘大花园E座其他住户单元居民的感染主要是由于病毒水平传播，是由住户单元之间的空气流动造成的。当气流到达淘大花园E座天井顶部后，病毒会沿风向被吹散到位于下风口处的

B，C，D 座一定楼层高度的住户家中。

6.3.2　上海市居民区(村)疫情防控管理操作导则

新型冠状病毒肺炎(Corona Virus Disease 2019，COVID-19)，简称“新冠肺炎”，世界卫生组织将其命名为“2019 冠状病毒病”，是指 2019 新型冠状病毒感染导致的肺炎。2019 年 12 月以来，湖北省武汉市部分医院陆续发现了多例有华南海鲜市场暴露史的不明原因肺炎病例。现已证实为 2019 新型冠状病毒感染引起的急性呼吸道传染病。国家卫生健康委员会决定将新型冠状病毒感染的肺炎纳入法定传染病乙类管理，采取甲类传染病的预防、控制措施。[21] 2020 年 3 月 11 日，世界卫生组织总干事谭德塞宣布，根据评估，世界卫生组织认为当前新冠肺炎疫情可被称为“全球大流行”。上海市于 2020 年 2 月 14 日发布了《本市居民区(村)疫情防控管理操作导则》，全文如下。

当前本市疫情防控工作正处于关键时期，为全力应对新冠肺炎疫情，筑牢基层防控第一道防线，坚决阻断疫情扩散蔓延，切实保障人民群众生命安全和身体健康，依据相关法律法规和本市有关规定，在总结各区、各基层社区实践经验的基础上，现就做好本市居民区(村)疫情防控管理工作制定如下导则。

1. 严格住宅小区入口管理

(1) 对所有的住宅小区，出入口要设置检查点，全天候值守。加强门岗力量配备，加强外来车辆和人员的登记管理。人员逢进必测温、必记录。对体温异常人员，按照既定的“全链条处置机制”及时报告、移送。小区要设置指定区域，供快递、外卖等实行无接触式配送，由居(村)民到指定区域自行领取。

(2) 对有围墙、有物业的住宅小区，要严控出入口数量，有条件的要做到“一小区一出入口”。

(3) 对有围墙、无物业的住宅小区，街道(乡镇)应组织力量负责出入口执勤，实施入口管理。

(4) 对无围墙的住宅小区，要通过实地勘察、物业核实等方式及时排摸梳理小区出入口数量情况，加强道口把控。落实沿街门栋的管控。对有物业管理的，物业服务企业要负责道口登记、检测等工作；对无物业管理的，街道(乡镇)要负责道口力量配置；无法设立门岗管理的，要以网格为单位，划分片区，街道(乡镇)要明确责任人员，明确片区责任。

(5) 对农村宅基居住区，要结合实际划小防控单位，以村组和自然村宅为基础加强联户管理，落实庭院宅基主体责任，加强来沪人员管控。原则上一个自然村落只保留一个出入口。

2. 严格来沪返沪人员登记和重点人群管理

(1) 居(村)委会要加强辖区巡逻、上门排查，做到人员排查全覆盖、无遗漏。有条件的小区可通过二维码、小程序等形式开发线上来沪、返沪人员信息登记系统，供居(村)民在线填报，并提示上述人员做好居家隔离健康观察或社区健康管理。对未返沪的空关户和失联户要重点排查，上门张贴告知书，提醒居(村)民返沪后按规定向居(村)委会报备登记。

(2) 居(村)委会要及时告知小区来沪、返沪人员报告健康情况，并配合完成个人信息登记工作，落实相应防控举措。隐瞒、缓报、谎报有关信息或阻碍疫情防控工作人员履行职务的，依法依规追究责任。对重点地区来沪、返沪人员中无发热等症状的，严格实行为期 14 天的居家隔离健康观察，配合相关管理服务，在此期间一律不得外出；出现发热等症状的，应按规定及时就诊排查。

(3) 居(村)委会要协助社区卫生服务中心落实居家隔离健康观察人员医学监测。加强与居家隔离健康观察对象联系沟通，劝导不要擅自外出。鼓励有条件的小区探索采用多种方式加强居家隔离健康观察管理，并为居家隔离健康观察人员提供心理疏导。如有不按要求落实居家隔离健康观察的，由居(村)委会及时告知公安机关依法处置。对小区内没有居家隔离健康观察条件的人员，居(村)委会应及时报告街道(乡镇)，做好集中隔离健康观察的衔接工作。

(4) 积极落实出租户(房东)主体责任，按照要求向居(村)委会提供出租房屋和承租人动态信息。房屋已出租给重点地区人员的，出租户(房东)应主动联系尚未返沪的承租人员，劝其近期不要返沪；承租人员已返沪的，应督促其落实隔离健康观察要求。对不报告租住房屋情况、不配合政府和社区工作人员开展工作的，依法依规追究责任。

(5) 对社区内发生外来人员不报告等情况，居(村)委会要接受居民的举报，第一时间核实处置。

(6) 对治愈出院的确诊病例，各居(村)委会要配合相关医疗机构和社区卫生服务中心做好为期两周的健康观察工作。当小区内发现确诊病例时，居(村)委会要配合疾控部门和社区卫生服务中心做好对发生病例单元楼的环境监测、终末消毒、病例密切接触者集中隔离观察等工作，并按照规范对居(村)民实施自主健康监测与报告。

3. 严格社区公共场所和设备管理

(1) 各小区物业服务企业要严格按照市疾控中心《关于下发九个重点场所预防性消毒技术要点的通知》(沪疾控传防〔2020〕32 号)明确的社区消毒技术要点，做好住宅小区公共区域的楼道、电梯、门卫室、垃圾箱房(桶)、公共办事区域、为民服务场所等共用部位、设施设备和公共场所的清洁消毒、通风换气、垃圾分类处理、环境整治等工作。对居家隔离健康观察家庭的垃圾按有关规定进行专门处理。

(2) 小区内非生活必需的文体娱乐休闲等公共场所一律关闭。暂停一切文化娱乐等聚集性活动。劝导居民“红事”暂缓、“白事”从简。

(3) 对小区内住户遇到水、电、气、通信等设施故障，相关企业人员进小区维修，在做好体温测量等防护措施前提下，应该予以放行。

4. 加强对相关人员的关心关爱

街道(乡镇)、居(村)委会要组织力量为居家隔离健康观察家庭提供必要的日常生活保障。做好对困难老人、残疾人、重大病患者和低保特困户等特殊群体的生活服务保障工作。要做好居(村)民解释工作，保证在租约期内体温正常的返沪人员可以正常入住。对于短期向疫情重点区域运送物资的司机、装卸工等提供保障的人员，原则上不需采取隔离 14 天的措施，并做好健康关心工作。

5. 广泛开展社区宣传教育

居(村)委会要充分利用各种载体和形式,广泛宣传疫情防控和家庭聚集性疫情防护知识,回应群众关注,解疑释惑,引导居民正确认识疫情;倡导居(村)民“无事不出门、不串门、不聚会”,严格遵守在公共场所佩戴口罩的规定,提高自我防护意识。

6. 强化群防群控机制

要建立以居(村)党组织为核心,居(村)委会为主导,业委会、物业公司、社区民警、志愿者等共同参与的网络体系,建立家庭、楼组、小区、片区上下贯通的组织体系,确保横向到边、纵向到底,实现防控任务分片包块、责任到楼、联系到户、落实到人。

各工业园区下辖居民区(村)参照执行。

参考文献

[1] 王聪霞.城市居住环境污染问题及治理对策探讨[J].民营科技,2009(6):100.

[2] 医师资格考试指导用书专家编写组.2017 国家医师资格考试医学综合指导用书 公共卫生执业医师:下册[M].北京:人民卫生出版社,2016.

[3] 中华人民共和国生态环境部.国家突发环境事件应急预案:国办函〔2014〕119 号[A/OL].(2014-12-29)[2019-12-27].http://www.mee.gov.cn/ywgz/hjyj/yjzb/201912/t20191227_751708.shtml.

[4] 孙多勇,朱桂菊,李江.危机管理导论[M].长沙:国防科技大学出版社,2018.

[5] 吕小明.环境污染事件应急处理技术[M].北京:中国环境科学出版社,2012.

[6] 陈海秋.转型期中国城市环境治理模式研究[M].北京:华龄出版社,2012.

[7] 华桂春.预防医学[M].北京:化学工业出版社,2013.

[8] 赵永建.把脉政府结构变革研究[M].成都:西南交通大学出版社,2014.

[9] 杨克敌.环境卫生学[M].6 版.北京:人民卫生出版社,2007.

[10] 卫生部办公厅.卫生部办公厅关于印发《突发公共卫生事件社区(乡镇)应急预案编制指南(试行)》的通知[J].中华人民共和国卫生部公报,2007(1):44-51.

[11] 江苏省卫生厅.江苏省卫生厅关于印发《江苏省乡镇(街道)突发公共卫生事件应急预案编制指南》的通知:苏卫应急〔2012〕27 号[A/OL].(2012-11-01)[2019-03-06].http://wenku.baidu.com/view/723bb1d1a9956bec0975f46527d3240c8547a107.html.

[12] 王亚东.卫生应急管理关键技术的开发与应用[M].北京:北京大学医学出版社,2017.

[13] 冯子健.传染病突发事件处置[M].北京:人民卫生出版社,2013.

[14] 孙柏瑛.安全城市 平安生活:中国特(超)大城市公共安全风险治理报告[M].北京:中国社会科学出版社,2018.

[15] 刘斐旸,彭然,黄佳伟,等.城市应对突发公共卫生事件的规划策略:以武汉市为例[J].规划师,2020,36(5):72-77.

[16] 孙承业.中毒事件处置[M].北京:人民卫生出版社,2013.

[17] 李立明,詹思延.流行病学研究实例:第四卷[M].北京:人民卫生出版社,2006.
[18] 吴雪菲.我国政府在城市突发公共卫生事件中的应急管理研究[D].成都:电子科技大学,2012.
[19] 郦启亮.建设韧性城市,应对重大突发公共卫生事件[J].城乡建设,2020(6):6-10.
[20] 邓毛颖.危机与转机:突发公共卫生事件下的城市应对思考——以广州为例[J].华南理工大学学报(社会科学版),2020,22(3):76-82.
[21] 侯莉莉,谭远飞,周殷华,等.抗击新冠肺炎工作中发热门诊医护人员心理干预必要性分析[J].世界最新医学信息文摘,2020,20(58):259-260,262.

7 城市住宅小区治安风险防控

在本书的语境下，治安是公共安全的组成部分，是指一个社会、一座城市人身权利保护、财产权利保护的状态，以及与此相关的社会秩序的状态。社会治安管理包含对社会基本秩序的维护、对治安环境的治理、对违法犯罪的处罚和预防等。治安状况是城市公共安全质量的重点领域，也是市民、游客、外来务工和差旅人员日常感受最直接、最敏感的安全指标。一座城市如果失去基本秩序，盗匪横行，人身安全无保障，人们就失去了基本的安全感。

住宅小区的治安管理也被称为安保工作，包括对住宅小区基本生活秩序、管理秩序的维护，对居民人身、财产权利的维护，配合公安等司法机关对违法、犯罪行为的打击、处理，等等。住宅小区作为城市的重要组成部分，保障其秩序和安全，是城市社会治安的基础。

城市住宅小区治安风险防控，是指运用现代风险防控的理念和方法，加大防范的力度和居民共同参与度，改进住宅小区的治安管理，提升住宅小区的管理秩序和生活秩序，提升居民的安全感。

7.1 我国城市社会治安的总体状况和治理方略

我国城市社会治安一直坚持社会综合治理，实施具有中国特色的治理方略，取得了良好的成效，社会治安总体形势持续保持平稳，体现出社会主义制度的优越性。

7.1.1 我国城市社会治安的总体状况

近年来，国家深入推进立体化社会治安防控体系建设，不断改进加强各项治安管理工作，健全完善治安管理常态长效机制，努力为社会稳定、人民安居乐业创造良好的社会治安环境。治安管理改革创新取得了重要进展，进一步推进户籍制度改革，加强流动人口管理，建立居住证制度，平稳开展居民身份证异地受理、挂失申报、丢失招领制度建设，完成了户口登记管理清理整顿。治安打击整治取得了明显成效，严重暴力犯罪案件和“两抢一盗”等多发性案件同比下降。治安管理、安全防范等多项基础工作得到加强。2016 年年底，全国社区(村)网格化覆盖率已经达 93%。① 总体看，社会治安总体形势保持良好的状态，社会秩序平缓、稳定。2017 年，我国严重暴力犯罪案件比 2012 年下降 51.8%，重特大道路交通事故下降 43.8%；人民群众对社会治安

① 社会综合治理走出网格化服务管理精准之路.中华人民共和国中央人民政府，2017-09-16.

满意度从2012年的87.55%上升至2017年的95.55%;我国每10万人中发生命案0.81起,是命案发案率最低的国家之一。[①] 2019年上半年,全国刑事案件立案总量在连续3年下降的基础上,同比又下降6.7%;8类严重暴力犯罪案件同比下降11.1%,保持了连续多年下降趋势。[②]

与此同时,社会治安也存在一些不容忽视的动向特点:

(1) 接警量增高。群众报警意识增强,遇到不法侵害、危难能够很快报警,公安机关快速反应能力提高,执法力度和警务活动的密度增强,同时也说明当前治安形势仍旧不容乐观。

(2) 发案区域、犯罪场所不断由农村向城镇、由居民住宅向公共场所转移。在居民住宅严重暴力犯罪案件下降的同时,金融、娱乐场所、工业企业、大专院校、宾馆饭店等防范难度较大的公共活动场所同比上升。防控措施和防控利益不对等的区域、场所往往容易被违法犯罪分子盯上;有无管控和管控好坏的后果、成效有明显的差别。

(3) 当前我国城市社区犯罪在类型上的特点表现为以侵占财产为目的的财产犯罪(如盗窃、抢劫、诈骗、非法借贷等)居首位,流动人口中的犯罪人员增多,未成年人暴力犯罪突出,社区治安和社区预防违法犯罪已经成为社会治安综合治理的主要内容。

(4) 除了以往常见的暴力违法犯罪行为,出现了"软暴力"[③]手段。

(5) 随着社会进入互联网时代,网聊、网游、网播、网贷、网购等成为普通人的日常生活方式,通过信息网络或者通信工具实施的违法犯罪行为大幅增多,依法构建良好网络秩序,维护网络安全,防范网络违法犯罪活动成为社会治安面临的重要问题。

(6) 大、中、小城市治安呈现不同特点。不同规模城市的地域管辖范围、警务划分模式、人口密度、人口构成、警务管理模式、社会活动倾向、社会易发案件种类均有所不同。

7.1.2 我国城市社会治安的治理方略

1. 发展阶段

坚持社会治安综合治理,是具有中国特色的治安方略,是解决我国社会治安问题的根本途径。社会治安综合治理的形成与发展历程大致可以分为四个阶段。

第一阶段:社会治安综合治理思想的形成、方针的提出和实际探索阶段(1981—1990年)。1981年6月,中共中央批转了中共中央政法委员会召开京、津、沪、穗、汉五大城市治安座谈会会议纪要,第一次明确提出解决社会治安问题必须实行"综合治理"。1989年全国政法工作会议提出,社会治安综合治理工作由各级党委统一负责。自此,全国许多地方建立了不同形式的社会治安综合治理领导体制,设立了组织领导和办事机构,社会治安综合治理在许多地方启动。

---

① 2017年我国每10万人发生命案0.81起 命案发案率最低国家之一.人民网,2018-01-24.

② 公安部:8类严重暴力犯罪案件连续多年下降.中国法院网,2019-08-13.

③ "软暴力"是指行为人为谋取不法利益或形成非法影响,对他人在有关场所进行滋扰、纠缠、哄闹、聚众造势等,足以使他人产生恐惧、恐慌进而形成心理强制,或者足以影响、限制他人人身自由,危及人身财产安全,影响正常生活、工作、生产、经营的违法犯罪手段。

第二阶段:社会治安综合治理工作在全国普遍开展阶段(1991—2000 年)。1991 年 1 月,中共中央在烟台召开全国社会治安综合治理工作会议,总结过去 10 年开展社会治安综合治理取得的成绩和探索的成功经验,明确了社会治安综合治理的大政方针和工作任务。随后,中共中央、国务院和全国人大常委会分别作出了《关于加强社会治安综合治理的决定》。[1]

第三阶段:社会治安综合治理工作广泛深入发展阶段(2001—2012 年)。这一阶段的主要特点是,按照构建社会主义和谐社会和全面建设小康社会的要求,社会治安综合治理工作围绕加强社会治安防范、矛盾纠纷排查调处和深化平安建设三大方面,进一步拓宽领域,提高层次、完善机制。[2]

第四阶段:完善社会治安综合治理体制机制阶段(2013 年至今)。党的十八届五中全会通过的《中共中央关于制定国民经济和社会发展第十三个五年规划的建议》,强调"完善社会治安综合治理体制机制",这是适应复杂多变的社会治安形势,提高社会治安综合治理科学化水平的迫切需要。

2. 工作范围

社会治安综合治理的工作范围主要包括打击、防范、教育、管理、建设、改造六个方面,其主要内容如下:

(1) 打击是社会治安综合治理的首要环节,是落实社会治安综合治理其他措施的前提条件。相关部门必须长期坚持依法从重从快严厉打击严重刑事犯罪活动的方针,运用打击的手段震慑犯罪分子。

(2) 防范工作是减少各种违法犯罪活动和维护社会治安秩序的积极措施。各单位要在党政的统一领导下,发动群众建立起各种形式的群防群治组织,落实治安责任制,建立健全各项规章制度,不断提高自防自卫的能力。

(3) 教育,特别是加强对青少年的教育,是维护社会治安的战略性措施。要根据青少年的特点,开展各种喜闻乐见、寓教于乐的思想教育活动,培养青少年高尚的情操,提高辨别是非的能力,增强自身的免疫力。

(4) 管理工作是堵塞犯罪漏洞、减少治安问题、建立良好秩序的重要手段。要加强对重点人员和重点部门要害部位的管理,落实责任,明确措施。

(5) 加强基层的组织建设和制度建设,是落实社会治安综合治理的关键。要层层建立社会治安综合治理组织机构,把基层组织建设作为重点。推行各种形式的综合治理目标责任制和领导干部责任制,加快制定和完善综合治理的法律、法规,使综合治理各项工作做到有法可依,有章可循。

(6) 改造工作是教育人、挽救人,防止重新犯罪的特殊预防工作。积极做好刑满释放、解除劳教人员的帮教和就业安置,采取多种渠道为他们解决生活出路问题,以利于对他们的改造和帮教,减少重新违法犯罪。[3]

"打防结合,预防为主"是社会治安综合治理工作的指导方针,要坚持打击与防范并举,治标和治本兼顾，重在防范，重在治本。

3. 完善社会治安综合治理体制

完善全社会共建共享的社会治安综合治理体制，重点如下：

(1) 在党的集中统一领导下，充分发挥社会主义制度优势，统筹整合资源力量，进一步形成党委领导、政府主导、综治协调、相关部门齐抓共管、社会力量积极参与的良好局面，提高社会治安综合治理水平。

(2) 充分运用现代信息技术，加强信息化合成作战平台建设，打造部门联动无缝隙、数据应用无死角的合成作战体系，从整体上提升战斗力。结合感知交通、感知社区等智慧板块建设，打造一批社会治安防控和智能化建设有机融合的示范工程，形成可复制、可推广的智能化建设成果。

(3) 坚持维权和维稳相统一，把源头治理、动态管理、应急处置有机结合起来，完善社会矛盾排查预警和调处化解综合机制，牢牢掌握预防、化解社会矛盾主动权，构建调解、仲裁、诉讼等有机衔接、相互协调的多元化纠纷解决体系。[4]

(4) 运用好宽严相济的刑事政策，健全严密防范、依法惩治违法犯罪的工作机制。对暴力恐怖、涉枪涉暴、黑恶势力等严重危害人民群众生命财产安全的犯罪活动，毫不动摇地坚持依法严惩，以有效震慑严重刑事犯罪分子，增强人民群众安全感；对普通犯罪分子中的从犯、初犯、偶犯、失足青少年等，要根据犯罪事实、情节和认罪态度，在法律规定的幅度内酌情从宽处理，有利于减少社会对立面，有利于他们改过自新、顺利回归社会。

7.1.3 我国城市住宅小区治安管理体制

城市住宅小区治安管理体制由公安机关打击防范、社区街道组织群防、小区居民自防三级治安管理工作构成。

(1) 公安机关的任务是维护国家安全，维护社会治安秩序，保护公民的人身安全、人身自由和合法财产，保护公共财产，预防、制止和惩治违法犯罪活动，监督指导机关、团体、企事业单位和重点工程的保卫工作，指导群众性组织的治安防范工作。公安局的治安科和户政科分管社区治安和户籍管理工作，派出所设置了专职社区治安民警，建立巡逻队专门负责在辖区巡逻，强化社区整体防控，扼制抢劫、抢夺、入室盗窃等伤人侵财恶性案件。公安局的其他职能科室不定期到各个派出所界内查处赌博、卖淫嫖娼、吸毒等违法行为并进行处理，对某些高危人群起到震慑作用。[5]

(2) 社区街道组织在城区党委政府领导下，积极配合公安机关，对社区治安进行群防群治。每个街道都设置综合治理办公室，下属居委会都设置治保主任及治保委员组成的治保小组，专门负责辖区治安管理。这些治保人员密切配合公安机关的工作，利用对社区人员、地形熟悉，便于做群众工作、及时搜集治安情报信息等优势，在社区大力开展群防群治，与其他综治部门联合形成治安管理的合力。[5]

(3) 小区居民自防力量是城市住宅小区治安管理体制的重要组成部分。有的住宅小区物业公司聘请了专业持证的保安人员,有的住宅小区自发组成若干治保小组,有的住宅小区每栋居民楼都设有楼栋长,作为治安骨干力量或治安积极分子,负责住宅小区日常的治安管理工作。

城市住宅小区治安管理是一项长期而复杂的工作。建立科学合理的治安管理体制机制,就是要适合住宅小区的特点,实现治安管理工作的常抓不懈、共建共享,一旦发现漏洞能够迅速修补、整改。

7.2 住宅小区治安问题及风险防控

要高效、精准地开展住宅小区治安风险防控,必须深入、持续地分类排查隐患问题并有针对性地分类施治。

7.2.1 住宅小区常见的治安问题

一座城市,一个住宅小区,存在治安方面的问题是常态。当然,不同城市、不同住宅小区的问题类型会有差别。住宅小区是居民居住生活的地方,与公共场所、交通工具不同,在现有条件下,其常见的治安问题主要如下。

1. 住宅小区秩序类

住宅小区秩序类问题主要涉及场地和人员的管理。

(1) 用户擅自改变住宅用途,严重影响他人生活,引发各类安全隐患问题。常见的多为利用住宅、车库、杂物房开设托幼班、培训机构、私房菜馆、养生馆、棋牌室等场所,出现无证经营、聚众赌博、卖淫嫖娼等违法违规行为。

(2) 房屋出租人管理不当,将房屋出租给无身份证件的人居住,或者不按规定登记承租人姓名、身份证件类型和号码;房屋出租人明知承租人利用出租房屋进行传销、邪教、贩毒、制毒、制假、赌博、卖淫、嫖娼等犯罪活动,不向公安机关报告。

(3) 住宅小区内经合法审批的商铺管理不当,商铺经营者出现违法违规行为,或者严重影响他人生活,引发各类安全隐患问题。

(4) 因群体性纠纷事件造成结伙斗殴,追逐拦截他人,强拿硬要或者任意损毁、占用公私财物,以及其他寻衅滋事行为。这些纠纷事件包括:广场舞、经营场所噪声扰民纠纷;业主与开发商、物业公司、水电气等配套公共服务供应商之间的矛盾纠纷;其他损害公共安全和公共秩序的行为。

2. 财产损失类

财产损失类问题主要涉及盗窃和抢夺财物的行为。

(1) 入室盗窃、入室抢劫。

(2) 盗窃汽车、电动车、自行车。

(3) 盗窃电缆、电梯、电灯、门窗等住宅小区公共设施、设备及其零部件。

(4) 冒领、隐匿、毁弃、私自开拆或者非法检查他人邮件。

(5) 不法分子以电信诈骗、传销诈骗、网络诈骗、保健品推销诈骗等方式,骗取居民的现金、财物、账号、密码等。在住宅小区里以熟人、亲友、老乡、专业中介、公职人员的身份出现,隐蔽性和欺骗性强。

(6) 抢夺财物。常发生在住宅小区的道路、凉亭、楼梯间、停车场等僻静角落,主要针对老弱病残人士。

3. 人身伤害类

人身伤害类问题主要涉及各类侵害他人人身权益的行为。

(1) 高空抛掷物伤人。高空抛掷物在重力加速度和高度作用下会产生巨大的瞬间冲击力,可导致人员伤亡、车辆损毁等恶性事故。

(2) 动物扰民、伤人。现在常常看见许多未佩戴犬口罩和牵狗链的宠物在住宅小区里玩耍乱窜,由此造成的宠物伤人事件数量近年来呈上升趋势。

(3) 因债务、感情或邻里矛盾造成纠纷,在住宅小区内发生侮辱、殴打、滋扰等各种暴力或者“软暴力”行为,以及非法限制他人人身自由、非法侵入他人住宅或者非法搜查他人身体的不法行为。

(4) 偷窥、偷拍、窃听、窃取、散布等侵害他人名誉、隐私、网络信息、数据文件、知识产权和其他合法权益的行为。

(5) 猥亵他人或者故意裸露身体,以及各类性骚扰言行。

(6) 精神病患者肇事伤人。这些病人尽管是少数,但有可能会带来比较严重的后果。

(7) 抢劫、杀人、强奸、投毒、纵火、涉枪涉爆、拐卖妇女儿童等刑事案件。这类案件情节恶劣、后果严重、对社会危害大,对群众安全感会造成严重影响。

住宅小区的治安问题多数看起来是小事,常常容易被忽视。然而,当住宅小区疏于管理出现失序,部分居民就会选择迁出,未能迁离的居民为自保而退缩回家,减少外出时间,住宅小区公共事务缺乏公众关注支持,诱发更多外来的违法犯罪分子入侵,住宅小区安全形势进一步恶化。因此,治安问题一旦发生,必须及时矫正,将其消除在萌芽状态。同时,需要积极采取预防措施,降低问题发生的概率和影响,使住宅小区治安始终处于良性状态。

7.2.2 住宅小区治安风险防控的含义和特点

1. 城市住宅小区治安风险防控的含义

现代风险管理理论从不确定性出发,研究危害性事物的发生、控制和处置。风险管理理论认为,风险是指某种特定的危险性的突发事件发生的可能性及其产生的后果。

从风险的角度考察城市的社会治安,可以发现,我国目前处在社会治安风险较高的历史时期。由于我国正处在城市化发展时期,同时又是社会转型时期,社会的发展和经济结构的改变出现了失衡和分裂,城乡之间、地域之间、贫富之间、阶层之间的差距逐渐增大,人们的人生观、价值观等日益多元化，各种矛盾易发多发而且相互交织；城市人口的居住密度和流动速度日趋变大，使得城市（包括住宅小区内部和周边）的人员结构变得非常复杂，高危人群和弱势群体逐渐被边缘化，当遭受疾病、失业、失意等生活不幸时，容易走向极端，发生违法犯罪行为。

但每个具体治安问题、具体治安事件的发生又具有不确定性，与城市的经济社会发展条件、人口状况、社会矛盾的发展程度、社会治安管理的状况相关联，所能造成的危害程度不一；与具体行为人的状况、意识相关联。也就是说，具体风险的存在和程度是需要具体分析的。

城市住宅小区治安风险防控就是要通过识别住宅小区日常活动中存在的危险、有害因素和条件，并运用定性或定量的统计分析方法确定其风险严重程度，进而确定风险控制的优先顺序和风险控制措施，以达到减少治安问题、降低危害的目标。其核心就是找出治安问题发生所依赖的因素和条件，并在实际管理过程中采取有针对性的措施加以控制、铲除，从而降低风险，降低问题发生的可能性。

社会治安综合治理是国家的治安方略，那么城市治安风险防控与社会治安综合治理的关系是怎样的呢？防范工作是社会治安综合治理的重点内容。社会治安综合治理强调要坚持打击与防范并举，治标和治本兼顾，重在防范，重在治本。治安风险防控引入现代风险防控理论来研究、提升社会治安的防范工作，实际上是对社会治安综合治理的丰富和推动。可以说，城市治安风险防控、住宅小区治安风险防控，是社会治安综合治理的有机组成部分。

2. 城市住宅小区治安风险防控的特点

1）多主体关联、参与

目前来看，承担城市住宅小区治安风险防控职能的主体涉及政府部门（含街道社区）、物业公司、业委会或者居民自治组织，更广义的还包括全体居民。不同的主体具有不同的资源与管理特征，其中政府部门具有法律赋予的权力，可以从制度、资金、政策等方面鼓励、引导、约束人的行为，是最强有力的管理主体。但是政府不能面面俱到，只能发挥宏观调控的职能，街道社区等基层组织也只能发挥指导调节功能。住宅小区治安风险防控需要发挥市场的作用，发挥物业公司的作用，赋予物业公司主体地位。专业的物业公司拥有丰富的管理经验和资源，保安服务已成为其基本、成熟的服务业务，可以满足住宅小区的基本安保服务需求。业委会或者一些居民自治组织也是住宅小区治安风险防控不应缺少的参与主体，但由于业主自身素质的参差不齐以及现有条件的制约，很难依靠自律作用实现长期的自我管理，只能起到辅助作用。因此，从责任主体角度，住宅小区治安风险防控应该主要由物业公司与政府合作来承担，并以物业公司为主导，政府扶持，其他主体参与。

2）从人的行为管理约束出发

城市住宅小区治安风险防控的管理对象是导致治安事件发生的因素和条件，对其进行预防和控制。从形式看，管理对象包括人、物、事。人，指住宅小区内的长期居住者以及流动人口；物，指住宅小区内与安保相关的基础设施，这些设施如果损坏，例如路灯不亮、围墙破损、单元门锁损坏，会给盗窃等社会治安问题创造条件；事，指住宅小区内发生的各种影响百姓生活的社会治安问题，如盗窃、打架斗殴等事件，各种闲杂人员随意进入发放传单、张贴小广告。但这三者都离不开人，物与人的行为相关，事则是人的行为所致。进一步而言，一切社会治安事件都与人相关，由人的行为所致。因此，住宅小区治安风险防控要从人的行为管理约束出发，考虑人的行为机理，符合人性的特点。离开这一点，风险防控工作不是无法落地，就是代价过高无法持续。

3）人防、物防、技防是基本管理媒介

在我国社会治安管理实践中，人防、物防、技防结合是成功经验。住宅小区治安风险防控的基本管理媒介也是这三者的结合。具体来讲，人防就是以人作为管理的媒介，包括保安员、警务人员、小区巡逻队、楼栋值班员等，以人力避免或减少治安事件的发生。物防就是加强硬件建设，主要包括完善住宅小区的围护设施，实行封闭管理，安装单元门、防盗门与防盗窗等，从硬件方面减小住宅小区发生治安问题的可能性。技防则主要依靠先进的技术设备强化治安防范与提升治安问题的处理效率，比如安装红外线报警系统、电子监控系统、安保信息交换共享平台等。要根据住宅小区的治安风险程度、现有条件、经济上的可承受能力，合理确定人防、物防、技防的具体措施，并实现三者的合理组合。[6]

4）系统性

住宅小区治安风险防控是一个系统工程。治安风险防控区域、主体、对象、手段均呈现多元化状态：治安风险既存在于家庭私密空间，也存在于住宅小区公共空间，还与住宅小区的周边环境、社区警务、流动人口密切关联；防控主体包括公安部门、街道社区、物业公司、保安公司、业委会、社区议事委员会、居民等；防控对象包括辖区内高危人群、流动人口、流窜人员等不同群体，行为除了以往常见的暴力手段，还出现了“软暴力”手段和与之相关的网络违法犯罪问题；防控的手段有人防、技防、物防等不同类型。因此，住宅小区治安风险防控需要各方面的共同参与、协调配合，需要人、财、物的持续投入，其中各个要素、主体和环节都不可缺少、紧密联系，要形成完整有效的治安风险防控体系，形成人防、物防和技防并举，联防联动、群防群治的机制。

7.2.3 住宅小区治安风险防控存在的问题

从风险防控的角度考察住宅小区的治安管理特别是预防工作，发现其存在以下问题。

（1）治安风险防控体制机制不够健全，防控体系系统性、协同性较差。我国的城市住宅小区治安风险防控体系建设相对来说起步较晚，虽然相继出台了制度办法，但从整体上看，还存在推进速度和力度不大的情况，各社区的治安管理体制机制还存在一些漏洞或者不完善的地方，具体表现在：①住宅小区治安风险防控过度依赖自上而下的组织动员，缺少自下而上的主动自治行为，社区作用弱，居民参与不足；②公安机关等政府部门、街道之间信息不共享，工作各自为政，衔接不够，缺乏有效的平台建设；③由于物业公司、居委会和业委会互不隶属、职能不同、性质不同，三者关系一直难以协调，部分住宅小区甚至关系紧张，造成互相推诿责任，出了问题互相抱怨，没有形成工作合力；④尚未建立起有效的筹资渠道和制度。

（2）基层警力不足问题突出，基层警务建设有待加强。公安机关是城市住宅小区治安风险防控的主要力量，治安警务工作量大，使得公安机关治安防控力量相对不足。部分住宅小区设有警务站，但见警率不高，警务工作开展不是很规范，管区内的基层基础工作（比如户籍、流动人口、出租房屋情况调查等）和日常巡查工作质量不高。

（3）社区管理存在一定程度的缺失，住宅小区周边环境关系处理不够理想。住宅小区内不少治安事件如打架斗殴、入室盗窃、土地纠纷、排水纠纷、噪声扰民等，都与周边的居民有关系，周边环境的好坏影响着住宅小区的治安状况。目前一些住宅小区尚未成立业委会，没有参与社区议事委员会组织的活动，居民缺乏参与公共管理、反映纠纷问题的正常途径。物业公司只是服务性公司，不能对纠纷进行过多的处理。此外，住宅小区各自为政，不能有效整合安防资源，也浪费大量人力物力，导致联防联控不足，群防群治不力。这就需要发挥社区的管理、指导、协调作用。但目前社区机构在治安职能力量配置、能力建设、管理意愿上都存在不足，尚不能在住宅小区治安风险防控中发挥应有的作用。

（4）物业公司赋能不够，其自身的安保服务能力有待提升。目前，住宅小区安保工作大部分是由物业公司承担的，住宅小区的秩序由其来维护。但物业公司只是根据业主的委托来做安保服务，法律层面、政府层面对其赋能并不明确，也不够。同时，物业费用由居民缴纳，但安保服务收费尚未普及形成共识，物业公司普遍遭遇收费难的问题，所以安保经费不足、设施建设投入不足成为常态，这必然会影响安保服务质量。与此相关，物业公司招收的员工素质不高、能力欠缺，常发生聘用无保安证人员上岗的问题，他们未经专业培训，服务及管理的规范性不足，易引发与居民的矛盾。

（5）保安服务业的技术、模式及其功能需要进一步增强。保安服务业是伴随着我国市场经济发展而兴起的一个集门卫、守护、巡逻、随身护卫、押运、安检、技防、安全风险评估、安全培训等于一体的服务产业，也是新形势下社会治安工作贯彻党的群众路线，坚持专群结合、群防群治的重要组织形式。近年来，保安服务市场规范化水平不断提升，保安服务行业参与社会治安防范成效显著。但是，保安服务工作中也存在一些亟待加以规范的问题：①除经公安机关批准成立的保安服务公司外，不少保安组织和人员从事的保安服务活动还没有被纳入公安机关的监管范围；②保安员队伍不稳定，日常管理不严格，一些保安员利用工作上的便利进行违法犯罪活动，从实际情况看，出问题的又以未纳入公安机关监管的保安员占多数；③保安服务企业的规模较小，保安队伍素质低，保安服务业仍处于以门卫、守护、巡逻、押运、人群控制等人力防范业务为主的阶段，在安全技术防范、安全调查、安全风险评估等业务上缺少具有核心竞争力的专业化、品牌化服务产品。[7]

（6）部分居民的治安防范意识和公共参与意识比较薄弱。相当多居民发现可疑人员进入住宅小区时没有选择进行盘问或者报告保安；当有人敲门时，不少人选择立即开门；有的居民将大量易携带、易销赃的现金、珠宝首饰、电子产品存放家中且没有存放在保险柜、隐蔽处的习惯，无形中增加了被偷盗的风险；相当多群众不愿意利用业余时间参加社区议事委员会、业委会的工作，居民与居民之间相互交往非常少，难以形成邻里守望、相互照应的氛围。政府部门、社区治安管理信息公开度不够，缺乏互动平台，也影响居民参与治安防范的积极性。

（7）住宅小区的规划布局、建设标准没有达到《城市居民住宅安全防范设施建设管理规定》的基本要求，是影响其治安问题的一个重要因素。比如，不少住宅小区建筑外立面的管道、挑檐、遮阳板、窗台没有考虑防攀缘、防跨越、防爬入等构造措施；没有专门的车辆管理区域和车辆管理系统，时常发生车辆被盗现象；防盗门不达标，违法犯罪分子使用简单工具就可以撬入；住宅小区的道路、凉亭、楼梯间、停车场等僻静角落缺少必要的照明和监控设施，也容易被一些不法分子利用。

（8）硬性治安风险防控举措忽视了防控质量，形式主义的东西过多。许多地方公安机关在进行治安风险防控的过程中，常常局限在"全与不全""严与不严"的困境之中。"全与不全"是指治安主体是否按照防控标准建立了齐全的防控手段，但这些手段是否真正发挥了治安效能，却被治安管理者忽视。比如，一些单位所摆放的应急照明灯和灭火器常年不做更换，要么已经毁坏，要么已经失效，但在检查过程中，因为企业单位按规定摆放了这些消防器材，所以就通过了消防审核，留下了消防隐患。再比如，有些地方的公安机关要求当地民宿也安装类似旅馆的入住登记系统，但有些民宿业主年纪较大，也从来没有操作过电脑，安装的系统对他们来说完全是一个摆设。片面追求这些硬性治安风险防控指标并不能有效达到预期的治安效能。"严与不严"是指治安主体在处理秩序与自由的过程中不能把握好度，往往出现一统就死，一放就乱的现象。比如，一些城市在举办大型活动时，给居民行为以诸多的限制，给民众生活带来极大的不便，还有近两年开放式住宅小区的建设也面临重重困难，这也反映了治安秩序维护过程中开放与封闭二者间尺度把握的困境。[8]

（9）技防手段和风险防控手段普遍落后，没有全区域、全时段的覆盖，且缺乏专业分析研判。由于没有系统地摸清住宅小区房屋地址、人口、单位设施等基础数据信息，大量包含治安高危人口、流动人口等关键因素的沉默数据没有被及时排查、挖掘和研判，误判的风险较大。

7.2.4　住宅小区治安风险防控的发展愿景

住宅小区治安风险防控属于社会治安治理的范畴，要以社会治安综合治理为依托，成为社会治安综合治理的有机组成部分，并以此带动风险防控的深入发展。

住宅小区治安风险防控强调创新，从风险社会—风险管理的视角观察、分析住宅小区的治安，创新预防工作并使之更精细化。

住宅小区治安风险防控的目标是形成人人有责、人人尽责、人人享有的共治格局，包括公安机关、街道社区、物业公司、保安公司、业委会、社区议事委员会、居民等在内的每一个城市住宅小区主体，加入治安风险防控，各司其职，密切协同，专群结合，联防联动，群防群治，发挥整体防控功能。

住宅小区治安风险防控在法治的框架下展开并获得保障，要通过实践从法律层面明确各个主体的权利和责任，明确资源的组织筹集机制；治安风险防控涉及人的行为约束，必须依法进行。

住宅小区治安风险防控以新一代信息技术为支撑，构建治理平台，实现多主体参与、互动，信息共享，人防、物防、技防合理匹配，问题联治、工作联动、平安联创，提高预测、预警、预防各类风险防控能力。

住宅小区治安风险防控坚持以人为本的理念，切实保障群众权益。以人为本就是要实现"为民众管治安"，而非"为治安管民众"，特别是政府部门不能为方便自己而设计防控工作，首先要方便住宅小区居民，努力提升居民的安全感。

住宅小区治安风险防控要使各种防范措施更加贴近住宅小区的实际情况，避免不必要的资源浪费，花费最小的成本来保障居民的安全，建设平安、和谐的生活环境。[9]

7.3　住宅小区治安风险防控体系和能力建设

推进住宅小区治安风险防控体系建设，提升风险防控能力，必须完善住宅小区治安管理体制机制，建立基础数据平台，将人防、物防、技防有机结合起来，进一步提高居民的参与意识和防范能力。

7.3.1　完善住宅小区治安管理体制机制

优化、完善住宅小区治安管理体制机制，是住宅小区治安风险防控体系和能力建设的基础。由公安机关打击防范、社区街道组织群防、小区居民自防的三级治安管理工作构成的城市住宅小区治安管理体制机制，需要进一步优化、细化，理清行业管理、社会管理、物业管理、(保安)专业管理的关系，搭建平台，创新社区居民参与治安管理活动的载体，打造住宅小区治安人人有责、人人尽责的命运共同体，不断提高住宅小区治安风险防控的系统性、协同性和专业化、集约化、信息化水平，确保各归其位、各担其责。

1. 将治安风险防控纳入社会治安综合治理，改进部门协同

市、县(区)人民政府应当加强对住宅小区治安防范工作的领导，将住宅小区治安防范工作纳入社会治安综合治理范围，通过政府购买服务、提供公益岗位、实行举报奖励，运用众创、众包、众筹等办法，更好地组织动员企事业单位、社会组织、人民群众参与社会治安综合治理。各有关部门应当在各自职责范围内，配合做好住宅小区治安防范的相关工作。[4]

(1) 住建部门组织审批住宅建设规划和住宅建筑设计文件，应当包括住宅安全防范设施部分。对不符合安全防范设施规范、标准、规定的设计文件，应责成原设计单位修改。住宅小区竣工后，工程质量监督部门和住宅管理单位必须按规定对安全防范设施进行验收，不合格不得交付使用。确保居民住宅安全防范设施与主体工程同时设计、同时施工、同时验收投入使用。此外，要加强对物业公司的行业管理和安保业务的指导、监督。[10]

(2) 民政部门应制定城乡基层群众自治建设和社区建设政策，指导城乡社区服务体系建

设，依法指导居民自治，推行社区公共事务公开，健全城乡社会救助体系，负责城乡居民最低生活保障、医疗救助、临时救助，参与住房、教育、司法救助，为加强社会治安综合治理创造良好环境。

（3）卫健部门应配合做好住宅小区吸毒人员、精神障碍患者的监测、治疗和康复工作，指导社区卫生服务机构做好精神障碍患者健康档案建立、定期随访、康复训练等工作。

（4）司法、教育部门应配合开展住宅小区治安防范法制宣传教育，营造办事依法、遇事找法、解决问题用法、化解矛盾靠法的法治氛围，指导和支持住宅小区内预防未成年人犯罪、社区戒毒和社区康复等工作。

（5）网信部门应推动网络安全和信息化法治建设，增强网络安全保障能力，保障广大人民群众网络合法权益，特别要细化规定，采取有效措施，屏蔽对未成年人成长有害的信息，防止未成年人沉迷网络。

（6）城管执法机关根据国务院《城市管理行政执法条例》，集中行使市容环境卫生、城乡规划、城市绿化、市政公共管理等方面的行政处罚权，严肃处理住宅小区内违法建筑、占绿毁绿、乱倒垃圾、乱贴乱画、擅养家禽家畜、损坏房屋承重结构、擅自改变房屋使用性质、占用公共建筑等违法违规行为，维护住宅小区的基本秩序。

2. *充分发挥公安部门的主导作用*

无论社会治安管理，还是住宅小区治安风险防控，公安机关都居于主导地位。公安机关要解放思想，与时俱进，积极利用QQ群、微信群、手机App等各类资源及科技手段，建立一套集信息采集、预警信息发布、违法犯罪举报、群防群治联动、警民信息互通于一体的科技防控体系，破解基层警力不足的难题，加强对新建住宅小区和老旧住宅小区的治安风险防控。

（1）在辖区开展基础数据信息采集工作，实现全覆盖。在案件易发、高发的重点区域、主要路口处增建监控探头，消除死角盲区。依托基层组织广泛发展信息员，同时通过电脑、手机实现对辖区人口管理的信息化采集，把工作触角延伸到住宅小区每个角落，实现社区警务信息化，全面提升治安管理能力和打击犯罪的效率。

（2）通过信息化整合警务资源、调整警务流程，实现大情报小行动、先情报后行动，提高对纠纷警情的研判、预警能力。对在不同环境、不同季节、不同时期发生的警情、案件进行大数据分析，在重点时段、重点区域有针对性地部署警力。社区民警和巡逻民警根据发案规律和特点，采取走访提醒、步车巡逻、主动盘查等方式提前干预，最大限度地减少案件的发生。[11]

（3）健全卫星定位、无线查询、视频指挥等新型扁平化指挥模式，实现点对点调度，提高指挥专业水平和效率，重拳出击各类违法犯罪行为，以打促防，尽可能遏制违法犯罪的发案势头。[11]

（4）利用网格化微信群向辖区群众开展警情通报和警务公示，加强对住宅小区治安防范的宣传教育和技术指导，提高居民和物业公司的安全意识、责任意识和防范能力。

（5）建立竞争有序的保安服务市场机制，严厉打击黑保安、黑中介乱象问题，加快保安服务业专业化、品牌化发展。

3. 街道社区承担群防群治的组织协调职责

街道办事处和社区应当加强群防群治的组织、协调，在公安机关的指导下动员组织本地住宅小区居民共同维护治安秩序，促使住宅小区公共生活朝着健康、文明、积极向上的方向发展，降低各类纠纷出现的频率。

(1) 大力完善社区管理机构的自身建设，建立健全社区议事委员会，组织住宅小区业委会，推动住宅小区实施物业管理，围绕“组织共建、资源共享、要事共商、活动共办”四方面建立住宅小区联动机制，保障住宅小区生活秩序。

(2) 规范人民调解委员会管理体系，促进调解、仲裁、诉讼等多元化纠纷解决体系的有机衔接、相互协调。综合运用经济调节、行政管理、法律规范、道德约束、心理疏导、舆论引导的手段，采取平等沟通、协商、协调的办法，为居民提供多元便捷的纠纷解决方式。

(3) 加强宣传教育，建立针对提升社区治安管理能力的社交网络平台(QQ 群、微信群)，定期组织普法宣传联谊活动，强化居民法制观念，交流住宅小区的治安工作动态。

(4) 指导社区、企事业单位、社区议事委员会、业委会在辖区内组建联防队和应急队，或购买保安公司专业服务，整合社区范围内资源，避免人力、物力浪费，提高联防联治的效果。

4. 赋能物业公司，使其有效承担起住宅小区安保秩序的维护任务

物业公司应当履行物业管理合同，积极配合政府主管部门，加强对住宅小区人、房、物的秩序管理，想方设法消除住宅小区的治安隐患。

(1) 制定和落实保安服务管理制度、岗位责任制度、保安员管理制度和紧急情况应急预案，加强对保安员资格证和履历的核验。住宅小区安保员应对陌生、可疑人员有意识地盘查和登记，对缺乏责任心、素质低下的安保员进行教育或者撤换。

(2) 摸清住宅小区房屋、地址、人口、单位设施等基础数据信息。注意高危人员和特殊户(如出租屋内群居的年轻人，出行规律反常的流动人员、无业人员)的动态，建立专门档案，如有异常及时向辖区派出所反映。

(3) 负责住宅小区安全技术防范系统的运行维护、数据接入以及使用。除了传统的视频监控和门禁系统，还要积极应用智慧房管物业系统，实现自动收费、群发通知、物业监督评价、智能安全监测等功能。

(4) 推动居民安全防范意识的养成。物业公司要根据社会治安形势和周边住宅小区治安状况，加强宣传教育，及时提醒居民注意一定时期和地域内的多发性案件。发放图文并茂、可操作性强的防盗、防火、防中毒、防诈骗等知识宣传彩页，利用业主微信群、论坛介绍居家安全防范知识和技巧。

5. 居民及其相关组织积极参与，承担相应风险防控责任

住宅小区治安风险防控能力包括政府管理能力和居民自治能力，居民自治能力在住宅小区

治安风险防控体系中作用重要。要引导、要创造条件,吸引住宅小区居民、社区议事委员会、业委会积极参与治安事务管理,参与治安风险防控,配合各有关部门、单位开展联防联控、群防群治等工作。

7.3.2 建立城市基础风险防控数据平台

政府牵头,各有关单位配合,通过开展“四标四实”工作,将房屋、地址、人口、单位设施等基础数据信息落到数字地图上,形成城市基础风险防控的数据平台。

所谓“四标”,即一张“标准作业图”、一套“标准建筑物编码”、一个“标准地址库”和一张“标准基础网格”。第一,以地理信息地图为底图,各部门结合自己的职能,将建筑物、地址、单位、设施等数据标绘在作业图上,并利用这张标准作业图进行日常事务的管理,形成一张政府部门和企事业单位共享共用的“标准作业图”。第二,参照居民身份证号码的编列规则,以省、市、区行政区域、道路(街巷)、建筑物、房间号为序列,对全区的建筑物进行编码,在“标准作业图”上标注到每一栋建筑物上,让每一栋建筑物都拥有自己的标准编码“身份证”。第三,建立“标准地址库”,规范每栋建筑物的地址信息,将地址信息标注在“标准作业图”上,与建筑物编码关联对应,制作安装地址门牌,实现建筑物空间位置的“可定位”“可识别”。第四,建立全市统一的“标准基础网格”,将乡镇、街道划分成若干网格状的单元,并为每一网格单元配备“网格员”,实施动态、全方位管理,为实现精细化管理打下基础。

所谓“四实”,即通过入户走访、外业调查的方式,核准“实有人口”“实有房屋”“实有单位”“实有设施”。第一,依托“标准作业图”“标准建筑物编码”和“标准地址库”,采集实有人口(包括户籍人口、流动人口和境外人员)的信息,全面掌握各类人员的信息和动态。第二,实地核准所有房屋的信息,包括房屋的基本属性、结构、用途,以及是否为合法建筑、是否具备合法报建手续等。第三,实地调查各类国家机关、企事业单位、个体商店、社会组织等信息,通过“标准作业图”标注其所在的空间位置。第四,实地调查涉及国计民生、社会管理领域的设施,包括视频监控、市政设施、道路交通设施、园林绿化设施、供水供电设施等,采集相关信息,标注空间位置。①

有了这样的平台,可以疏通部门信息互通渠道,助力政务数据归纳和收集分析,实现城市管理精细化,做到发现问题及时上报,各部门都可以实时了解所上报的问题,达到主动、高效、实时的管理效果。

7.3.3 把“三防”与风险防控有机结合起来

“人防”“物防”“技防”结合是社会治安管理的有效经验,其本身的重点就是防范,也包括处置。开展住宅小区治安风险防控,应该把“三防”与风险防控有机结合起来,通过风险评估找出治安问题的生成因素、条件,找出防范的重点,加强“三防”,改进“三防”,运用“三防”,实现治安风险防控的目标。

---

① https://zcrb.zcwin.com/content/201809103/c100862.html.

1. 进一步加强、落实、改进人防措施

治安风险防控体系中的人防是利用人们自身的传感器(眼、手、耳等)进行探测,发现妨害或破坏治安的因素、事件并作出相应的反应,用警告、设障、武器还击等手段来延迟或阻止危险的发生。人防建设主要包括建立健全内部安全保卫组织和制度,落实安全保卫责任,配备专业保安员以及根据实际情况,组织治安联防队、应急队等。随着人力成本的上升、物防、技防的提高,部分人防被替代的趋势比较明显。但在治安风险防控体系的人、财、物等诸要素中,人是最重要的因素。具体可通过以下六方面加强改进人防工作:

(1) 在社区和住宅小区物业公司,都要配备合理数量的安保工作人员,建立安保组织管理架构,合理分工,订立制度。

(2) 新建住宅小区、老旧住宅小区都要实行相对封闭式的管理,禁止外来人员、陌生人员不经盘查、未登记就随意进入住宅小区,限制推销、收废品、发广告等无明确探访对象的外来人员进入住宅小区。

(3) 加强物品控制。门岗人员应禁止任何人员携带易燃易爆危险物品进入住宅小区。业主、租户搬家或住宅小区内任何人员(含工作人员)携带大件物品、家私电器等贵重物品离开的,必须要到物业服务中心前台办理放行手续。

(4) 遇到个别住户、外来人员不执行规定、不听劝阻、蛮横无理、打骂物管人员的,由物业公司、社区负责人出面协商,妥善处理。若情节严重,应报告公安机关依法处理。

(5) 发现醉酒者或精神病人失去了正常的理智、不能自控的,由保安员进行劝说或阻拦,采取适当的监护措施。若醉酒者或精神病人有危害秩序或公共安全的行为,可将其强制送交公安机关处理。

(6) 保安员在值勤中如发现有神色慌张、行动诡秘的可疑人员,应立即报告上级领导,并严密跟踪观察,暗中监视,防止其进行破坏或犯罪活动,特殊情况应向公安机关报告。

2. 进一步完善和提高物防能力

治安风险防控体系中的物防是利用物体屏障的防范作用推迟危险的发生,为人防"反应"提供足够的时间。物防建设是在重点部位、重要区域、重点场所安装防护栏、防盗门和照明设施,加固加高围墙,为保安员装备必要的执勤、防护、抓捕等器械。具体可通过以下三个方面加强改进物防工作:

(1) 住宅小区必须具备防撬、防踹、防攀缘、防跨越、防爬入等安全防范功能。新建住宅小区的建设、设计、施工,应当严格执行住宅安全防范设施建设规范标准。城市居民住宅安全防范设施所用产品、设备和材料,必须是符合有关标准规定并经鉴定合格的产品。未经鉴定和不合格的产品不得采用。[10]

(2) 老旧住宅小区要加大物防设施投入。重点如下:入户门改为钢板门或者厚木门,低层住户和有可攀登物的窗户及阳台要安装符合国家标准的防盗护栏(不得突出墙体),缩小门窗铁栅的间距,在水管、煤气管和避雷针上安装防爬刺,单元门安装升级锁芯的门禁和楼宇对讲系统。[12]

(3) 要剪割清除所有遮盖门窗的灌木丛,修剪所有通往二楼窗户、阳台的树干。家中的厨房排风扇口和卫生间的通气窗要防撬。[12]

3. 进一步改进和提升技防水平

治安风险防控体系中的技防重点是在"探测""延迟""反应"三个基本要素中不断增加高科技含量,提高探测能力、延迟能力和反应能力。要在重点部位、重要区域、重点场所安装视频监控系统、入侵报警系统以及其他电子管理系统。

(1) 新建住宅小区和老旧住宅小区的改造,要安装门禁、视频监控系统、入侵报警系统以及其他电子管理系统等,与公安部门或政法部门的片区、网格管理系统对接,以便全面形成大联防信息化体系。

(2) 引入物联网技术,在违法违规行为易发点、井盖、消防水箱、电梯、楼道等重点点位广布感应器"神经元",自动完成高空抛物智能抓拍、智能消防栓监控、占道违停探测等安全监测工作,有利于厘清法律责任,让违法者受到应有的惩罚。

(3) 技防设备技术更新快,一方面要选用稳定技术,落实维修保养,保障运行正常,使设备得到合理的使用;另一方面,根据需要和可能,进行技术升级。

7.3.4 提高居民参与意识、防范意识和防范能力

在现代风险管理理论中,大众的广泛参与、共治共享是风险管理重要的基础,也是保障风险管理持久有效的条件。社会治安更是这样,居民的关注、参与,自身防范能力的提高,可以大大提升风险防控的效率。当然,这一点也是最难实现的。

1. 加强治安信息公开,建立参与互动平台

让居民参与,首先要让居民知晓。无论是政府各部门、公安机关,还是社区、物业公司,要扩大信息公开面,公布城市、社区、住宅小区的治安状况,及时发布住宅小区发生的治安事件,并给予清晰的解读,要提示不同时间和地点治安风险防范的重点。要有平台、有渠道,能让居民的意见建议、反映的问题及时传递到政府部门、公安机关、社区、物业公司,而且要方便,界面要友好。更为重要的是,当居民提出问题,一定要有反馈,有条件办的事,一定要办,给居民以正向激励。

2. 开展经常性的培训

对住宅小区的治安风险要进行仔细分析,针对薄弱环节,利用宣传栏、短视频、警民座谈对话、演练活动等多种形式对居民进行安全防范教育,传授实用的安全防范技能。比如,帮助居民养成出门要用钥匙反锁门的习惯,万一有窃贼从阳台、天井、厨房等处潜入室内,也无法从里面打开门拿走大件物品。提醒居民经常查看门窗配件松动脱落、外窗玻璃变形破裂、外墙悬挂物松动、空调外管滴水情况,以及阳台衣架、花盆等是否有坠落风险,教育家人养成不随意丢东西的文明习惯,防止邻里纠纷和坠物伤人。对整座城市而言,培训要进中小学课堂,从青少年开始

抓，进而促进全社会形成风险防范意识。

3. 建立适当的组织网络

居民的参与需要有组织网络的支持，如楼门楼层安全员制度、网格安全员制度，培养居民中的治安骨干。支持成立志愿者组织，开展如治安隐患随手拍等活动。公安机关、社区、物业公司可以筹措资金，对在治安风险防控中有作为、有贡献的人给予适当奖励，调动、鼓励居民的积极性。

4. 拉近邻里关系

要通过组织住宅小区居民活动、建群等方式，帮助居民之间相互认识、相互熟悉、相互关注，在遇到情况时就可以相互提醒，邻里间多一份照应。拉近邻里关系对治安风险防控是非常有益的。

5. 建立应急与响应机制

建立治安突发事件应急工作组织，明确职责，应急管理组由物业管理员、保安员、社区干部、专业技术人员、居民志愿者组成，建立各类突发事件的应急处置预案，定期组织培训实施、演练、评价，持续改进，有效落实预防和应急响应措施，最大限度地预防重大事故的发生。

7.4 住宅小区治安风险评估

要进一步提升住宅小区治安风险防控能力，应该研究和完善住宅小区治安风险评估方法。

7.4.1 住宅小区治安风险评估的任务与标准

1. 住宅小区治安风险评估的任务

进行风险防控首先要发现风险；在多种风险因素存在的条件下，采取风险治理措施需要对不同风险因素的危害性或者风险等级做出评价，以确定次序。现代风险治理理论提供了这种发现-评价的方法，即风险评估方法。风险评估旨在为有效的风险应对提供基于证据的信息与分析，它以保障安全为目的，按照科学的程序和方法，从系统的角度对特定对象存在的潜在危险进行预先识别、分析和评价，为风险管理提供决策的依据。

住宅小区治安风险评估是风险评估方法在治安领域的具体运用。从广义讲，包括两个层面的内容：一是对影响住宅小区居民的安全要素进行判断，利用定量分析的方法，根据不同的数据对比，得出比值关系，进而构建风险评估指标体系；二是运用这一指标体系对目标住宅小区进行分析评价，综合评判其治安秩序的稳定状况，明确存在的治安风险，为有效应对治理提供依据。

城市住宅小区治安风险评估的任务是：①寻找和发现目标住宅小区存在的治安风险因素；②判断各种风险因素的危险等级；③综合判断目标住宅小区的治安风险等级和风险防控的重点。

2. 住宅小区治安风险评估标准

近年来,公共安全治理层面的风险评估制度建设取得了一定成效,形成了一些政府规定的评估事项及方法,有的行业出台了行业评估标准。

(1) 社会稳定风险评估。社会稳定风险评估指与人民群众利益密切相关的重大决策、重要政策、重大改革措施、重大工程建设项目等重大事项在制定出台、组织实施或审批审核前,对可能影响社会稳定的因素开展系统调查,科学地预测、分析和评估,制订风险应对策略和预案。理想的社会稳定风险评估,要求系统应用风险评估的科学方法,全面评估待评事项可能引发的社会稳定风险,客观预估责任主体和管理部门对社会稳定风险的内部控制和外部合作能力,科学预测相关利益群体的容忍度和社会负面影响,提前预设风险防范和矛盾化解的措施,进而确定该待评事项的当前风险等级,并形成循环。对政府而言,社会稳定风险评估是重大决策的刚性门槛,要形成决策前风险评估、实施中风险管控和决策过错责任追究的运行机制。[13]

(2) 大型活动公共安全风险评估。按照《大型群众性活动安全管理条例》规定,大型活动公共安全风险评估是大型活动安全管理的核心环节。在每一场大型活动举办前,确定大型活动的主客体信息收集方法,通过广泛收集可能导致各类大型活动突发事件发生的危险有害因素,预先识别大型活动潜在的各类威胁、弱点,评估面临的风险种类等级、可能造成的影响,对危机灾害后果进行准备和预警,制定应对的安全策略、安全问题解决方案,为规避与调整风险、管理决策提供科学依据。[14]

(3) 行业治安风险管理。《电力设施治安风险等级和安全防范要求》(GA 1089—2013)规定了电力设施治安保卫风险等级、安全技术防护标准和措施,是电力企业设计、建设、运行和维护安全技术防范工程/设施的依据。《石油天然气管道系统治安风险等级和安全防范要求》(GA 1166—2014)规定了石油、天然气管道系统的治安风险等级、安全防范级别、安全防范要求及保障标准和措施,适用于石油、天然气管道系统的安全防范系统建设与管理。

目前,尚无住宅小区治安风险评估的专业标准,但社会(行业)公共安全治理层面的风险评估制度可以作为住宅小区治安风险评估的参考。

7.4.2 以“三防”为主要内容的住宅小区治安风险评估指标

下面结合社会治安“三防”的有效实践,根据公共安全治理制度性安排是长远、持续性的基础原理,介绍一套以人防、物防、技防为主要内容,以制度为基础的住宅小区治安风险评估指标。

1. 现有的法律法规和标准依据

法律法规类:《中华人民共和国民法通则》《中华人民共和国物权法》《中华人民共和国刑法》《中华人民共和国治安管理处罚法》《中华人民共和国侵权责任法》《中华人民共和国预防未成年人犯罪法》《物业管理条例》《城市管理行政执法条例》《保安服务管理条例》《大型群众性活动安全管理条例》《城市居民住宅安全防范设施建设管理规定》。

标准规范类:《住宅小区安全防范系统通用技术要求》(GB/T 21741—2008),《居民住宅小区安全防范系统工程技术规范(2016 版)》,《石油天然气管道系统治安风险等级和安全防范要求》(GA 1166—2014),《电力设施治安风险等级和安全防范要求》(GA 1089—2013)。

2. 风险评估指标

1) 指标体系的结构框架

根据人防、物防、技防的重点要求,结合对住宅小区治安问题关联要素的分析和治安风险防范的内在规律,综合考量法律法规、标准规范及文献,住宅小区治安风险评估指标设立 6 个一级指标和 24 个二级指标,它们共同组成指标体系的基本框架(表 7-1)。

表 7-1 住宅小区治安风险评估指标

目标层	准则层	指标层
治安风险评估指标体系 U	人防因素 U_1	治保机构合理性 U_{11}
		法律法规知晓度 U_{12}
		防范应急能力建设 U_{13}
	物防因素 U_2	消防与应急设施的合规性 U_{21}
		治安防范设施的有效性 U_{22}
		住宿环境的清晰度 U_{23}
	技防因素 U_3	信息登记系统建设运维状况 U_{31}
		视频系统运维状况 U_{32}
		网络安全技术防范状况 U_{33}
	制度因素 U_4	验证登记 U_{41}
		来访管理 U_{42}
		巡查检查 U_{43}
		财物保管 U_{44}
		汇报协查 U_{45}
		安全培训 U_{46}
		应急处置 U_{47}
	效果因素 U_5	治安消防管控力 U_{51}
		从业人员违法犯罪情况 U_{52}
		协破案件状况 U_{53}
	其他因素 U_6	环境因素 U_{61}
		人口数量 U_{62}
		人口素质 U_{63}
		治安高危人员 U_{64}
		违法犯罪目标分布 U_{65}

资料来源:《风险评估的常用术语与基本理论》,李琰君,徐东明,张毅。

2）指标的含义

（1）人防因素 U_1：完整的人防包括住宅小区安全管理的组织、人员、制度建设的基本情况，因制度因素在本指标体系中单独列项，故此处只包含组织和人员的情况，强调建立健全住宅小区内部安全保卫组织、落实安全保卫责任、配备专业保安员，具体展开为以下 3 个二级指标。①治保机构合理性 U_{11}：住宅小区物业公司具有行业资质证明，从业人员持证上岗。②法律法规知晓度 U_{12}：住宅小区安保员法律法规知识的学习知晓情况。③防范应急能力建设 U_{13}：定期开展防范应急演练的情况。

（2）物防因素 U_2：关注住宅小区安全防范设施的建设是否符合《城市居民住宅安全防范设施建设管理规定》，具体展开为以下 3 个二级指标。①消防与应急设施的合规性 U_{21}：住宅小区要配备的消防设施是火灾报警系统、自动灭火系统、消火栓系统、防烟排烟系统、应急广播、应急照明、安全疏散设施等；消防产品有灭火器和消防斧等。②治安防范设施的有效性 U_{22}：物业公司在对住宅小区管理中将危险有害因素控制在安全范围内，以及预防、减少、消除危害所配备的装置（设备）和采取措施的有效性。③住宿环境的清晰度 U_{23}：住宅小区内部绿植的规划情况和对绿植的修剪，保证可观测，不形成治安死角。

（3）技防因素 U_3：住宅小区技防建设主要体现在网络系统建设和信息登记系统建设两方面，包含重点部位、重要区域、重点场所安装视频监控系统、楼宇单元门禁系统、电梯刷卡停层到户系统、业主门窗破碎感应及侵入预警系统、业主家中紧急报警系统、电子巡更管理系统、停车场电子管理系统及住宅小区出入口管理系统（是否有人值守、人员卡口是否人脸抓拍、车辆卡口是否车辆抓拍）等。技防建设参照《居民住宅小区安全防范系统工程技术规范（2016 版）》（表 7-2），具体展开为以下 3 个二级指标。①信息登记系统建设运维状况 U_{31}：物业管理人员要完善好对业主及外来人员的信息登记情况并创建系统库。②视频系统运维状况 U_{32}：物业公司对住宅小区公共区域的视频监控管理情况，对监控系统的维护及设备完好情况。③网络安全技术防范状况 U_{33}：物业公司保护业主信息安全、加强内部网络技术监管、防止泄露业主个人信息方面的情况。

表 7-2　　住宅小区安全防范系统基本配置

序号	系统组成与相关子系统		安装区域或覆盖范围	配置要求
1	周界防护	周界报警系统	住宅小区周界（包括围墙、栅栏等）	应装
2			不设门卫岗亭的出入口、消防出入口	应装
3			与住宅相连，且高度在 6 米以下（含 6 米），用于商铺、会所等功能的建筑物（包括裙房）顶层平台	应装
4			与外界相通，用于商铺、会所等功能的建筑物（包括裙房）与住宅小区相通的窗户	宜装
5		周界监控系统	住宅小区周界	应装
6			与外界相通的河道	应装

（续表）

序号	系统组成与相关子系统		安装区域或覆盖范围	配置要求
7	公共区域安全防范	车辆抓拍系统（非道闸车牌识别系统）	住宅小区出入口	应装
8		视频监控系统	住宅小区出入口［含与外界相通，用于商铺、会所等功能的建筑物（包括裙房）与小区相通的出入口］	应装
9			出入口外广场及机动车、非机动车停放区域	应装
10			停车库出入口	应装
11			地下层与住宅楼、住宅小区地面相通的出入口	应装
12			住宅小区物业用房、会所等公共用房的出入口及公共通道，物业用于接待的场所（前台、会议室等）	应装
13			住宅楼出入口，住宅楼顶楼到平台的出入口	应装
14			公共租赁房各层楼梯出入口、电梯厅或公共楼道	应装
15			地下机动车、非机动车停车库主要通道	应装
16			地面机动车、非机动车集中停放区，一楼架空层	应装
17			住宅小区主要通道及交叉路口	应装
18			住宅小区商铺门口及前场	应装
19			住宅小区内活动广场、儿童游乐区、健身运动区、景观水系	应装
20			电梯轿厢（包含楼层显示器），地下层电梯厅及楼梯口，一楼电梯厅及楼梯口，避难层入口	应装
21			住宅单元敞开式连廊（一、二层）	应装
22			监控中心，燃气调压站，水泵房、配电机房门口等重要区域	应装
23			地下人防复杂区域（移动电站、战时医院、救护所等）出入口	应装
24		电子巡查系统	住宅小区周界，住宅楼周围，停车库，地面机动车集中停放区，水泵房、配电间等重要区域	应装
25		车辆管理系统	住宅小区出入口	应装
26			机动车停车库、停车场出入口	应装
27		门禁控制系统	住宅小区出入口行人和非机动车通道	应装
28			地下停车库与住宅楼相通的出入口	应装
29			住宅楼栋出入口	应装
30			监控中心	应装
31			电梯	宜装

（续表）

序号	系统组成与相关子系统		安装区域或覆盖范围	配置要求
32	住户安全防范	楼寓（可视）对讲系统	住宅小区出入口	宜装
33			每户住宅，复式住宅每一层，别墅的地面层、别墅可直通户外公共区域的地下室	应装
34			监控中心	应装
35			住宅楼栋单元主出入口、地下停车库与住宅楼相通的主出入口	应装
36			地下停车库与住宅楼相通的其他辅助出入口	宜装
37		住户报警系统	住户层一、二层	应装
38			住户层三层及以上	宜装
39			别墅、住宅每层楼面（含与住宅相通的私家停车库）	应装
40			住宅楼架空层上一层住宅	应装
41			6 米以下非上人平台上一层住宅，6 米以下可上人平台上一、二层住宅	应装
42		紧急报警（求助）系统	客厅、主卧，（叠加）别墅的每一层（包含地下室）	应装
43			卫生间、次卧及未明确用途的房间	宜装
44		无线对讲信号覆盖系统	全区域	宜装
45	小区监控中心	监控中心		应设
46		安全管理系统	安全管理系统平台	宜装

资料来源：《居民住宅小区安全防范系统工程技术规范（2016 版）》。

（4）制度因素 U_4：指住宅小区治安管理制度的制定和执行情况，考察其制度是否完备、是否适用、是否得到有效的执行，具体展开为 7 个二级指标。①验证登记 U_{41}：为发现、控制住宅小区内部的安全问题，掌握进出人员的情况，严格执行验证登记，身份不明（无有效身份证件）、行迹可疑、衣冠不整者禁止入内。②来访管理 U_{42}：来访人员须在住宅小区出入口出示身份证或有效证件，填写来访登记表，并如实回答住宅小区安全管理员等工作人员的询问，离开时要注销登记，为住宅小区管理员处理住宅小区安全问题提供依据。③巡查检查 U_{43}：包括治安隐患的巡查、公共设施设备安全完好状况的巡查、清洁卫生状况的巡查、园林绿化维护状况的巡查、装修违规的巡查、消防隐患的巡查、安置房的巡查。④财物保管 U_{44}：住宅小区进出口设置保安员工作室，业主不方便回家放置的物品托保安室进行保管；物业财物保管符合相关规定。⑤汇报协查 U_{45}：通过对住宅小区物业管理、居住环境等调查，为政府有关部门解决物业管理中存在的热点及难点问题提供第一手资料。⑥安全培训 U_{46}：住宅小区内的保安员要定期参加安全培训，避免发生安全事件后保安员无法有理有序处理问题，并在住宅小区内宣传安全知识，提高居民的安全意识和应对能力。⑦应急处置 U_{47}：制订应急预案，配备相应资源，确保发生突发事件或异常情况时，能迅速、果断进行处理，保护业主的人身及财产安全。

(5) 效果因素 U_5：主要是物业公司对住宅小区治安管控的实际效果情况，具体展开为以下 3 个二级指标。①治安消防管控力 U_{51}：物业公司能否将每一项工作都认真落实并管控到位。②从业人员违法犯罪情况 U_{52}：物业公司从业人员在管理住宅小区中是否出现违法犯罪、危害业主生命财产安全的行为。③协破案件状况 U_{53}：物业公司管理人员协助公安机关侦破住宅小区内发生违法案件的情况。

(6) 其他因素 U_6：主要指住宅小区人口数量、密度、素质情况和周边社会环境等关联因素。治安问题不是一个单纯的封闭体系，而是住宅小区内部因素与住宅小区外界广泛联系形成的统一整体，具体展开为以下 5 个二级指标。①环境因素 U_{61}：指社会环境和周边环境中治安方面的情况。②人口数量 U_{62}：住宅小区居住人口总量，包括户籍人口和流动人口。③人口素质 U_{63}：居民的年龄构成、受教育程度、收入水平。④治安高危人员 U_{64}：精神障碍患者、吸毒人员、刑满释放人员、治安违法行为人员、社区矫正对象(指对住宅小区社会治安有危害的人，一般都有前科)的情况。⑤违法犯罪目标分布 U_{65}：违法犯罪目标即需重点保护的高危人群，包括独居的老人、儿童；缺乏社会经验和自我保护意识的妇女、儿童；到异乡读书、就业的年轻女性；知名的企业家、艺术家等高收入、高学历人士。

3) 指标的权重

指标的权重指如果指标体系总体为 100 分的话，各项指标所占的权重，实际上也是指这些指标在治安风险防控中的重要性。通常运用层次分析法①确定指标权重。

首先，对住宅小区治安风险评估准则层各元素对目标层的重要性进行两两比较，构造判断矩阵；并进一步确认矩阵满足正互反性原则，即指标层元素两两比较等于 1。

其次，计算特征向量 $\boldsymbol{W}$，进行一致性检验，评价其可靠性。在此基础上构造住宅小区治安风险评估指标层判断矩阵。

最后，得出住宅小区治安风险评估指标体系的权重(表 7-3)。

表 7-3　　住宅小区治安风险评估指标体系权重

目标层	准则层	指标层
治安风险评估指标体系 U	人防因素 U_1(0.138)	治保机构合理性 U_{11}(0.036)
		法律法规知晓度 U_{12}(0.015)
		防范应急能力建设 U_{13}(0.087)
	物防因素 U_2(0.138)	消防与应急设施的合规性 U_{21}(0.074)
		治安防范设施的有效性 U_{22}(0.041)
		住宿环境的清晰度 U_{23}(0.023)

① 层次分析法(Analytic Hierarchy Process, AHP)是指将与决策总是有关的元素分解成目标、准则、方案等层次，在此基础之上进行定性和定量分析的决策方法。该方法是美国匹兹堡大学教授、运筹学家萨蒂于 20 世纪 70 年代初提出的一种综合定性和定量分析的决策分析方法，用以解决多目标、多准则或无结构特性的复杂决策问题。

(续表)

目标层	准则层	指标层
治安风险评估指标体系 U	技防因素 U_3(0.156)	信息登记系统建设运维状况 U_{31}(0.067)
		视频系统运维状况 U_{32}(0.067)
		网络安全技术防范状况 U_{33}(0.022)
	制度因素 U_4(0.401)	验证登记 U_{41}(0.096)
		来访管理 U_{42}(0.024)
		巡查检查 U_{43}(0.090)
		财物保管 U_{44}(0.020)
		汇报协查 U_{45}(0.047)
		安全培训 U_{46}(0.040)
		应急处置 U_{47}(0.084)
	效果因素 U_5(0.121)	治安消防管控力 U_{51}(0.075)
		从业人员违法犯罪情况 U_{52}(0.017)
		协破案件状况 U_{53}(0.029)
	其他因素 U_6(0.052)	环境因素 U_{61}(0.006)
		人口数量 U_{62}(0.006)
		人口素质 U_{63}(0.006)
		治安高危人员 U_{64}(0.019)
		违法犯罪目标分布 U_{65}(0.015)

资料来源:《民宿业治安风险评估研究》,卫兰兰。

7.4.3 住宅小区治安风险评估指标的使用方法

住宅小区治安风险评估指标的使用通常分为四步:第一步,组成专家组,通过深入走访调查住宅小区的治安情况,对每项指标进行评分,每项指标的总分数值为 100 分。第二步,根据每项指标的权重计算实际得分和评估总得分。第三步,根据得分情况开展风险等级技术评估,由高到低分别确定为一级风险、二级风险和三级风险,设定≤60 分属于一级风险,60～80 分属于二级风险,≥80 分属于三级风险。第四步,根据调查了解和评分情况,结合平时住宅小区的治安状况,制定风险防控的措施和防范等级。

在实际操作过程中,可以结合治安管理工作的实际状况和需要,对住宅小区治安风险评估指标体系中的指标层指标进行调整,但应该运用层次分析法验证其一致性。

7.4.4 示例

我们选择北京市门头沟大峪地区的某高档住宅小区,使用住宅小区治安风险评估指标体系对其治安影响要素进行分析。

大峪地区位于北京市西部，区域内人口数为3.8万，构成上主要以农业人口与煤矿企业工人为主。因此，在居住环境上早先以大杂院和国有企业老旧住宅小区为主。但近几年来，随着门头沟城市化的快速发展，大峪地区新建了一些功能齐全、环境良好的商业化住宅小区。对某高档住宅小区内部治安防范、物业管理及居民的素质文化等有关要素变量进行抽取发现，该住宅小区拥有常住人口3 600余人，其中流动人口近20%；该住宅小区的安防设施比较完善，技防与物防覆盖率达到了100%。[15]

专家组通过查看各种制度文件、工作记录和实际情况，对各项指标评定分值，并在这一过程中发现一些问题。比如，该住宅小区部分消防设施器材标识不够规范，部分消防安全标识缺失，部分安全疏散指示不明确，还有些消防安全标识损坏无法辨认，给日常防范工作带来隐患。再如，该住宅小区存在物业人员安全法律意识不高、管理不严的情况，在日常的工作中，保安员该出去巡逻的不去或少去，不该离岗的却擅自离岗。在上述工作的基础上，根据每项指标的权重计算对应实际得分(表7-4)，并计算评估总得分。

表7-4 北京某住宅小区的二级指标调查情况评分

序号	二级指标	评分/分	实际得分/分
1	治保机构合理性 U_{11}	100	100×0.036=3.60
2	法律法规知晓度 U_{12}	70	70×0.015=1.05
3	防范应急能力建设 U_{13}	70	70×0.087=6.09
4	消防与应急设施的合规性 U_{21}	80	80×0.074=5.92
5	治安防范设施的有效性 U_{22}	90	90×0.041=3.69
6	住宿环境的清晰度 U_{23}	90	90×0.023=2.07
7	信息登记系统建设运维状况 U_{31}	80	80×0.067=5.36
8	视频系统运维状况 U_{32}	80	80×0.067=5.36
9	网络安全技术防范状况 U_{33}	90	90×0.022=1.98
10	验证登记 U_{41}	80	80×0.096=7.68
11	来访管理 U_{42}	80	80×0.024=1.92
12	巡查检查 U_{43}	90	90×0.090=8.10
13	财物保管 U_{44}	100	100×0.020=2.00
14	汇报协查 U_{45}	90	90×0.047=4.23
15	安全培训 U_{46}	90	90×0.040=3.60
16	应急处置 U_{47}	90	90×0.084=7.56
17	治安消防管控力 U_{51}	90	90×0.075=6.75
18	从业人员违法犯罪情况 U_{52}	90	90×0.017=1.53
19	协破案件状况 U_{53}	80	80×0.029=2.32
20	环境因素 U_{61}	90	90×0.006=0.54

（续表）

序号	二级指标	评分/分	实际得分/分
21	人口数量 U_{62}	90	90×0.006=0.54
22	人口素质 U_{63}	90	90×0.006=0.54
23	治安高危人员 U_{64}	90	90×0.019=1.71
24	违法犯罪目标分布 U_{65}	90	90×0.015=1.35

资料来源：《城市居住小区盗窃犯罪的影响要素分析》，陈鹏，瞿珂。

该住宅小区治安风险评估总得分为各二级指标实际得分之和，合计结果为85.22分。85.22分处在60～80分，说明该住宅小区治安风险属于二级风险，即风险一般，所以该住宅小区通过本次治安风险评估，但同时必须要求该住宅小区的管理人员采取有针对性的风险防范措施。

专家组给出的风险防控改进建议如下：①做好人员进出住宅小区信息登记报送以及访客信息采集等信息化建设工作；②适当开展应急演练，提高安保人员应急处置能力；③落实住宅小区日常巡检工作，规范填报记录，及时主动排除安全隐患，并通过录像及住户的反馈进行不定期监督检查；④对住宅小区消防安全标识查漏补缺，住宅小区内凡有消防标识不规范、不明确、有缺角、有涂鸦以及缺失等情况，立即予以整改，并组织专门人员进行一次全面的检查。

7.5 典型案例：南宁市万秀村社会治安防范网格化管理

万秀村位于广西壮族自治区南宁市西乡塘区北湖街道，东临北湖路，南靠明秀路，西毗友爱路，北临秀厢大道。其范围包括北湖农贸市场、恒大新城、明秀路喷泉广场、市二十八中、民政局宿舍、卫生局宿舍等，是一个由6个村民小组组成的，住宅小区、单位、住宅群相间的混合型社区。万秀村面积为0.85平方千米，2017年户籍人口4 973人，登记在册流动人口约5.7万人，人口密度大，常住人口与流动人口严重倒挂，曾经给人最深的印象是治安混乱、环境“脏乱差”。由于外来人员渐多，村民的主要收入来源从务农经商逐渐转变为房屋出租，大大小小的楼房开始如雨后春笋般林立，村中道路变得错综复杂，窄得只容一人行走。村中四通八达的道路也成为不法分子盗抢的“温床”，万秀村内发生抢劫、命案的新闻开始频频见诸报端，“万秀村”三个字一度与“脏乱差”三个字紧密相连，谈论的人无不摇头。很多居住在此的年轻女孩，早晚出入都提心吊胆，需要结伴而行。盗窃的现象，连本村村民都十分头疼。据媒体调查，44户受访者当中就有41户曾经被偷过，有的一度被偷过8次。[16]

为了解决这个问题，万秀村村委在村内选拔了一批退伍军人、青壮村民，于2002年8月成立了一支护村队。护村队的建立对村里的治安起到了很大的作用，村里的发案率下降了不少。但是随着人口增多，新的问题不断出现，这支由本村人自己组建的护村队远远无法满足村民对治安的要求。2006年，万秀村从南宁市保安服务总公司聘请了一支专业的保安队伍，成为南宁市第一个聘请专业保安的城中村。专业保安的进驻，让村民和居住在此的外来务工、经商人员拍手称快。保安队日夜在万秀村中巡逻。但村委和村民很快发现了新的问题。村里面太大，一名保安巡逻完一大圈，得走上大约 10 千米的路程。每次遇到突发状况，保安从东头跑到西头找准位置也要花上 10 分钟，大大延误了防控的时机。

为此，万秀村 2010 年在村内主要道路安装了一批高清摄像头，保安人员分为两批，一批实时监控各个主要路段，另一批则在路面巡逻，遇到问题随时可以防控。安装了摄像头之后，发案率大幅降低。一些入室盗窃的案子，也可以从摄像头当中轻易地找到嫌疑人。2012 年，村委自掏腰包引进了一批环保电瓶车作为“村车”，村民只要投币 1 元就能顺利地往来于 4 个出入口，从一定程度上来说，这也极大地降低了路面案件的发生率。

从成立护村队到聘请专业保安，再到安装高清摄像头，万秀村一步步转变。在开展“平安万秀”示范创建活动中，万秀村逐步探索出了“网格化管理、信息化支撑、便民化服务、立体化防控”四位一体的社会治理模式，较好地解决了“政府管得着看不见、群众看得见管不着”的瓶颈问题，群众得到了良好的服务，“两抢一盗”等违法犯罪活动大幅减少，群众安全感和满意度大幅提升，创建经验在全区、全市推广，得到了中央社会治安综合治理委员会、广西壮族自治区和南宁市有关领导的充分肯定。其主要做法如下①：

1）打牢网格化基础

万秀村建立了“村—组—格”三级服务管理平台，以村委为依托，组建村级网格管理站；以村民小组为基础，建立 6 个网格管理分站；精细划分管理网格，以每 500 户或 1 500 人为网格单元进行科学合理划分，将全村划分为 50 个网格单元，网格间实现无缝对接，确保管理区域无盲点，服务对象不遗漏。

万秀村组建了两支队伍，为网格化建设提供坚实的人员基础。一支是由 100 名网格员组成的网格员队伍，另一支是由管段民警、流动人口协管员、网格内党员、楼栋长、房东和热心公益事业的村(居)民参与的志愿者队伍。同时，万秀村制订、明确了各类网格服务管理人员的职责，确定工作目标，明确工作任务，严明工作纪律，落实奖惩制度，充分调动网格服务人员工作的积极性和主动性。此外，万秀村建立了会议、工作台账、请示报告、检查督促、总结考评、奖惩、一票否决等制度，形成高效的工作机制，确保网格化管理的正常、有效运行。

2）实现立体化防控

为了顺利开展网格化建设工作，万秀村建立健全了信息化指挥中心平台，为网格员配发 70 台手持信息终端机，全面收集和掌握实有人口、房屋、安全设施、村情民意、民政、卫生、教育、医疗、就业、群众诉求和矛盾纠纷等信息，通过加强信息采集，打牢网格化管理基础。2017 年万秀村 E 通综治系统登记在册房屋 2 040 栋，53 328 套，其中出租房 1 714 栋，51 048 套；通过 E 通综治系统上报事件 4 048 条。

除了信息化指挥中心平台，万秀村同时还建设了网格化信息指挥中心，联合公安、计生、工商、民政、城管、消防、人社、司法、教育、卫生、环保、房管等部门，整合各方面的力量和信息，建立

① 万秀村首创社会治理“四化”模式 打破城中村管理难题.南宁法制网，2017-07-07.

各单位间服务管理的信息直达通道。

此外，依托平安中国建设信息化平台，该村整合了公安、流动人口、司法、教育、消防、计生、民政、城管等各部门资源，对网格员所采集的信息进行资源共享，实现对村情治理的信息化服务和管理。

万秀村建立了村级社会治安视频监控中心，在村主要道路和重要场所装配 168 个高清摄像头，并将全村所有摄像头进行联网、并网，形成全方位的视频监控系统。视频监控中心建立以来至 2017 年 7 月，村民通过视频监控系统寻找到丢失物品、走失老人和孩子共计 180 多人次(件)。

与此同时，万秀村增购了 10 辆巡逻电瓶车、摩托车，加大巡防密度；建立了对讲系统，为网格服务管理人员和巡防队员配备 20 部手持对讲机，提高应急处置能力；在 4 个主要出入村路口设置值班岗亭和起落杆，加强对出入车辆的管理，形成“卡口为点、主要村道为线、巷路为网”相互呼应的一体化防控网络，实现精细化、全方位、全天候管理的目标。

为实现警力下沉，派出所补充 6 名驻村民警和 12 名协警，实行包片分组负责，招聘 40 名专业保安人员，24 小时开展巡逻防范。2017 年，万秀村总警情同比下降 45%，各类案件、矛盾纠纷下降 50%，群众安全感明显提升。

3) 开展便民化服务

万秀村推行服务窗口前移，将万秀村村委办公楼一楼改造为便民服务大厅，并根据万秀村的实际情况，实行错时上班制度，每天从上午 9 点到下午 5 点服务群众不间断。2014—2017 年，共为流动人口办理居住证 4.1 万多张，发放居住证 3.9 万张，为流动人口提供就业指导、免费技能培训、法律咨询、婚育服务等服务 1 400 多人次，4 000 多名农民工与企业达成就业协议。在 6 个村民小组设立心连心服务点，建立网格员为政府代理事务、为群众代办事宜的“双代服务”，构建了网格“十五分钟服务圈”，为群众提供“便捷、高效、优质、满意”的综合服务。

网格员通过收集网格内群众对城市管理、环境整治、社会治安、医疗保障等方面的意见和建议，及时反馈给由各职能部门组成的 34 支专业服务团队，由服务团队对各种热点、难点问题开展专业化、精细化跟踪服务。网格员深入网格走街串巷、进家入户，深入排查矛盾纠纷、村容村貌乱象、消防安全、治安安全隐患等信息，及时将各类矛盾纠纷、环境乱象、安全隐患解决在基层、消除在萌芽状态。网格治理便民化服务后，该村实现 90%以上的问题就近解决在网格，网格员成为联系党委政府和老百姓的“连心桥”、改善人民群众生活的“民生网”。

参考文献

[1] 时延安，薛双喜.中国刑事政策专题整理[M].北京：中国人民公安大学出版社，2010.

[2] 黄松涛.推动社会主义文化大发展大繁荣与各地实践探索[M].北京：经济日报出版社，2012.

[3] 肖金明.社会治安综合治理法治研究[M].济南：山东大学出版社，2015.

[4]《中共中央关于制定国民经济和社会发展第十三个五年规划的建议》辅导读本[M].北京：人民出版社，2015.

[5] 颜玮琳.完善滨海新区社区治安管理体制研究[D].天津:天津师范大学,2009.
[6] 闫石.探究城市滨水景观设计存在的问题:以开封市水系工程为例[J].经济研究导刊,2014(34):125-127,131.
[7] 保安服务管理条例 保安员培训教学大纲(试行) 专职守护押运人员枪支使用管理条例[M].北京:中国法制出版社,2009.
[8] 范长虹,韩育林.论社会主要矛盾转化下的治安秩序维护[J].湖北经济学院学报(人文社会科学版),2019,16(4):7-10.
[9] 杨佩艺.浅析居民小区风险及其安全防范[J].安防科技,2009(5):18-21.
[10] 法律出版社法规中心.2015 中华人民共和国工程建设法律法规全书(含典型案例)[M].北京:法律出版社,2015.
[11] 汪永清.完善社会治安综合治理体制机制[J].新华月报,2015(24):61-63.
[12] 李玉侠,李英霞.当代大学生安全教育教程[M].北京:中国人民大学出版社,2014.
[13] 白楠楠.社会稳定学概论[M].北京:中国石化出版社,2018.
[14] 朱得旭.大型活动安保风险评估概论[J].中国安防,2008(4):16-20.
[15] 陈鹏,瞿珂.城市居住小区盗窃犯罪的影响要素分析:以北京市某区 20 个居住小区为例[J].中国人民公安大学学报(社会科学版),2018,34(2):67-71.
[16] 黄卫湘.广西城中村改造路径初探:从南宁、柳州的现实状况出发[J].广西城镇建设,2012(10):30-34.

8 新一代信息技术在城市住宅小区安全风险防控中的应用

信息技术主要指人们管理和处理信息所采用的各种技术。它是人类在认识自然和改造自然过程中所积累起来的获取信息、传递信息、存储信息、处理信息并使信息标准化的经验、知识、技能以及与体现这些经验、知识、技能的劳动资料有目的的结合过程。[1]

现代信息技术具有强大的社会功能，是21世纪推动生产力发展和经济增长的重要因素。信息技术改变产业结构，催生新的商业业态，对人的思想观念、思维方式和生活方式产生重大影响。

信息技术的发展为城市管理水平的提升、公共安全的改善，提供了创新的空间和技术支撑，催生了智慧城市的发展愿景，而这一切必然深刻地影响住宅小区的方方面面。积极探索新一代信息技术的实际应用，对城市住宅小区风险防控而言，既是机遇，也是挑战，更是发展路径。

8.1 新一代信息技术和智慧城市

信息技术的迭代非常迅速，数字化、网络化、智能化是新一代信息技术的突出特征。而以5G、大数据、云计算为代表的新一代信息技术已被充分应用于智慧城市建设，并催生了大量新一代应用。住宅小区作为智慧城市的基本组成单元，新一代信息技术在住宅小区安全风险防控中有着广泛的应用场景。

8.1.1 新一代信息技术的特征

新一代信息技术具有数字化、网络化、智能化的特征。数字化为社会信息化奠定基础，网络化为信息传播提供物理载体，智能化体现信息应用的层次与水平。

1. 数字化：从数字技术到大数据

数字化的核心内涵是对信息技术与社会活动交融所生成的数据的认识与利用。数字技术是指将信息载体（文字、图片、图像、信号等）以数字编码形式（通常是二进制）进行储存、传输、加工、处理和应用的技术方法。大数据指社会经济、现实世界、管理决策等的片段记录，蕴含着碎片化信息。随着分析技术与计算技术的突破，解读这些碎片化信息成为可能，这使大数据成为一项高新技术、一类新的科研范式、一种新的决策方式。大数据深刻改变了人类的思维方式和生产生活方式，给管理创新、产业发展、科学发现等多个领域带来前所未有的机遇。[2]

2. 网络化：从互联网到物联网

作为信息化的公共基础设施，互联网已经成为人们获取信息、交换信息、消费信息的主要方式。但是，互联网关注的只是人与人之间的互联互通以及由此带来的服务与服务的互联。物联网是互联网的自然延伸和拓展，它通过信息技术将各种物体与网络相连，帮助人们获取所需物体的相关信息。物联网通过使用射频识别①、传感器、红外感应器、视频监控、全球定位系统、激光扫描器等信息采集设备，通过无线传感网络、无线通信网络把物体与互联网连接起来，实现物与物、人与物之间实时的信息交换和通信，以达到智能化识别、定位、跟踪、监控和管理的目的。互联网实现了人与人、服务与服务之间的互联，而物联网实现了人、物、服务之间的交叉互联。[2]

3. 智能化：从专家系统到人工智能

智能化反映信息产品的质量属性。我们说一个信息产品是智能的，通常是指这个产品能完成有智慧的人才能完成的事情，或者已经达到人类才能达到的水平。智能化定义如下：使对象具备灵敏准确的感知功能、正确的思维与判断功能、自适应的学习功能、行之有效的执行功能等。新一代人工智能主要包括大数据智能、群体智能、跨媒体智能、人机混合增强智能和类脑智能等。[2]

8.1.2　新一代信息技术及其应用

1. 新一代信息技术的概念

新一代信息技术是以5G、物联网、大数据、云计算、人工智能等为代表的新兴技术。

(1) 5G。5G(the 5th generation mobile communication technology)是第五代移动通信技术的简称，作为第四代移动通信技术(the 4th generation mobile communication technology, 4G)的延伸，5G具有广连接、高带宽、低时延的特点，稳定性可达99.999%，速度可以达到1G比特率，时延不到10毫秒。5G的这些特点也意味着数据的获取将更加海量、快速和精准。5G时代，"人"与"人"、"人"与"物"和"物"与"物"之间原有的界线将被打破，所有的"人"和"物"都将存在于一个有机的数字生态系统里，数据或者信息将通过最优化的方式进行传递。

(2) 物联网。物联网是基于互联网、以传统电信网络作为信息载体，使被寻址的物理对象互联互通的网络体系，它将各种信息传感设备与互联网结合起来，形成一个巨大网络，实现在任何时间、任何地点，人、机、物的互联互通，即"万物互联"。物联网主要依靠整体感知、可靠传输和智能处理三个过程实现物与物、人与物之间的信息交互。物联网处理信息主要分为四个步骤：信息获取、信息传输、信息处理、信息施效。

与传统的互联网相比，物联网有其鲜明的特征。①数据收集：物联网利用射频识别、传感器、二维码等技术手段随时获取文本、温度、湿度、声音、光线等各类信息数据。②互联传输：物

① 射频识别原理为阅读器与标签之间进行非接触式的数据通信，达到识别目标的目的。

联网利用专用网络与互联网相结合的方式，实时准确地传递物体信息，对网络依赖性更高，更强调数据交互。③智能处理：物联网综合利用云计算、云存储、模糊识别、神经网络等智能计算技术，对海量数据和信息进行分析和处理，并结合大数据技术，深入挖掘数据价值。④自组织与自维护：物联网的每个节点为整个系统提供自己获得的信息或决策数据，当某个节点失效或数据发生变化时，整个系统会自动根据逻辑关系做出相应调整。[3]

(3) 大数据。大数据是指一种在获取、存储、管理、分析方面规模大到超出传统数据库软件工具能力范围的数据集合，具有海量的数据规模、快速的数据流转、多样的数据类型等特征；是可以将半结构化或者非结构化的海量数据进行整合处理的信息处理技术。

(4) 云计算。云计算简单地说就是简单的分布式计算，解决任务分发，并进行计算结果的合并。云计算又称为网格计算，通过这项技术，可以在很短的时间（几秒钟）内完成对数以万计的数据的处理，从而实现强大的网络服务。[4]

(5) 人工智能。比较通俗地理解，人工智能就是“物”通过模拟“人”的某些思维过程，行为具备“人”的特性。

值得强调的是，上述技术是一个相互依存、相互嵌入的集群，大数据的捕获、传输需要有5G的支撑，云计算以大数据为前提，新一代人工智能以大数据为基础、以模型与算法创新为核心、以强大的计算能力为支撑。

2. 新一代信息技术的应用

新一代信息技术发展的方向不是信息领域各个分支技术的纵向升级，而是信息技术横向渗透融合到制造、金融、社会管理等其他行业，从产品技术转向服务技术。以信息化和行业深度融合为目标的“互联网＋”，是新一代信息技术的集中体现。这实际上也是新一代信息技术应用的特点之一。[5]

新一代信息技术应用的另一个特点是提供综合性的解决方案。新一代信息技术的发展，一方面带来了新物质形态的产品设备，如5G通信设备、5G手机、机器人、穿戴设备等；另一方面带来更多的服务，为客户提供基于某种需求的综合性解决方案。比如，云计算技术提供的是不设数据机房，不买存储器、服务器、网络设备就能进行数据处理的解决方案，提供的是可购买的云端的计算服务。再如，微信支付系统提供的其实就是移动支付的解决方案以及相应的服务。所以，许多现代新技术企业都属于集成商、平台商、软件开发商。

提供创新的空间和技术支撑是新一代信息技术应用的又一个特点。新一代信息技术提供了对海量信息的处理能力，改变了人与人、人与物的交互方式，实际上就是为人们做事情提供了新的可能、新的空间。电商，就是人们在互联网基础上创造的新商业业态。在现代社会治理中，强调多主体的参与，强调相关方的协同和分享，而新一代信息技术恰恰可以搭建所需的信息服务平台。

8.1.3 智慧城市的含义

在新科技革命和经济全球化的背景之下，以大数据、物联网、云计算、人工智能为代表的新一代信息技术不仅改变了人们的生产和交往方式，而且正在从根本上变革城市的运行、管理、服务方式，由此催生人们关于现代“智慧城市”的畅想和实践。智慧城市，既是现代城市发展的愿景，也是正在塑造之中的现代城市的发展模式，将会对城市的发展产生重大影响。

“智慧城市”概念的出现，可以追溯到20世纪与21世纪之交。伴随信息技术、互联网经济的飞速发展，类似“数字城市”“电子城市”“智能城市”“信息化城市”等概念相继问世。1998年，美国前副总统戈尔做过一个关于“数字地球”的报告，提出“数字城市”“数字社区”等概念。1999年11月，由中国科学院主办的第一届国际数字地球会议在北京召开，中国科学院院长路甬祥作为大会主席作了关于“合作开发数字地球，共享全球数据资源”的主旨发言，会议通过了旨在推进数字地球建设的《北京宣言》。[6]

2008年11月，国际商业机器公司(International Business Machines Corporation, IBM)发布关于“智慧的地球：下一代领导人议程”的报告，希冀把新一代信息技术充分运用于各个行业，重塑我们居住的星球。报告的思想被美国政府接受，“智慧地球”的战略构想上升为美国的国家级发展战略。随后，西方发达国家纷纷跟进。[6]

“智慧地球”“智慧发展”的思想传入中国后，迅速被各方接受，并付诸实践。2010年，中国智慧城市论坛成立；工业和信息化部、科学技术部、住房和城乡建设部着手组织智慧城市的试点；《中国城市发展报告(2015)》显示，到2015年，100%的副省级以上城市、89%的地级及以上城市和47%的县级及以上城市都提出了建设智慧城市的方案。2014年8月，国务院办公厅印发了《关于促进智慧城市健康发展的指导意见》，强调要做好顶层设计，包括提升顶层设计的战略高度，推动构建普惠化公共服务体系，支撑建立精细化社会管理体系，促进宜居化生活环境建设，加快建设智能化基础设施。

智慧城市，各国有各国的理解，各座城市有自己的侧重，不同研究者有不同的解释。IBM的“智慧地球”概念的英文是Smarter Planet，Smarter是Smart(智能)的比较级。联合国欧洲经济委员会和国际电信联盟联合给出定义，它们认为“智慧城市”就是创新城市，采用信息通信技术和其他技术，提高生活质量、城市运行与服务效率和竞争力，同时保证满足目前和未来对经济社会环境和文化等方面的需要。成思危先生主张作广义的理解，他认为狭义的智慧城市就是用信息技术改进城市管理和促进城市发展，而广义的智慧城市是指怎样运用人们的智慧发展好城市。

智慧城市最基本的含义应该包括如下三点：①智慧城市的基本内容是改进城市管理、控制和服务，以形成更高级的发展模式。②智慧城市的技术支撑是新一代信息技术，基本点是城市的数字化和网络化，通过数据的统一有效处理，更透彻地感知和度量城市的变化和本质，所有事物、流程、运行方式实现更深入的智能化。③智慧城市的价值目标是为城市中的人创造更美好的生活，促进城市的和谐、可持续发展。

“智慧”是新一代信息技术条件下的管理、控制、发展模式。而就“智慧城市”发展而言，世界才刚刚起步。

住宅小区是城市的重要组成部分，智慧城市的发展必然会对住宅小区产生牵引，也必然对住宅小区管理提出智能化的要求。

8.1.4 新一代信息技术在住宅小区安全风险防控中的应用场景

新一代信息技术在住宅小区安全风险防控中有着广泛的应用场景。

1. 5G技术应用场景

国际电信联盟定义了5G技术的三大应用场景，分别是增强型移动宽带、海量机器类通信及低时延高可靠通信。增强型移动宽带场景包括高速率、大带宽的移动宽带业务，可以更好地满足超高清视频监控在网络进行数据传输的高带宽与实时性要求，已在城市住宅小区安防监控中得到应用，创新性地解决了很多问题。[7] 5G支持低功耗、大连接、分散部署、移动性等感知器，为住宅小区内大量布设传感器提供了技术支撑，可以满足智慧消防等智慧化应用场景的需求。

2. 物联网技术应用场景

物联网使多种类型传感器的海量部署成为可能，每个传感器都是一个信息源，不同类型的传感器所捕获的信息内容和信息格式不同。传感器按一定的频率周期性地采集环境信息，不断更新数据，其获得的数据具有实时性。与其他一些系统相比，物联网不但具备信息收集的功能，还具备极强的信息处理功能，可对物体进行有效的智能管理，物联网通过一些设备与传感器相连接，利用云计算、智能识别等各种先进的自动化反馈技术，可大范围实现对事物的智能化管控。[8]

城市住宅小区安全风险防控以大量数据的实时采集为前提，有了数据，情况才能清晰可见，才能进一步结合大数据分析等手段发现风险、控制风险。此外，住宅小区存在大量运行设备，如水、气、电、网络等设施。这些设备的良好、高效运行是居民正常生活工作的环境基础。提前发现风险、快速解决故障，也是城市住宅小区安全风险防控的重要目标之一。物联网技术的具体应用如下：

（1）设备安全维护。传统的设备安全管理通常采用定期维护的方式进行。这种维护可以减少意外事件和停机的风险，但大量设备巡检会造成人力消耗。通过物联网技术，物业公司可以实时监控设备状态，提前对设备进行预测性维护。

（2）设备效率分析。使用物联网技术可以实时收集和分析来自大量设备的海量数据，更好地了解设备的工作状况、运行效率、用能情况，及时发现供能不足的风险，并为用能损耗、质量控制提供科学的分析决策依据。

（3）安全控制。物联网是城市安全防控能力的延伸。物联网技术可以增强门禁、停车场、充电桩、消防水源、可燃气体等监控及防控设备与人之间的联系，可实现城市社区各类信息资源的全面整合及业务协同，使得一系列智慧化风险防控措施实现自动化，是城市社区风险防控能力的延伸。

3. 云计算技术应用场景

城市社区风险防控以海量的数据处理、实时感知数据采集为基础，云计算为其提供了适合的计算平台，是信息流、服务流的综合枢纽。另外，云计算使住宅小区不用自己建立单独的计算设施，可以大大提高经济性。

4. 大数据技术应用场景

遍布城市各个节点的物联网感知器会采集海量、复杂、实时的大数据。而海量数据本身没有任何意义，只有从中挖掘出信息，再利用这些信息作为决策依据，智能地控制现实的城市，才能最终创造价值。因此，智慧城市的"智慧"来自对大数据的充分挖掘和利用。住宅小区安全风险防控的智慧化核心和灵魂同样在于大数据的有效应用。从政府决策与服务，到住宅小区的运营和管理方式，再到居民的衣食住行、生活方式，都将在大数据支撑下走向智慧化，如监控视频图像处理、空气污染指数分析、可疑行为轨迹监测、设备实时运行监测等。这些数据的应用、分析、呈现是赋能各种业务应用的核心。

5. BIM 技术应用场景

BIM(Building Information Modeling)即建筑信息建模，指建立虚拟的建筑工程三维模型，利用数字化技术为这个模型建立完整的、与实际情况一致的建筑工程信息库。该信息库不仅包含描述建筑物构件的几何信息、专业属性及状态信息，还包含了非构件对象(如空间、运动行为)的状态信息。BIM 技术用于城市住宅小区的物业管理，能使设备全生命周期的信息得以集成。不仅如此，BIM 技术还便于信息的修改和添加，因此可以不断完善和更新，这样不仅方便相关人员查询物业管理中的各种信息储存和管理情况，还对设备的可持续管理具有很重要的意义。[9]

BIM 技术在城市住宅小区安全风险防控中可以提供各类信息共享平台，不仅让各建筑参建方了解权限范围内的建筑设备信息，实现各参建方的信息交换，避免信息封闭无交流、信息不准确、信息没有时效性等情况的发生，还能够使建筑设备信息在传递中减少损耗，对设备管理和维护保养工作都有重大意义。BIM 技术提供的可视化操作平台使物业管理人员形象、直观、清楚地掌握各类建筑设备的基本情况，掌握的信息更加准确。在设备管理和维护过程中，可视化的管理能大大降低物业管理的难度，比传统的图纸更容易理解和掌握。[10]物业管理人员能够快速清楚地了解物业设施设备的具体位置、运行维护状态等，大大提高了管理效率。使用 BIM 技术将物业管理信息实时、动态、直观形象地显示出来，并提供相应的添加、查询、更新或修改设备信息者的可视化操作平台，有利于实现高效的物业管理。

运用场景的广泛存在，既说明住宅小区安全风险防控需要新一代信息技术，也说明完全可以运用新一代信息技术使住宅小区安全风险防控智慧化。积极运用新一代信息技术，建立住宅小区安全风险防控体系，走向智慧化，是住宅小区安全风险防控工作的重要任务，同时也是现实的路径。

8.2 智慧物业

智慧物业是智慧城市的一个分支，已成为提升物业公司服务水平的重要手段，为防范住宅小区存在的日常风险提供了新型手段，目前已被广泛应用。

8.2.1 智慧物业与住宅小区安全风险防控

从物业行业本身来说，智慧物业是物业在新一代信息技术条件下的一种发展模式，即运用新一代信息技术全面改造提升物业的服务、管理，解决发展中遇到的问题，改善与居民、政府部门的沟通连接与协同。

具体来说，智慧物业就是利用现代互联网、大数据等信息技术，在物业行政管理部门、物业公司、业主、商家等主体间搭建统一的或集成度较高的数字化平台，统筹配置各类资源，实时共享各类信息，实现在线服务、在线监管、在线民主决策、在线评价以及社区电子商务等多种功能，有效提高物业服务质量和监管水平。从现有的实践来看，智慧物业平台能够为市民提供社区医疗、养老保健、智能交通、电子投票、水电气自动抄表、安防监控、邻里互动、社区文化及教育、电子支付等丰富多样的服务，更大程度、更低成本地满足业主的多样化需求。[11]

当前，智慧物业尚处于起步阶段，但一些物业公司开展了积极的探索，有的城市着手全面推动，取得了很好的效果。比如，万科物业牵手华为集团共建了“智慧社区联合实验室”，在万科青岛小镇项目，业主邻里间可免费视频通话，业主与小区出入口岗亭可直接对话；业主可在社区服务平台上选择自己需要的服务，可通过立体式居家防盗系统用手机远程遥控布防撤防；小区还设置了无线定位系统，既能对访客进行实时跟踪管理，又能随时监护老人、小孩。深圳市中信物业管理有限公司在红树湾项目打造的 Wi-Fi 全覆盖小区，通过智能物业服务终端，能够满足业主衣、食、住、行等方面的需求。在“碧桂园智慧社区”，业主可以在电视、智能手机、电脑终端上在线购买送货上门的蔬菜、食品、日用品等；可通过智慧社区云终端，调取小区安防视频在家观看，通过智能管家平台预订车辆、送餐、衣物干洗、洗车、收发快递、票务等服务；还可以在线报修、投诉及与物业公司互动，完成家政服务安排，获得二手房交易与房屋租赁等中介服务。南京、扬州等城市则开始了全市智慧物业平台的统一开发推广。[11]

智慧物业的内容非常丰富，涵盖物业管理的方方面面，其中，安全管理和服务是不可缺少的组成部分。如扬州市开发的智慧物业平台就包含行政监管系统、维修资金管理系统、天眼远程监控系统、社区快递服务中心、设施设备维护系统、社区 O2O 服务等子系统。把新一代信息技术运用于安全管理和服务，可以有效地提升管理的精细化程度，及时发现问题并加以控制，还能够扩展安全方面的服务范围，如提供对老人、小孩的随时监护。

此外，智慧物业模式本身就非常有利于安全风险防控。例如智慧物业设施设备管理维护系统，设施设备信息被录入系统，有了属于自己的“电子病历”；利用物联网技术建立对重点设备（如电梯、消防设备）的实时监控，记录、传输运行数据，可以及时判断设备的安全状态；物业公司将设施设备检修的年度计划与月度计划录入系统，系统会自动生成每日工单，然后派发给工作人员，发现问题时工作人员可上传现场照片，然后再将问题工单上传并及时处理，处理完成后还需再进行记录，这样可以大大提高设备的安全性、可靠性，也就有效防范了事故的发生。智慧物业要求建立物业公司与居民的有效联系和互动，这对安全提醒、培训、居民参与十分有益。

物业公司在住宅小区安全风险防控中居于非常重要的地位，是住宅小区安全的日常守护者，它的智慧化升级，必然带动安全管理升级，走向以风险防控为重心的发展阶段。因此，应当将住宅小区安全风险防控与智慧物业有机结合起来，统筹推动。

8.2.2　智慧物业的系统架构

本小节从技术层面、国内智慧物业建设模式、智慧物业风险防控体系应用三方面介绍智慧物业的系统架构。

1. 技术层面

从技术层面看，智慧物业平台可以有多种选择，如互联网＋、侧重 AI 技术、利用微信平台开发、利用 BIM 云端系统开发等。不同的住宅小区、不同的企业、不同的城市，可以根据自身的现有条件、财力、居民的熟悉程度进行选择，特别要考虑本地智慧城市的技术路线。

从物业公司来说，智慧物业建设是一项系统工程，包括安防监控、能耗管理、停车场管理、设备环境管理、综合管理等子系统。智慧物业建设总体分前端与后端两大部分(图 8-1)。

(1) 前端：利用物联网技术(LoRa，NB-IoT 等)布设传感器，实现智慧安防、能源管理、环境控制等一系列应用的数据采集与控制。

(2) 后端：基于云平台建立物业综合管理平台，实现各子系统的综合管理、综合分析，并提供一系列线上物业服务，包括实时监控报警、在线报修、物品放行、停车场管理、投诉建议等模块。

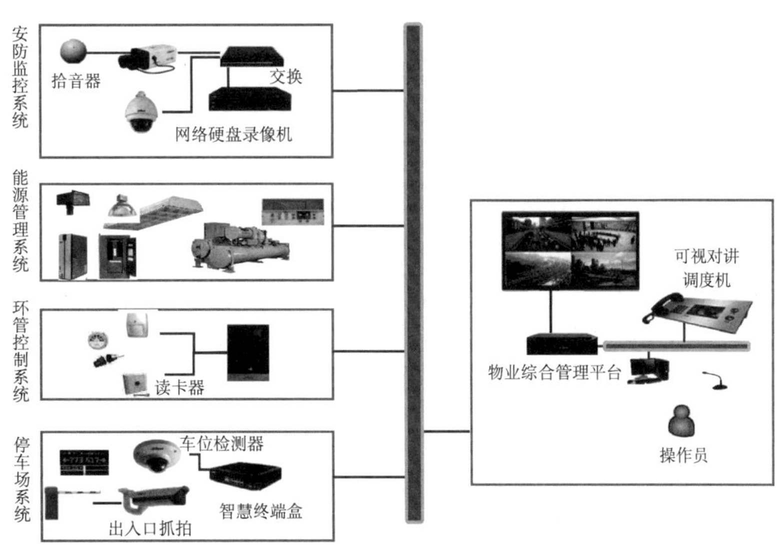

图 8-1　智慧物业总体架构

(资料来源：中国铁塔股份有限公司技术方案资料)

2. 建设模式

目前国内智慧物业建设主要有两种模式。

(1) 政府与物业公司分层建设的深圳模式：由政府投资建设物业行政监管、便民服务两个公共信息平台；物业公司自筹资金，建设公司内部管理和商业化增值运营平台。如万科物业的“睿服务”平台、长城物业的“一应云平台”“彩之云”物业平台等，在住宅小区管理、业委会选举、邻里互动、家居安防、生活服务、日用采购等方面提供数字化、信息化服务。这种模式需要较为成熟的物业市场环境，以及大量优质物业公司资源作为基础。[11]

(2) 政府主导的扬州模式：由政府牵头建立集政府监管、便民服务、商业化增值运营、物业公司内部管理等功能于一体的综合信息平台，同时整合“扬州物业网”与“一应云平台”，推出手机 App，提供维修资金查询和使用申请、业主报修投诉、物业费网上支付、快递服务、物业服务信息以及新兴的社区 O2O 消费等多样化服务。实现了业主在线享受物业服务和其他生活服务；物业公司在线提供物业服务和生活服务；行业主管部门在线监督物业公司服务和协助业主维权，营造了良好的行业发展生态环境。[11]

3. 智慧物业风险防控体系应用

智慧物业风险防控体系应用非常广泛，目前在社区各类能耗监控、实现跨域数据融合的综合防控平台、住宅小区基础设施风险智慧管控、高空抛物智能监测系统等方面均已得到良好实践。随着技术发展及社会文明的进步，智慧物业风险防控体系应用将更加广泛。

1) 能耗监控

通过安装在能耗设备计量表的前端物联网感知设备，实现对整个住宅小区的用电、用水和用热能耗信息自动采集、传输。改变物业管理中日常运维靠人工抄表、巡检的低效模式。为能效监控提供实时运行数据，管理人员可以实时监控。

通过对住宅小区的能耗数据进行跨平台采集，对住宅小区的电力、空调、照明、热力等所有用能情况进行汇总，分析阶段性能耗情况、能耗结构、能耗水平、节能情况，形成一系列指标化参数，用于实时检测和评估系统运行情况，实现能源系统的科学管理以及最佳节能控制。

2) 综合防控平台

综合防控平台是使用云平台技术，集成整合安防、环境控制、能源子系统，同步视频、传感器数据等，进行联动配置，打破各信息系统的“数据孤岛”，实现多渠道、跨系统的数据融合，实现一系列风险管控服务。

在实现各类数据的有效集成基础上，还可应用 BIM 技术实现动态三维浏览。相比地理信息系统(Geographic Information System, GIS)技术，BIM 技术可以使物业人员掌握楼层的立体空间位置信息，能够更加方便地掌控所有物业设备的相关信息和运行情况，同时预测设备未来可能产生的各类故障，然后根据预测及时做好预防和维护工作，防止故障发生，同时节约了物业设备维修管理的成本费用。在故障发生时还能启动自动报修功能，并且能够根据物业设备的数据信息制订相应的维护方案。

该综合防控平台具有以下核心功能。①外来人员管控:外来人员、业主、访客黑名单管理,住宅小区边界防范、入室抢劫预警。②突发事件报警:火情、温湿度、$PM_{2.5}$等环境监测,安保巡更监控管理+智能预警。③重点客户关注:幼儿落水或其他危险事件报警,老人独处超时预警。④设施设备检测:机组能源及运行状态监测及预警,视频监控内容分析报警。⑤运行质量分析:科技节能分析及能耗优化,AI深度学习及能源自动托管。

利用成熟的各类终端、虚拟现实视觉技术、AI智能技术,使住宅小区的风险防控不再是二维视角,而是三维视角,建设多专业交叉协同的立体安全风控系统,实现人均效能、管理质量、安全等级的全面升级。

3) 基础设施风险智慧管控

住宅小区基础设施繁多,而这些设施的正常运行是居民、企业正常生活、工作的基础。通过基于5G的泛在感知技术,可实现灯杆、井盖等公共基础设施的"被感知",从而提高设施的安全性和可维护性。交通违章、违法停车、垃圾满溢、井盖破损等城市运行状态及市容秩序破坏可被"智能发现"。为非现场执法和政府监督管理提供技术保障,提升住宅小区风险管理效能。

(1) 基于物联网技术的井盖状态实时监控。在井盖上安装物联网监测设备,并在邻近的无线铁塔上安装信号接收设备,将井盖状态通过4G/5G实时回传到监控中心,物业管理人员可以实时监控井盖状态。智慧井盖系统如图8-2所示。当井盖出现故障、倾斜时,系统会自动报警,实时通知物业维护人员。

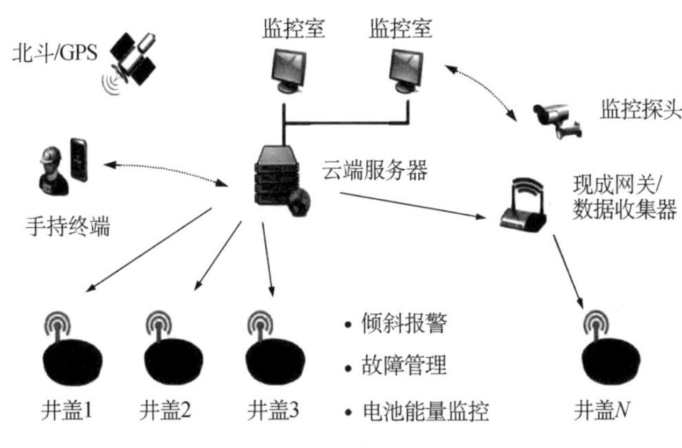

图8-2 智慧井盖系统示意

(资料来源:中国铁塔股份有限公司技术方案资料)

(2) 基于物联网技术的室内环境安全监控。室内环境监控系统(图8-3)可为住户提供室内环境监控服务。支持物联网的各类传感器对住户家庭的电力设备、门禁、环境变量(温度、湿度、烟感、水浸)进行信息采集,并上报监控中心,当传感器触发报警时会实时上报监控中心,物业人员会及时了解报警的原因、位置,并采取应急措施。室内环境监控系统可大大降低居民特别是独居老人的安全风险。

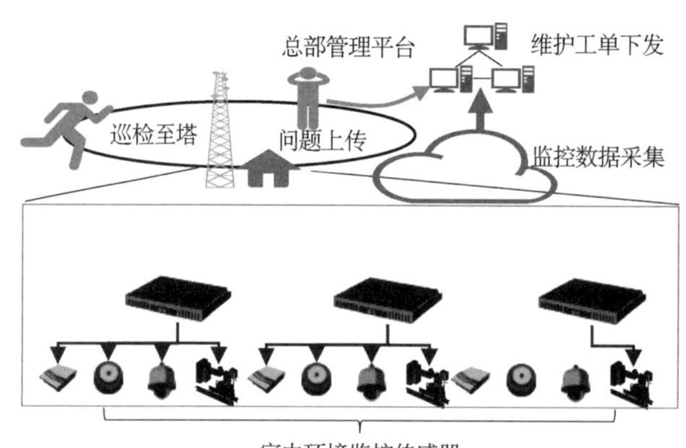

图 8-3　室内环境监控系统架构

（资料来源：中国铁塔股份有限公司技术方案资料）

（3）基于物联网技术的垃圾满溢监控。基于物联网技术的垃圾满溢监控传感器可以实现低成本、无线布网和低功耗的前端智能分析，为管理者、住户和业主及时、快速地进行垃圾满溢识别报警，为住宅小区环境提供保障。

监控传感器利用太阳能供电，既节约资源，又避免开挖布线。垃圾桶在 80% 的满溢状态时，传感器第一时间通知物业预警信息，极大减少了环境巡检的人力，提升了住户的清洁满意度和住宅小区品质。

（4）基于 5G 技术的停车监测系统。利用铁塔杆的资源优势，在铁塔的基（杆）站上搭载 5G 视频监控系统，可实现 24 小时监测住宅小区内的车道及停车位；还可以与边缘计算技术结合，自动识别车辆行车轨迹，并形成完整的图像证据，避免收费扯皮、交通事故扯皮的情况发生。停车监测系统如图 8-4 所示。

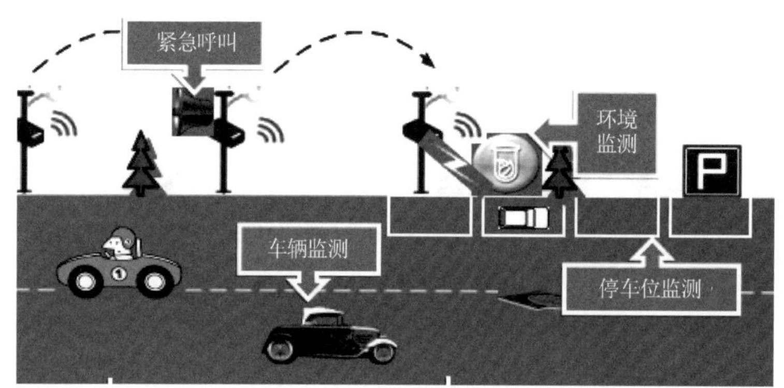

图 8-4　停车监测系统

（资料来源：中国铁塔股份有限公司技术方案资料）

4）基于 5G 技术的高空抛物智能监测系统

基于 5G 技术，通过合理科学地布置摄像头，实时监测高空抛物的发生，并对事发后可能出现的事故及时预警，可以做到事前预防、事中预警、事后追责，对建设文明社会、守护“头顶上的安全”具有很大的社会价值。高空抛物智能监测系统如图 8-5 所示。

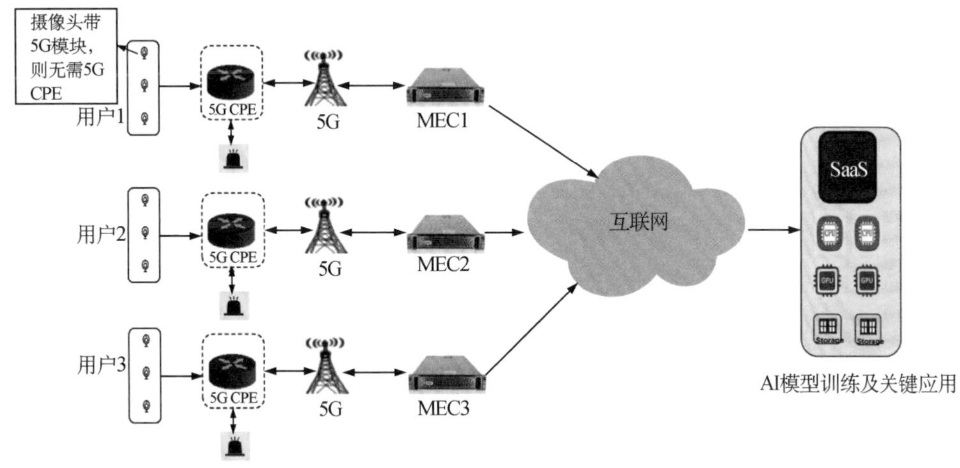

图 8-5　基于 5G 技术的高空抛物智能监测系统

（资料来源：中国铁塔股份有限公司技术方案资料）

通过人工智能（Artificial Intelligence，AI）图像处理技术以及监控视频在时间和空间上的关系与变化，剔除监控范围内不感兴趣的、静止的冗余信息，获取感兴趣的、发生移动的目标的位置等信息，再通过运动规律拟合出被抛物品的运动轨迹，完成识别（图 8-6）。识别出高空坠物的情况后，系统会立即通知物业公司及时采取措施，剔除隐患，还居民安全的环境。

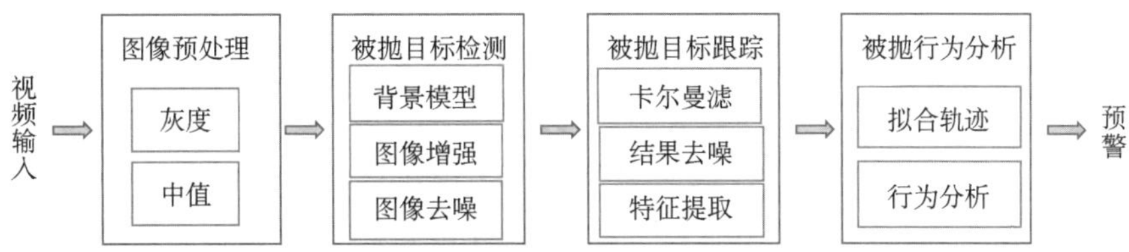

图 8-6　基于计算机视觉的高空抛物预警

（资料来源：中国铁塔股份有限公司技术方案资料）

8.3　智慧消防

智慧消防作为城市公共安全风险管理的重要组成部分，是建设智慧城市不可缺少的环节。

近年来，随着城市城镇化的快速发展，火灾隐患总量呈逐年增长趋势，消防安全形势日趋严峻。智慧消防为破解当下的消防安全瓶颈性问题提供了一种新思路、新路径。智慧消防是综合利用全球卫星定位系统（Global Positioning System，GPS）、GIS、BIM、物联网和云计算等新一代信息技术，通过互联网、无线通信网、专网等通信网络，对消防设施、器材、人员等状态进行智能化感知、识别、定位与跟踪,实现实时、动态、互动、融合的消防信息采集、传递和处理,通过信息处理、数据挖掘和态势分析,实现"感、传、知、用"等功能,让消防管理长出"千里眼"和"顺风耳",为防火监督管理和灭火救援提供信息支撑,提高社会化消防监督与管理水平,实现防患于未然或打早打小,变传统被动消防为科技、智能、主动防范,充分保障人民生命财产的安全。

8.3.1 智慧消防的系统架构

智慧消防系统将城市住宅小区内住户(尤其是独居老人)、物业公司和消防局三个用户智慧化联动,实现实时、动态、互动、融合的住宅小区消防信息采集、传递和处理,通过信息处理、数据挖掘和态势分析,增强消防灭火救援能力。一个完整的智慧消防系统应包括智慧消防综合管理平台、消防接警指挥平台、用电安全预警管理系统、消防用水预警管理系统、无线烟感报警管理系统、消防设施巡查管理系统和视频联动可视化管理系统等。[12]住宅小区的智慧消防系统应包含以下三个功能。

(1) 设备智能化。众所周知,当发生火灾时,报警设备能够及时发出报警信号,人们及时接收这个信号并撤离,就能够保证人身安全,否则就会出现意想不到的灾难。所以在消防工作当中,确保消防设备的正常工作尤为重要。智慧消防通过采用物联网技术,对城市住宅小区消防设施运行是否正常、日常消防管理是否有效、服务是否规范进行实时在线监督、查询和统计,有利于提高住宅小区内消防设施的完好率。

(2) 预警、报警智能化。一方面,建立消防设施监控系统,而其本身又是预报警系统,实时监控消防设施的运行情况,发生故障及时报警,以防止意外的发生;另一方面,智慧消防可以利用智能诊断技术,对易发生重大火灾的重点区域进行先于视觉的精准诊断预警和报警,将火灾扼杀在摇篮之中。

(3) 大数据应用。依托消防物联网云平台存储的城市建筑、住宅小区等的火警、故障、水压、消防设施位置和运行状态信息,建筑结构信息,消防监控室,消防通道监控视频等各项数据,运用数据挖掘、机器学习等技术进行数据综合分析,得到火警预警统计、区域火灾态势分析、火警原因统计与分析、值班人员响应效率等结果,为消防监督提供支持,提高救援效率,为政府提供决策依据。[13]

8.3.2 智慧消防在住宅小区安全风险防控中的应用

通过在住宅小区布置的各类传感器采集的有效数据信息,对住宅小区内所有设备、电源线路和水压进行监测,实现对住宅小区内消防隐患的故障诊断和预警。

1. 消防水源监测

数据表明,在扑救不力的火灾案例中,81.5%的火灾缺乏消防供水,特别是很多重特大火灾的发生,大多与消防供水问题有关。住宅小区内传统的水压巡查间隔时间长、人力消耗大。智慧消防解决方案中对水压的智能监测部署简易，可以实现消防用水 7×24 小时在线监测，实现对消防水源管网水压的准确、实时、多点并联监测，通过对水压值的动态分析，保证消防水箱和消防水池的水位处于正常水平范围内，保证消防管网系统通畅。当水位或管网系统发生异常时，系统能够迅速发出报警信息，及时排查消防水源隐患。[14]

2. 消防设施巡查

采用物联网手段，为住宅小区内消防安全重点部位及消防设施建立身份标识，用手机扫描标签等方式进行理性防火巡查，通过系统自动提示的检查标准和方法，实现防火巡检和日常消防安全管理等工作的户籍化、标准化、痕迹化。通过这一系统，能有效帮助值班人员实现直观检查，并且对巡查内容进行记录，为数据统计分析提供基础。物业管理人员通过安全消防检查，对住宅小区内消防安全制度、安全操作规程的落实和相关人员遵守情况进行检查，以监督规章制度、措施的贯彻落实情况。

3. 可燃气体报警控制

住宅小区内的无线可燃气体探测器用于检测可燃气体泄漏，预防气体泄漏造成的危害。当探测器探测到有可燃气体泄漏并达到探测器设定的报警浓度时，探测器红色 LED 闪烁并发出报警声音，同时，报警器的报警信号将通过网络无线上报给远端监控平台，以便监控人员及时处理。[15]

4. 火灾自动报警

火灾自动报警系统可以实时采集住宅小区内联网单位火灾报警控制器的报警信息和运行状态信息，实现对联网单位自动报警系统的全方位感知、全过程监控。[14]

5. 消防通道、重点部位监控

视频采集装置实时监测住宅小区内消防通道、重点部位的状态，发现异常时将报警信息通过云平台实时传输至数据中心，系统通过智能研判，将报警信息发送给相关责任人，以便及时响应和处理。同时，用户可实时调取视频查看，发生交通堵塞时，将报警信息及时上传至数据中心，从而使数据采集、分析、处理实现自动化，有效提高信息采集的准确性、实时性。

8.3.3 智慧能源在住宅小区安全风险防控中的运用

电动自行车是人们出行的代步工具。近年来，我国电动自行车火灾频发且呈逐年增长趋势。有些电动自行车的电池和充电设备不合格，有些车主不重视安全，将电动自行车放在走廊或者飞线充电(图 8-7)，导致电动自行车充电火灾事故频发，有些火灾造成重大的人员伤亡和财产损失。据不完全统计，有 80%的电动车火灾是在充电时发生的，而电动车火灾致人员伤亡的，90%是因将其置于门厅、过道或楼梯间等部位。①

① 80%的电动自行车火灾是在充电时发生的.搜狐，2020-10-14.

图 8-7　违规给电动车充电造成人员及财产损失

（资料来源：中新网）

这种状况引起了国家的高度重视，国家陆续出台了相应政策。2017 年 12 月 29 日，公安部下发《公安部关于规范电动车停放充电加强火灾防范的通告》，禁止私拉充电线、楼道内充电等危险的充电方式，严禁在建筑内的共用走道、楼梯间、安全出口处等区域为电动车充电。2018 年 5 月 15 日，国务院安全生产委员会办公室下发《国务院安委会办公室关于开展电动自行车消防安全综合治理工作的通知》，鼓励建立集中停放场所和具备定时充电、自动断电、故障报警等功能的智能充电控制设施，推广安装电气火灾监控和可视监测系统。2019 年 7 月 1 日，应急管理部、教育部、公安部、住房和城乡建设部等四部委联合下发通知，坚决整治电动自行车进楼入户、飞线充电，就切实加强出租屋及校园周边经营场所消防安全管理工作提出要求。

智慧能源指面向住宅小区开展电力保障和新型能源等多元化的能源服务。智慧能源可以利用智能充电设备解决住宅小区电动自行车使用管理、居民电动自行车上楼充电及拉线充电问题，智能充电设备可以便捷合理地安放在住宅小区停车棚，为居民电动自行车提供安全、专业、便捷的充电服务，有效防控住宅小区内的火灾风险。

智慧能源充电产品包含充电柜、充电桩、充电插座、换电柜等，具有用户查找附近充电柜、使用微信或支付宝扫码、一键智能开空箱、关门安全充电、充满即停、安全监控等功能(图 8-8)。用户通过公众号可实时查看电池充电的状态、开始充电时间、结束充电时间、用电功率及充电过程中的各种异常。智慧能源充电产品目前已被广泛应用于住宅小区，供电动自行车充电使用，并获得居民及物业公司的一致好评。部分试点工程如图 8-9—图 8-13 所示。此外，各设备厂商拥有独立的智能平台，利用智能的监控平台，可实现实时在线监控、温度监控、安全监护、异常报警等。

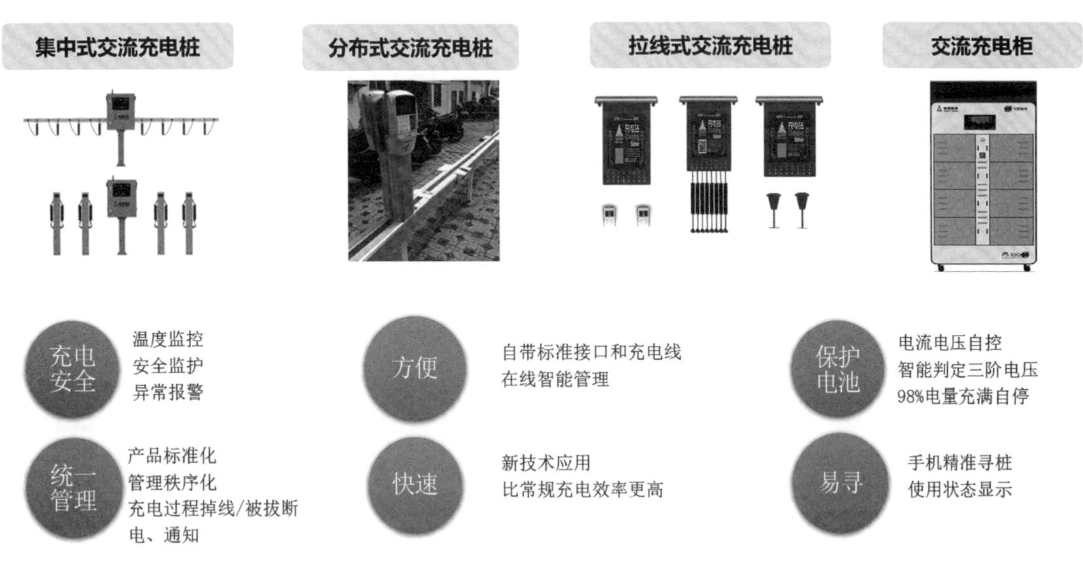

图 8-8 智慧能源充电产品示例

（资料来源：中国铁塔股份有限公司技术方案资料）

图 8-9 北京海淀西王庄试点

（资料来源：中国铁塔股份有限公司海淀西王庄项目技术方案资料）

图 8-10　北京海淀文慧园试点
(资料来源:中国铁塔股份有限公司海淀文慧园技术方案资料)

图 8-11　北京某社区充电桩试点
(资料来源:中国铁塔股份有限公司技术方案资料)

图 8-12　北京某工业园充电插座试点
(资料来源:中国铁塔股份有限公司技术方案资料)

图 8-13 北京某住宅小区充电插座试点
（资料来源：中国铁塔股份有限公司技术方案资料）

8.3.4 典型案例：北京费家村智慧消防项目

北京费家村为 2018 年北京市级挂账重点村之一，辖区流动人口非常多，远多于常住人口，人口倒挂比较为严重。村内出租户数多，出租房屋多为农村宅基地自建三层楼，疏散条件差且耐火等级低。村内居住的流动人口多服务于城内商圈，上下班以骑电动自行车为主，村内电动自行车保有量很多。很多居民规范充电及安全意识薄弱，消防隐患较为突出。楼道杂物、易燃品、危险品乱堆乱放，消防通道狭窄，不利于消防疏散。另外，村内部分房屋耐火等级低，房屋结构布局不合理，电线私接、老化严重，消防设施不全，防火疏散条件差。

2018 年 1 月，经村民代表会讨论决议，将智慧消防项目列为惠民工程，决定采取"企业投资建设、政府购买服务"的模式，综合利用物联网、大数据、云计算、人工智能等技术，依托无线、移动互联网等现代通信手段，实时监测各房间隐患，完善系统报警联动、消防监督等功能。

北京费家村智慧消防预警服务系统在费家村内部署了两台物联网基站，其中单台基站支持接入 10 000 个终端。智慧消防预警服务系统产生预警后，系统立即给相关人员发送信息并拨打电话，线下服务团队及时响应。人员聚集且隐患繁多的北京费家村利用智慧消防预警服务系统实现了多起火灾隐患的早期成功预警，得到了村民的锦旗嘉奖与政府部门的认可。

8.4 智慧房屋建筑安全监测

房屋建筑安全是住宅小区安全的重要组成部分。从现实情况看，近年来我国房屋建筑安全问题日益突显。大量二十世纪八九十年代建造的老旧房屋，因当时建造标准和质量水平较低，长期使用中又存在很多不当改造、违规装修的情况，安全风险与日俱增；同时，随着经济社会的快速发展和城市化进程的快速推进，大量新建房屋投入使用，因使用、维护不当造成的幕墙玻璃坠落、建筑结构破坏等问题时有发生，安全问题也不容乐观。因此，加强住宅小区建筑安全风险防控，非常迫切。[16]

查找住宅建筑安全隐患的方法之一是实施房屋动态监测，即对老旧住房、可能存在结构安全隐患的房屋，进行持续的现场动态监测，以发现、确认其存在的问题。房屋动态监测一般包括倾斜监测、沉降监测、裂缝监测，通过数据变化，判断是否危及安全使用，并采取相应措施。

查找住宅建筑安全隐患的另一种方法是传统人工监测，即主要靠派出测试人员到现场测得数据，然后回到室内整理原始数据、统计分析、绘制曲线、分析判断监测结果、出具监测报告。这种方法不仅费力费时、效率较低，而且任务多时，测试人员疲于应付，造成部分工程监测频率偏低、现场测试方法不规范，某些监测项目偷工减料情况时有发生，给工程留下安全隐患；同时，现行传统人工监测人工成本与日俱增，工作量大、效率低、精度低、监测数据不连续等缺点，已使传统人工监测面临众多困难。[17]

智慧房屋建筑安全监测指利用自动化监测技术进行房屋动态监测。自动化监测技术是集自动监测数据的采集、分析、查询于一体的信息管理技术。通过该技术可以实现自动监测数据的采集、传输、汇总以及远程查询，实现在远程及时查看监测数据并处理，能在建筑出现问题的第一时间发现隐患、解决问题，保障建筑的安全使用。

近年来，随着信息化水平的不断提高，房屋建筑自动化监测技术发展迅速，一些城市危房监测开始选择自动化监测。以浙江为例，近年来温州市鹿城区、台州市椒江区、杭州市上城区、绍兴市、宁波市奉化区、衢州市相继建立了房屋建筑安全监测平台，对危旧宅小区建筑进行定期健康监测，取得良好效果。这些平台通过北斗卫星系统及综合传感器等硬件监测设备实现自动化信息采集，进行 24 小时全天候监测，将监测数据归集至建筑分析模型系统，建立多维度的房屋变形模型，结合其他动态信息对房屋生命周期内的变化进行智能分析，利用移动巡检 App 全面如实地反映房屋的当前状态，从而实现房屋有效安全预警。通过移动巡检成员群组讨论及专家评估，快速处置问题，完成人、设备与数据联动的真正意义上的建筑安全智慧监测闭环管理。

8.4.1 智慧房屋建筑安全监测系统架构

智慧房屋建筑安全监测系统的基本功能模块包括数据采集、数据查询、计算器、报表、预警管理、信息管理、变形预测、权限管理等，各个模块分别实现不同的功能。

(1) 数据采集：支持自动化采集、半自动化采集、人工采集(手持设备上传、文件上传、手工录入)。

(2) 数据查询：支持监测数据的统计、查询和将数据以图、表等形式展示。

(3) 计算器：即时对上传数据进行计算存储。

(4) 报表：日报、周报、月报、次报、总结报告等查询、输出。

(5) 预警管理：数据超出预警值便即时报警，并通过多种方式通知相关人员和住户。

(6) 信息管理：楼盘信息、房屋信息、人员信息、设备信息等管理。

(7) 变形预测：根据当前和历史数据，对未来一天、一周或更长时间内的变形量进行预测。

(8) 权限管理：管理部门级、项目级、住户级等分级管理。

典型的智慧房屋建筑安全监测系统架构如图 8-14 所示。

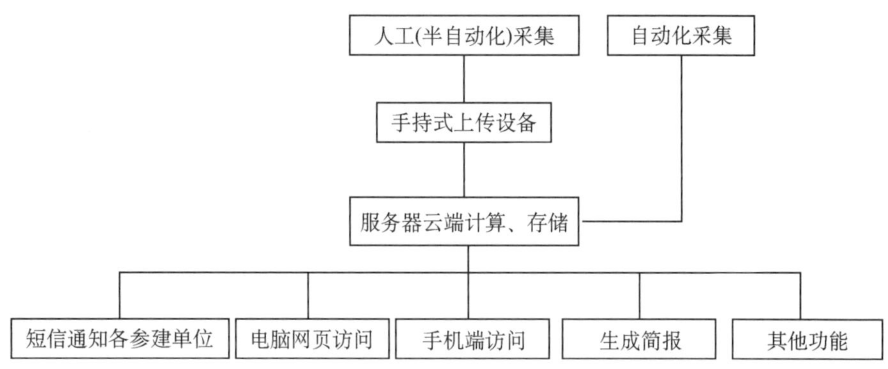

图 8-14　智慧房屋建筑安全监测系统架构示意

（资料来源：中国铁塔股份有限公司技术方案资料）

8.4.2　智慧房屋建筑安全监测的实现形式

自动化监测虽然在真实性、及时性、准确性、连续性、便捷性方面有着得天独厚的优势，但缺点是成本高、保护难、推广难。毋庸置疑，随着技术的发展，自动化监测势必将取代传统人工监测，可是房屋建筑安全监测从传统人工监测到未来全自动化监测的转型需花费较长时间，需要找到二者的结合点，可借助"互联网＋"手段，将传统人工监测转变为全自动化监测或部分自动化监测，把新一代信息技术与传统建筑安全监测融合起来，带动监测行业健康、良性地可持续发展。

1. 智慧房屋建筑半自动化安全监测

智慧房屋建筑半自动化安全监测即结合人工监测和自动化监测系统来进行房屋建筑监测。其思路是借助"互联网＋"手段升级和改进现有的监测仪器设备和技术手段，推广一种具有较强适用性的房屋建筑安全监测技术，同时为所有危房安全监测相关人员搭建一个公共数据平台。智慧房屋建筑半自动化安全监测主要分为两种模式。

(1) 结合传统人工监测和"互联网＋"技术，采用人工采集与即时上传云端模式，即由监测人员用全站仪、水准仪、频率计等仪器进行房屋建筑安全监测数据采集，将数据导出至手持式上传设备，再上传至服务器云端进行数据处理、报告生成等一系列内业工作(图 8-15)。[18]

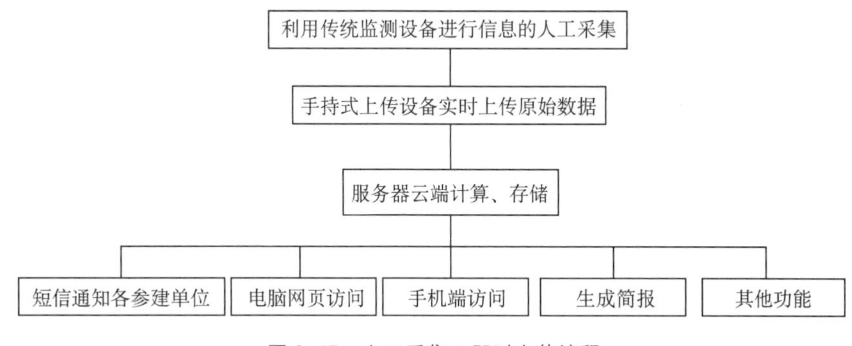

图 8-15　人工采集＋即时上传流程

（资料来源：中国铁塔股份有限公司技术方案资料）

(2) 部分项目自动化监测+部分项目传统人工监测。由于施工现场的特殊限制以及各方单位的相互协作制约等原因,人工监测一般一天两次已经达到饱和。对于某些自动化测量设备和元器件较经济和便于保护的监测项目可采用自动化监测,如墙体倾斜、结构沉降、墙体内力、地下水位监测等,可以充分利用全自动化监测技术,自动采集数据后实时传输至服务器云端计算、存储,实现自动化采集监测数据。当采用全自动化监测技术的监测项目出现报警或异常时,在排除系统误报警之后,立即加密人工监测(图 8-16)。

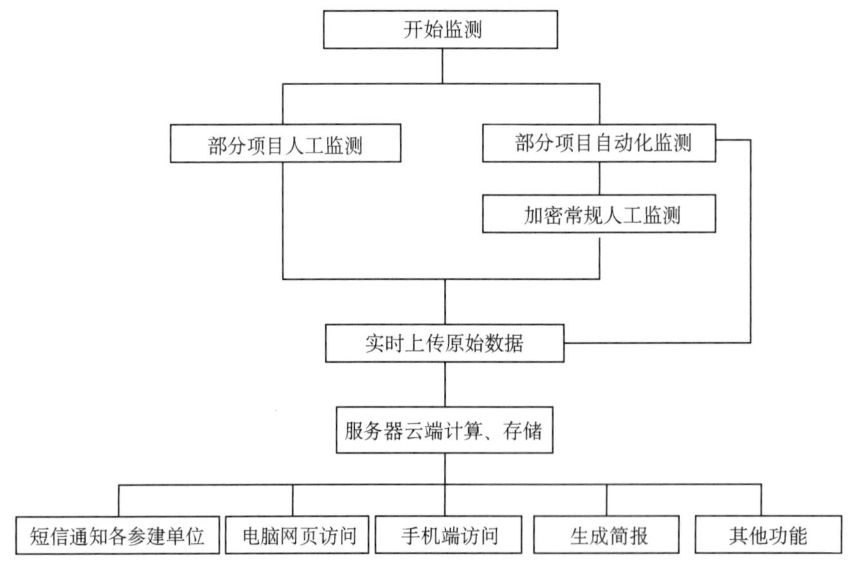

图 8-16　部分项目自动化监测+部分项目人工监测流程
(资料来源:中国铁塔股份有限公司技术方案资料)

2. 智慧房屋建筑半自动化安全监测的特点

相对于传统人工监测,半自动化监测技术可以借助上传系统和网络服务器云端,保证监测数据真实、及时、准确,而且一旦发现超出正常值范围的测量数据,系统马上报警,辅助工程技术人员做出正确的决策,及时采取相应的工程措施,整个反应过程比较快捷,真正做到"未雨绸缪,防患于未然"。[19]

相对于全自动化监测,采用半自动化监测技术,可以大幅减少成本和技术人员的投入,同时也降低了对监测元器件的安全保管风险。

在当前的社会经济水平下,智慧房屋建筑半自动化安全监测可较好地解决技术水平和造价的矛盾,并为后期实现全自动化监测提供统一的系统和数据接口。

8.5　社区-住宅小区智慧治安综治平台

国家出台了一系列关于社区治安综合防控的指导意见。中共中央办公厅、国务院办公厅

2015年印发的《关于加强社会治安防控体系建设的意见》，明确提出加强乡镇（街道）和村（社区）治安防控网建设。公安部《“十三五”平安中国建设规划》要求健全社会治安防控运行机制，创新完善立体化社会治安防控体系，要求强化基础信息采集、推动大数据汇集应用和强化情报综合研判，构筑全社会合作共享的社会治理体系。《公安部：2016“四项建设”筑牢公安事业坚实根基》要求利用大数据技术实现实有人口精细化动态管理。

社区治安综合防控体系自然包含住宅小区，而且住宅小区治安综合防控是重点，二者的大多数内容是一致重叠的。

在技术层面上，为支撑社区-住宅小区治安综合防控体系，需要利用物联感知、大数据架构、Unity3D引擎等新一代信息技术，开发建设社区-住宅小区智慧治安综治平台，通过整合社区的智能物联部件、基础设施、房屋等元素，实现对区域内环境及安全隐患的实时监控、对出入人员的有效管理，促进街道办和社区、物业公司、公安协同工作的有效开展，解决突出的安全问题，提升居民的安全感。

社区-住宅小区智慧治安综治平台，对社区、街道办、公安和相关政府机构而言，是针对社区安全、突发问题的快速协同和应急指挥系统；对物业公司而言，是安全管理、安全服务的平台；对居民而言，是参与治安安全风险防控的互动平台。

社区-住宅小区智慧治安综治平台对社区综合防控体系的建设具有重要作用：关爱社区特殊人群，及时发现社区老幼病残人员的安全隐患，给予及时的救助，降低特殊人群出现危险的概率；对威胁社区安全的重点人员（通缉犯、吸毒人员等），及时发现并通知街道办和物业人员，根据情况适时协助公安人员进行危险处置，确保社区整体环境的安全性；对潜在的异常行为（翻越护栏、尾随、昼归夜出、频繁穿行社区）进行主动识别，当出现社区安全类事件时，结合异常行为历史记录，辅助公安机关进行研判和定位；改变社区和物业公司以往协同配合的被动和低效问题，通过平台，及时发现异常，主动通知相关方，提高隐患防控的协同效率，同时可促进各方职责分工的进一步明确和细化，使社区管理工作目标明确、重点突出、分工清晰。

目前，许多城市已经开始了利用新技术建设智慧治安综治平台的探索。如重庆巴南地区通过建设智慧门禁系统（图8-17），并与公安数据对接，转变了实有人口管理工作模式，真正做到居民信息底数清、情况明；解放了警务生产力，使社区警务工作更加智能高效。运行后，2017年1—4月，110刑事警情同比下降15.9%，全区八类主要刑事案件同比下降36.4%，侵财案件同比下降21.1%；2016年辖区内打击入室盗窃、扒窃、通信网络诈骗犯罪嫌疑人同比上升84.04%；2016年全区110刑事警情同比下降8.6%；2016年辖区内入室盗窃、扒窃、通信网络诈骗三类侵财案件破案数同比上升404.22%。[20]

8.5.1　智慧治安综治平台系统架构

社区-住宅小区智慧治安综治平台是一项系统工程，分为四个层级（图8-18）。

（1）感知层：各类感应器、通信网络硬件，以及用于视频监控的摄像头、定位器等。

（2）网络层：以5G为代表的新一代网络技术为高速数据传输提供了可靠的承载通道。

图 8-17　智慧门禁系统

（资料来源：中国铁塔股份有限公司技术方案资料）

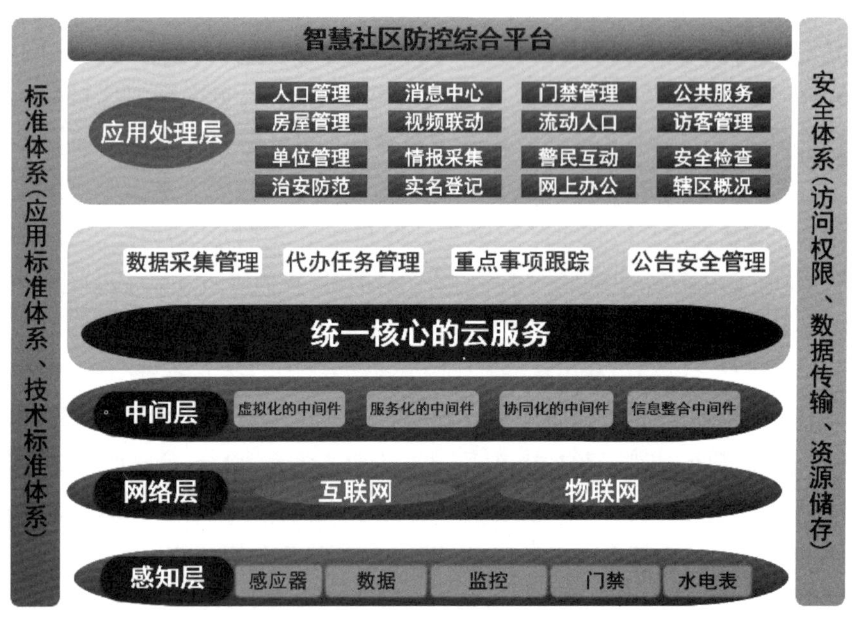

图 8-18　智慧治安综治平台系统架构

（资料来源：《中国智慧园区标准白皮书》）

(3) 中间层：以大数据平台为代表的新一代数据处理技术，包括数据采集、协同中间件等，把政府服务信息、电子地图、民生档案（全员人口信息库）、出租屋信息、消防安全、门牌数据、城市部件等信息输入数据仓库，做到“人进户、户进房、房进楼、楼进格”等信息对应。

（4）应用处理层：在数据的基础上，通过信息化手段，借助移动端软件、智慧门禁设备、智慧摄像头，在平台建立一系列风险防控专题：①安防监控专题。联动区域内的普通摄像头，实现远程的视频画面巡视；完善视频数据管理平台，保障园区 7×24 小时全时段安防视频监控；提供视频数据检索查询服务，可针对不同码流数据进行信息数据分类，形成易查易用的数据管理。②门禁专题。联动每个单元门的门禁设备，实时展示当前刷卡人员的开门信息，同时对门禁常开的安全隐患进行预警，便于物业端协助进行现场处置。③人脸识别专题。联动人脸识别摄像头，及时发现危害住宅小区安全的重点人员，进行主动告警，便于街道综治办和相关部门协同开展处置工作。④人证核验专题。联动住宅小区入口的人证核验闸机，实时显示进入的访客记录。⑤烟感专题。联动每户的烟感设施，当出现异常烟雾告警时，将主动发出通知，帮助物业人员快速上门确认和紧急处置。⑥电子围栏专题。联动周界电子围栏设施，及时发现电子围栏设施故障、非法闯入等问题，主动预警通知物业安保人员进行处置。⑦电子车棚专题。联动电子车棚内的摄像头、烟感、门禁、充电设施等智能物联设施，及时了解电子车棚的运营情况和安全隐患问题。⑧事件报警专题。实施安全监测管理，根据不同数据阈值指标对平台进行跨域监控，发现问题，发出警报。

8.5.2　智慧治安综治平台的应用场景

本小节从众多实践应用中，选取了比较适用于社区-住宅小区智慧治安综治平台的应用场景进行介绍，可结合区域特性要求进一步延伸和推广。

1. 基于5G技术的高清视频监控

基于最先进的 5G 技术，通过摄像头设备实现实时高清回传。5G 技术可实现高清、无延时、人脸识别服务，极大地有利于住宅小区安保，特别是利用 5G 铁塔提供高点监控（图 8-19），可以有效利用空间，安装成本低，视频回传效果好。

图 8-19　铁塔安装高空摄像机

（资料来源：中国铁塔股份有限公司技术方案资料）

2. 基于5G技术的智慧门禁

利用 5G 技术与物联网传感技术，将门禁终端升级改造为智慧门禁终端机（图 8-20），使之成为物联网节点，为住宅小区综合治理提供大数据来源。终端机带有 AI 人脸识别功能，实现居民信息实名采集，并实时主动上传至公安局数据库。通过公安局运行的 AI 人脸识别比对软件实现主动预警，对住宅小区安防主动监控，对重点监控人员实行预警。

系统支持 App 等多种开门方式，为居民提供更安全、便捷的出入体验。通过住宅小区大数据应用，实现家庭成员出入信息共享，实时掌握重点关爱人群出行动向，并将开门 App 扩展成为线上平台。

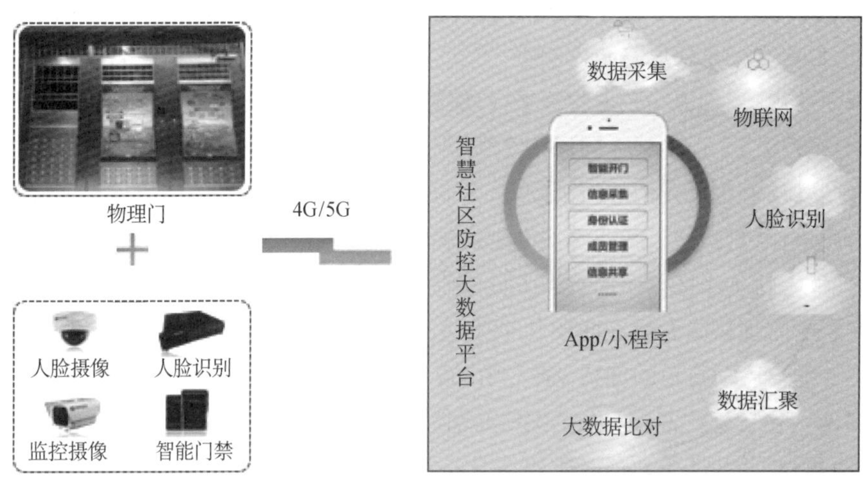

图 8-20 智慧门禁系统

(资料来源:中国铁塔股份有限公司技术方案资料)

3. 基于 BIM 技术的智慧治安综治平台

智慧治安综治平台可以通过 3D 叠加不同的智能设备专题(图 8-21 和图 8-22),完成住宅小区监控的实时化、可视化,及时发现违法隐患,协同公安和物业公司联动指挥。

智慧治安综治平台通过多维业务数据的接入,结合关键场景进行数据综合分析,展示了住宅小区当前整体的运营及安全情况。

该平台通过构建社区的实有房屋档案信息,完成对房屋基本信息、居住或租住关系信息的管理,从房屋的视角,将房屋居住人员、人员在社区内的出入和活动记录、房屋消防隐患告警、人员活动预警信息进行有效关联和展示管理。

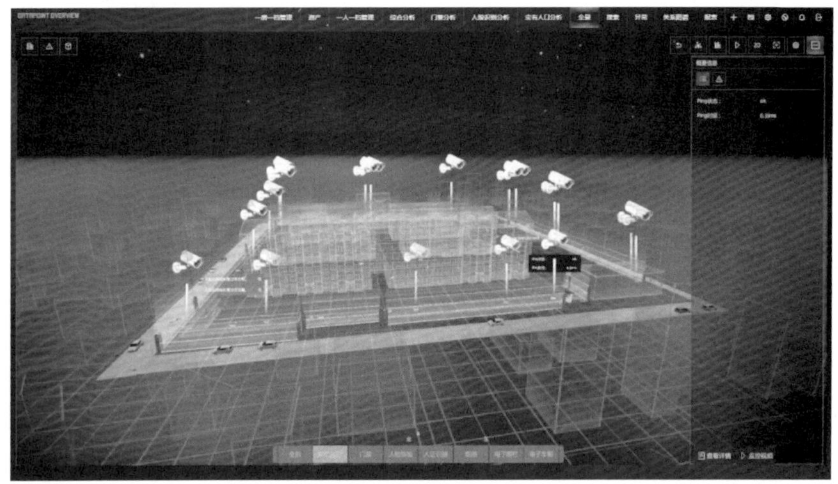

图 8-21 安防监控专题

(资料来源:中国铁塔股份有限公司技术方案资料)

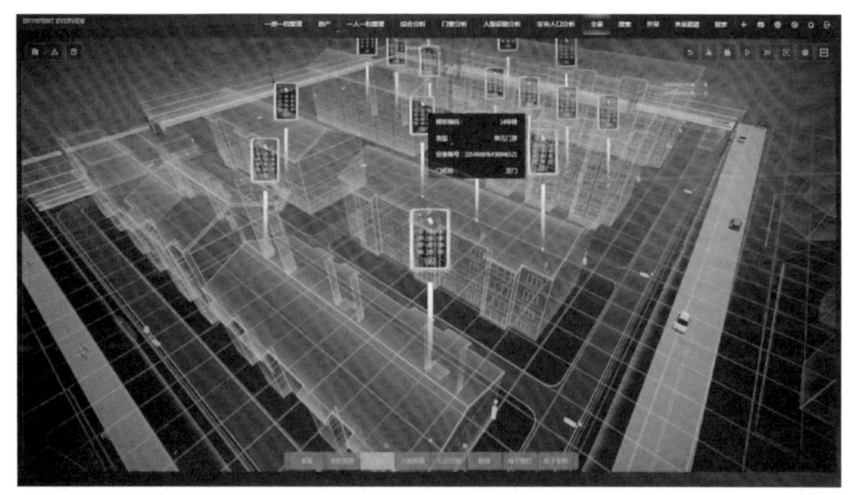

图 8-22 门禁监控专题

（资料来源：中国铁塔股份有限公司技术方案资料）

该平台为住宅小区内的所有住户建立了一套档案信息，当住宅小区中出现影响安全的人员时，会产生告警，推送给社区、派出所和物业端，相关人员根据情况会同公安警力进行快速处置。当关爱人员超过 72 小时没有出现在住宅小区的任何活动记录时，平台会主动识别并预警，街道综治办会与物业人员配合对住户进行登门拜访，及时发现可能存在的危险并给予救助。

该平台通过对住宅小区部件进行登记管理，可以显示住宅小区各部件的资产台账信息、运行状况，提升住宅小区环境和资产管理的即时性和便利性。

另外，该平台通过以图搜人功能，提供对重点人员在住宅小区内过往活动记录的搜索和分类，详细筛查人员之前出入住宅小区、活动、逗留等信息，辅助公安研判，同时为公安提供人、房、设施等相关数据的接口。

8.6 “智慧”建设需要把握好的五个问题

运用新一代信息技术发展住宅小区安全风险防控，构建智慧平台，形成智慧模式，是新技术革命历史条件下的必然选择，但这本身又是一个十分复杂的过程，并不意味着做了就能成功。在这个过程中需要把握好如下五个问题。

1. 以人为本，以便民惠民为本

运用新一代信息技术发展智慧型的住宅小区安全风险防控，是安全风险管理的需要，管理的主体是政府部门，是社区，是物业公司，但不能以管理者的需要为出发点、以管住每个人为目标，而必须以服务居民为出发点，以便民惠民为本。

（1）要能够切实解决住宅小区居民最关心、最希望解决的安全问题，补齐住宅小区安全风险防控的短板，提升居民的安全感。也就是说，要管用，要实用；否则，再“智慧”也没有意义。

(2) 智慧平台的建设不仅要有安全管理的内容,更要有安全服务的内容,要使居民感受到有了智慧的安全风险防控,生活更轻松、更舒适了。

(3) 智慧平台的使用要简单方便,特别是对于老年人,界面要友好;要能够吸引人们使用,而不能让人望而生畏。使用者越多,平台就越有生命力。

(4) 要实现居民与管理相关方之间的互动,让居民从平台上获得更多的有用信息。从某种意义上说,智慧平台首先应该是信息公开的平台,这也是吸引居民参与住宅小区安全风险防控的前提条件。

2. 注重经济合理性,有效控制成本

在目前的条件下,使用新一代信息技术建立智慧平台的经济成本比较高,需要有比较大的资金投入。要将一个住宅小区升级为智慧小区,首先需要对原有的基础设施设备进行整体的升级改造,例如住宅小区门禁、停车系统、路灯、监控、电梯、强弱电网,以及物业管理系统、业主服务系统等,特别是对于老旧住宅小区来说,基本要进行全面的升级改造。其次,"智慧"建设不是一次性的软硬件建设投资,建成后的日常运营成本也是比较高的。不管谁是建设主体,资金压力都是一个现实问题。同时,资金负担又不可以过多地分摊给居民,否则就得不到居民的支持。因此,住宅小区安全风险防控的智慧化建设必须有效控制成本,必须保证经济合理性。

(1) 建设要根据现实条件和可用的资源,循序渐进,从最亟待解决的问题入手,有所为有所不为,不追求一次到位,更不要求大求全。要有规划,把智慧化建设作为一个持续的长期过程进行合理规划,同时要有经济合理性的分析和资金的预算。

(2) 技术的选择要合理适度,不要选最高端的、最贵的,要选相对成熟的、够用的。新一代信息技术仍处在发展之中,技术迭代、产品迭代都很快,赶时尚、追求最新型无疑会加大成本;不合理地使用,会付出更多。

(3) 利用市场资源,用创新解决难题。随着新一代信息技术的发展,新产品、新服务、新业态不断涌现,成本也会趋于合理。住宅小区安全风险防控的智慧化建设,要善于利用这些资源,市场上有的、能拿来的,决不自己单搞一套;能购买服务的,就不搞自给自足。

3. 加强隐私保护

随着新一代信息技术的发展,未来能搜集到的数据会更加丰富。然而,大部分城市管理者对数据和居民隐私的保护意识仍不强,一旦个人重要隐私数据被大规模泄露,后果将不堪想象。

隐私信息安全问题的重点在于机密性和可用性之间的平衡。与传统的信息安全问题相比,现代的隐私信息保护有以下特点:

(1) 新一代信息技术的广泛应用使隐私信息的传播更加快捷和隐蔽,隐私信息的保护更加困难。网络信息技术的发展使人们处理海量信息的能力越来越强,各类信息的传播速度越来越快,搜索技术日益精准,使人们可以方便地找到自己所需要的各类信息。

(2) 不同个体对隐私信息的界定往往不同。哪些"个人信息"是需要保护的隐私信息,往往需要由这些信息的个人载体来决定，这给隐私信息保护带来了难度。个人信息的采集部门应采取保守性原则，在最小范围公开所采集到的公民个人信息。[21]

在实际工作中，智慧平台既要保证支持正常业务的开展，也要保证将公民个人信息泄露的风险降至最低。

4. 严格按科学的流程组织建设

提升住宅小区的风险防控能力，要把握好以下六个环节。

(1) 做细智能化系统导入需求分析。根据现有的经验，许多新建智能化建筑的智慧化设施使用率及效能偏低，其中最主要的原因是导入的功能与使用需求不匹配。而老旧住宅小区因使用对象较为稳定，较容易进行智能化需求的定性与定量分析，智慧化设施导入后的效果较好。

(2) 做实规划方案的可行性评估。住宅小区安全风险防控智慧化建设，其可行性评估除了考虑导入策略、技术应用、财务筹措外，应对住宅小区的结构体、施工环境及现有设施设备等进行深入分析，关键在应用技术的选择、财务预算的控制、系统施工的整合。

(3) 严格甄选系统设备。在规划系统方案时，必须以整体性及整合性为基础，甄选相关设备，务求设备功能的兼容性及开放性、设备质量的可靠性及稳定性、厂商维修能力的持续性及实时性等，以确保系统运行服务质量。

(4) 制定系统导入工程的施工和监理标准。依导入各项子系统或设备的时点、配合等事项，研订工程施工计划及规范，提供给监理并作为责任归属的依据。

(5) 系统整合商统筹各子系统的连接和协同运行。各子系统或设备厂商依据系统设计的规格及标准，对各项设施设备进行工程安装、施工、连接等，由系统整合商进行各子系统间的全部或局部整合。

(6) 严格执行系统的试运行和验收。依设计规格及施工规范等实施验收测试，并对两个或以上的系统或设备进行技术整合(包括硬件、软件)，在正式营运前做有效的调整修正，同时给予使用者及物业管理人员一段使用适应期，避免因使用不当而降低系统服务的满意度，甚至损坏系统的正常运行。

5. 做好智慧系统的运维管理

为使系统发挥预期作用，在开发建设收尾阶段要做好系统使用人员的培训，在后期日常使用过程中也要建立一套完善的系统维护管理机制。

1) 前期措施

一般在系统安装、调试、验收阶段就需要使用管理人员提前介入，积极参与、配合相关工作，力争尽快尽早熟悉整个智能化系统，并从使用管理角度给出合理化建议。在项目建设启动后，要求相关人员熟悉系统设备，了解安装调试，并进行以下培训工作：

(1) 对监控值班室人员进行系统结构、工作原理，以及相关设备的性能、原理、特点、操作规程、维修保养规范、故障处理方法、报警处理程序等方面的培训。

(2) 对相关服务人员进行智能系统终端设施的使用操作方法、检查保养等方面的培训。

(3) 对工程维修人员进行有关设备设施的原理、使用操作方法、维护维修规程等方面的培训。

(4) 对秩序维护员进行设备设施的使用操作方法、各类事件处理程序等方面的培训。[22]

2) 安全系统的日常管理

(1) 建立系统设备档案,包括设备分类及编号、设备台账和卡片、设备技术资料档案和定期进行的设备全面测试联动记录等。

(2) 编制日常运行管理制度及操作、维修规程。

(3) 对操作人员进行常规培训,使操作人员了解系统构成及工作原理,熟练掌握操作规程、维修保养规范、故障处理方法、报警处理程序等。人员经培训考核合格后,方能上岗。

(4) 与巡逻岗密切配合。根据不同情况,按监控系统配置特点,合理制订秩序维护工作方案和巡逻路线,使安全管理无死角、盲区;合理的巡更签到与智能监控中心密切配合,能够及时处理突发事件。[22]

3) 智慧平台系统的维护内容及方式

智慧平台系统的维护内容主要包括系统外观、传输信号、软件测试和维护工作监督,分为日检、例检和临检 3 种方式(图 8-23)。

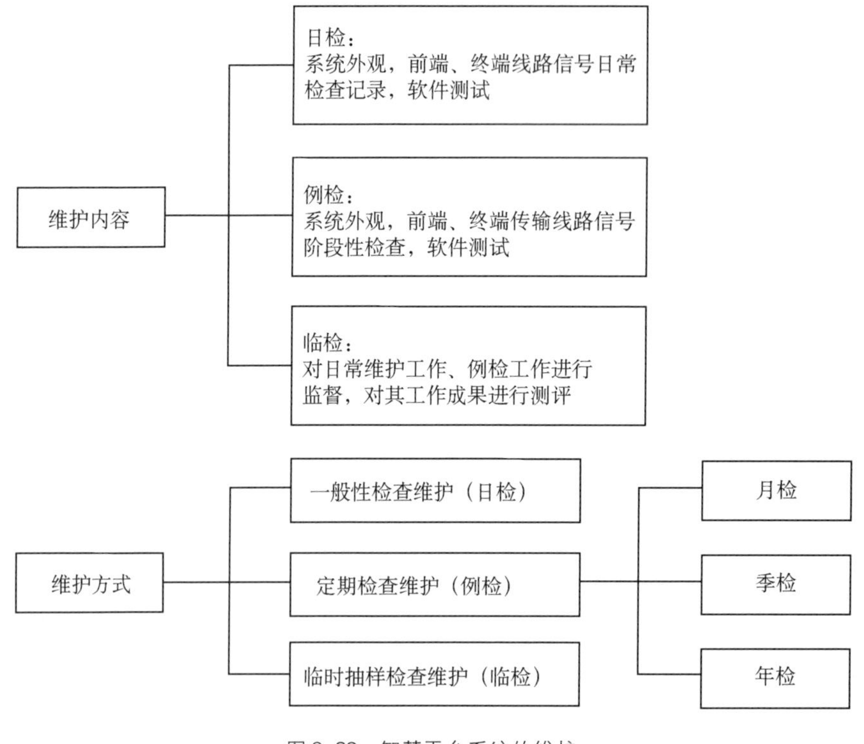

图 8-23 智慧平台系统的维护

(资料来源:中国铁塔股份有限公司技术方案资料)

参考文献

[1] 季荣军.浅谈职业教育信息技术课堂教学改革与创新[J].学周刊,2017(4):15-16.

[2] 徐宗本.数字化 网络化 智能化 把握新一代信息技术的聚焦点[J].网信军民融合,2019(3):25-27.

[3] 张猛.工业物联网面临的信息安全形势非常严峻[N].中国计算机报,2016-11-07.

[4] 许子明,田杨锋.云计算的发展历史及其应用[J].信息记录材料,2018,19(8):72-73.

[5] 黄元元,胡作进,王立松.浅谈“新工科”视野下计算机公共基础课程教学改革[J].工业和信息化教育,2018(9):19-22,46.

[6] 段瑞春.智慧城市:创新驱动,政策协同与法律保障的思考[J].科技与法律,2015,7(6):1250-1264.

[7] 吕静,王雷.5G 通信场景技术要点分析[J].科技创新与应用,2020(6):161-162.

[8] 杨秀忠.物联网技术在智慧城市中的应用[J].中国新通信,2013,15(20):74-75.

[9] 王威,胡亚东,杨超.BIM 可视化技术的应用研究[J].水泥技术,2019(5):74-79.

[10] 张立茂,吴贤国.BIM 技术与应用[M].北京:中国建筑工业出版社,2017.

[11] 赵健康.创新管理模式 打造社区物业管理升级版:智慧物业建设的调查与思考——以连云港市为例[J].中国房地产,2017.

[12] 陈娟娟,汪晖,方正.文物建筑消防安全评估预警系统研究[J].消防科学与技术,2019,38(2):143-146.

[13] 住房和城乡建设部科学技术计划项目“基于物联网、大数据的建筑防火技术研究”研究进展[J].安全,2020,41(2):7-8.

[14] 潘刚.全国消防标准化技术委员会第十四分技术委员会 2017 论文集[M].沈阳:辽宁大学出版社,2017.

[15] 郑静.物联网+智能家居 移动互联技术应用[M].北京:化学工业出版社,2017.

[16] 丁忆南.为房屋使用安全“立规矩”[J].浙江人大,2017(8):42-43.

[17] 王甘林,张磊.基于物联网的岩土工程协调运营管理监测云系统开发与应用[J].江苏交通科技,2017(6):31-34.

[18] 张亮.建设工程安全监测监管云平台的研发与应用[J].工程技术研究,2019,4(7):223-224.

[19] 来丽芳,王云江,柳小燕.工程测量[M].北京:中国建筑工业出版社,2012.

[20] 和婷婷.嘉陵江畔的“重庆故事”[N].法制时报,2017-06-23.

[21] 王雪芳,薛红荣.社保系统个人信息隐私保护算法[J].计算机与网络,2012(3):119-121.

[22] 余源鹏.物业工程管理实操一本通:物业管理接管验收与设施设备维修养护实务[M].北京:机械工业出版社,2009.

9 保险机制在城市住宅小区安全风险防控中的运用

城市作为国家或地区的政治、经济、文化、交通、科技等中心，其内部人流、物流、信息流、资金流等要素高度聚集，任何自然灾害、生产事故、公共卫生、社会安全等突发事件导致的公共安全事件都极易造成难以估量的损失，并且容易产生放大效应，进而带来极为恶劣的负面影响。同时，城市的公共安全管理又是一项极为复杂的系统工程，涉及诸多因素和众多城市管理部门。[1]利用保险机制预防自然灾害、防止人为因素导致各类事故发生，对城市风险进行转移和化解，保证城市的稳健发展，是当下城市风险管理的重要手段，已被世界各国高度认可，并成为全球城市管理的有效工具之一。就我国的情况而言，运用保险机制推动城市安全风险防控是城市公共安全治理改革的一项重要内容。

9.1 保险机制在住宅小区安全风险防控中的作用及意义

人类对生存安全风险的防控自古有之。公元前2500年前后，古巴比伦王国国王命令僧侣、法官、村长等收取税款，作为救济火灾的资金。古埃及的石匠成立了丧葬互助组织，用交付会费的方式解决收殓安葬的资金。古罗马帝国时代的士兵组织，以集资的形式为阵亡将士的遗属提供生活费。保险机制，从萌芽时期的互助形式逐渐发展成为现代保险，较好地发挥了风险转移的作用，促进风险预防和经济损失补偿，分担和化解政府面临的压力，提高社会从灾难损失中恢复的效率，促进社会和谐健康发展。因此，从经济角度看，保险是分摊意外事故损失的一种财务安排；从法律角度看，保险是一种合同行为，是一方同意补偿另一方损失的一种合同安排；从社会角度看，保险是社会经济保障制度的重要组成部分，是社会生产和社会生活“精巧的稳定器”；从城市风险管理角度看，保险是风险管理的一种市场方法。[2]

目前，在城市住宅小区安全风险防控中，运用保险机制保障住宅使用安全是国际社会普遍采用的一种方法。假如城市住宅在使用期间由于内在缺陷出现严重的裂缝或倒塌，以及影响建筑使用功能的跑冒滴漏等问题，会对使用者或消费者造成无法承受的财务负担。理论上，根据建筑工程质量终身责任制的要求，应当由质量责任主体——建设单位和施工单位承担维修义务。然而在现实中，随着时间的推移，质量责任主体或许不复存在；即使质量责任主体存在，也会因维修资金的不足，推诿扯皮，延误维修时间的事情常有发生，这给老百姓生活造成很大困扰。近些年，在住宅工程领域，关于外墙渗漏和结构裂缝方面的质量投诉数量逐年上涨。中国消费者协会发布的《2016年全国消协组织受理投诉情况分析》显示，2016年全国消费者协会共受理房屋及建材类投诉28 091件，占所有商品投诉的4.30%。房屋及建材类投诉原因集中在房屋质量、房屋合同、售后服务、虚假宣传等方面，其中房屋质量问题是房屋类相关投诉中最重要的问题。2016年房屋及装修材料因质量被投诉案件为12 672件，占房屋及建材类投诉案件的45.11%，集中在漏水、渗水问题，外墙面脱落，以及墙壁裂痕等方面，这些质量问题严重影响了人民群众的切身利益，也引起城市建设管理部门的高度重视。2017年出台的《贯彻落实〈国务院办公厅关于促进建筑业持续健康发展的意见〉重点任务分工方案》明确指出，要全面落实各方主体工程质量责任，特别要强化建设单位的首要责任和勘察、设计、施工单位的主体责任。严格执行工程质量终身责任制，在建筑物明显部位设置永久性标牌，公示质量责任主体和主要责任人。[3]

与此同时，在一些城市引入商业保险机制，强制性地要求建设单位对房屋质量先行投保，当发生房屋质量问题后，业主可以直接向保险公司报案，由保险公司负责后续维修处置工作，这不仅可以有效解决当前物业保修金使用中存在的耗时久、程序繁杂等难题，还能够避免现实中因为责任牵扯不清、最后只能由业主为建筑质量问题买单的情况，让老百姓得到真正的实惠，有利于减少由此引发的各类纠纷和社会矛盾。此外，引入商业保险机制，由保险机构参与并提供贯穿住宅工程设计、施工、验收全流程的风险控制服务(图9-1)；在承保期间，根据不同阶段进行建筑质量检查，出具对应的保险建议书(图9-2)。保险公司与监理单位共同形成住宅工程质量的“双保险”，可以有效地推动建筑行业提升工程质量管理水平。与传统的物业保修金制度相比，保险的杠杆效应能够提供数十倍于物业保修金的高额保障，使得政府部门不再需要充当工程质量潜在缺陷的“买单人”和巨额物业保修金的“保管员”，有利于政府部门更好地集中资源开展对住宅建设工程质量的事中、事后监督管理，更好地利用商业保险机制全面预防重大质量事故的发生。[4]

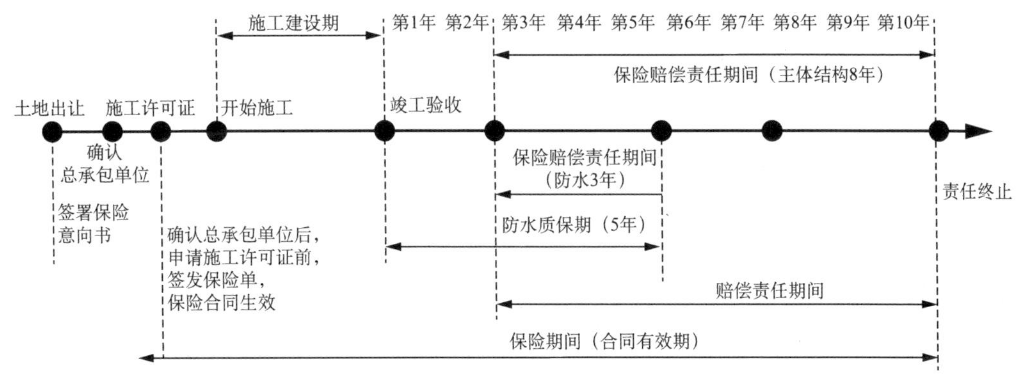

图9-1 承保时间轴

（资料来源：中国平安财产保险股份有限公司）

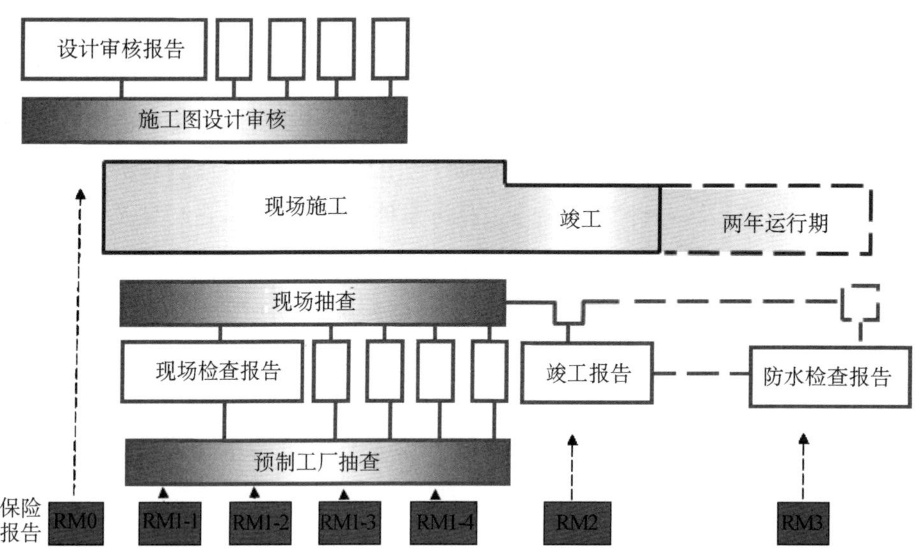

RM0:初步风险分析报告
RM1-1:场地条件、基础及其附属结构风险评估报告
RM1-2:主体结构风险评估报告
RM1-3:建筑外墙风险评估报告
RM1-4:屋顶支撑和防水风险评估报告
RM2:竣工检查风险评估报告
RM3:运营满两年防水风险评估报告

图 9-2　保险建议书

(资料来源:中国平安财产保险股份有限公司)

9.2　国外经验

国外运用保险机制开展城市住宅小区安全风险防控,通常采用的是建筑质量潜在缺陷保险(Inherent Defects Insurance, IDI),也被称作建设质量潜在缺陷责任保险。它起源于 20 世纪 80 年代,至今已有 30 余年历史,是目前国际上一种较为成熟的建筑质量保险保障机制,可以防控住宅交付使用后出现的质量安全风险。国外很多国家和地区在实行 IDI 方面都制定了相关法律,采取强制实施的办法,其中较为典型的有法国、加拿大不列颠哥伦比亚省、芬兰、意大利、西班牙、美国新泽西州、澳大利亚维多利亚州等。有些国家和地区虽没有实行强制保险制度,但 IDI 具有较好的保险市场,如比利时、阿拉伯联合酋长国、日本、科威特、塞内加尔等国家或地区。如今通过 IDI 来规避城市住宅质量安全风险,提升住宅质量安全水平已成为世界趋势。

9.2.1　法国

法国是强制性开展 IDI 最早和较为成熟的国家。IDI 起源于 1804 年的《拿破仑法典》(*Napoleonic Code*),该法典规定建筑师和设计师必须在建筑完工 10 年内负有对房屋结构缺陷维修的责任;在 10 年保证期后,除非证明建筑师或设计师有欺诈行为,否则建设工程的所有者将对建筑工程负完全的责任。这些规定被视为法国建筑工程质量担保制度的雏形。1978 年法国出台了《斯比那塔法》(*Spinetta ACT*),强制性要求对建筑工程质量实行 10 年的潜在缺陷保险,建筑工程的各参建方必须投保。该制度通过各建设参与方事前购买保险的方式,运用保险机制真正落实了修复建筑工程质量缺陷的责任和义务,很好地保护了建筑消费者的权益。其他国家大多是在参考法国经验的基础上,逐步建立起相应的保险制度的。

目前,法国的建筑工程质量担保和保险体系主要存在于两个法律规范之中,即《斯比那塔法》和《法国保险法典》。《斯比那塔法》于 1979 年 1 月 1 日生效,被汇编进《拿破仑法典》第 1792 条及其之后的条款,规定了法国工程质量担保制度的主要框架。《拿破仑法典》第 1792-5 条规定,有关建筑工程质量 10 年担保,合同双方不得在合同中约定更改相关条款;否则,相关条款将被视为无效。“10 年担保”只适用于在建筑物交付时的隐蔽缺陷,若在实践中出现争议则需要承包商提供证据证明缺陷是显见的。一般而言,在建筑物交付时会将显见的缺陷记录在册,业主可以声明有保留接受、无保留接受或拒绝接受。“10 年担保”的期限为从业主接受的第 2 天起 10 周年,业主也可以和承包商约定超过 10 年的担保期限。

在建筑工程质量强制担保制度的基础上,《法国保险法典》进一步构建了建筑工程强制保险制度。建筑工程的强制保险又分为强制责任保险和强制损害保险两类,前者由工程承包商、施工方投保,主要针对建筑工程 10 年担保责任;后者由建设单位(业主)投保,目的是在没有确定缺陷的责任方之前对工程所有者进行快速的赔偿(通常情况下是在 90 天内)。根据《法国保险法典》规定,承担 10 年担保责任的自然人或者法人,必须投保;代表他人进行建筑工程的人也必须投保责任保险。同时,《法国保险法典》也规定,建造住宅以外的房屋的公司或者法人单位可以不投保;国家为自用而建造的工程也不强制投保,因国家有能力自行承担责任。法国的制度在立法上对为普通公众所建造房屋的质量保障给予了足够重视。实际上,法国的绝大多数建筑工程都会投保此类保险,以强化工程的质量保障。

1.《斯比那塔法》的核心内容

《斯比那塔法》的核心内容包括责任、保险、质量控制、技术检查服务、保险期限和免赔。

(1) 责任。该法规定所有参加建筑工程项目的机构都负有质量责任,包括业主(建设单位)、建筑师(咨询师)、设计单位、施工单位、质量检查控制机构。这些质量责任包括建筑结构的牢固性,建筑结构主要包含影响人员生命安全的地基基础、主体结构和固定在结构上的设备;建筑功能的有效性,主要包含影响建筑使用功能的防水防渗漏、噪声控制、保温隔热性能等。[5]

(2) 保险。《斯比那塔法》将建筑工程质量保险分为以下两类:参与建筑工程项目的机构必须投保 10 年期的责任保险,这些机构为建筑设计咨询单位、施工图设计单位、施工单位和质量检查控制机构;建设单位(业主)必须为建筑物 10 年内可能出现的损坏(潜在结构缺陷)进行投保。[5]

(3) 质量控制。建筑质量潜在缺陷 10 年责任保险通过保险公司和再保险公司实施。对建筑工程质量控制则是保证该种保险正确实施的必要条件。这项工作由独立于设计和施工的第三方建筑工程质量检查机构实施，该检查机构要针对每个建筑工程的特点，从建筑工程的方案设计、施工图设计和施工过程的各个阶段进行质量控制。[5]

（4）技术检查服务（Technical Inspection Service，TIS）。实施建筑质量潜在缺陷10年责任保险必须要有建筑工程质量检查机构进行技术检查服务。该机构应得到建筑工程检查机构认证委员会的资质认可。资质认证委员会由法国建设部组织成立，是一个独立的机构，其成员由法国建设部、教育部、人事部、保险公司和技术专家组成。[6]

（5）保险期限和免赔。建筑质量潜在缺陷保险期限为10年，第1年由建造商无条件负责维修并承担相关费用，第2年到第10年由保险公司负责赔付。每幢建筑为一份保单，赔偿最高限额为该幢建筑的总造价。除外责任：欺诈行为、正常磨损、保养不善、非正常使用、火灾、爆炸、地震、飓风、洪水等。法国建筑质量潜在缺陷保险未对业主设立免赔条款，即建筑工程只要发生损伤，都要由双方认可的检查机构、评估机构进行检查评估，保险公司做出赔偿。[6]

2.《斯比那塔法》在实施过程中存在的问题

《斯比那塔法》在实施过程中通常存在如下问题：①《斯比那塔法》规定的赔付范围主要由法律和司法解释进行规定，且保险的适用范围以及赔付范围越来越广，对保险运营机构和经营者来说利润很小，缺乏运营激励；②由于IDI对业主未设立免赔条款，导致保险公司的索赔率居高不下；③不断变化的各种参数使得风险评估计算难度较大。

综上所述，法国对于建筑工程质量的担保起步较早，且1978年《斯比那塔法》的制定与实施，使得保险机制在建筑质量潜在缺陷防控层面的体系更加完善与成熟，其中强制性技术监督制度是其重要特点，即由第三方建筑工程质量检查机构对建筑工程的方案设计、施工图设计和施工过程的各个阶段进行检查，该机构必须得到国家建筑工程检查机构认证委员会的资质认可，向保险公司和业主负责。保险公司是否愿意为工程承保，很大程度上取决于建筑工程质量检查机构对工程规划设计、施工质量的检查意见。该机构主要工作有审查施工图纸和工程施工日常检查。该第三方审查机构的角色类似于我国的工程监理单位，但相比于工程监理单位多了一项保险公司“监督员”的重要角色，起到了对建设工程质量的监督作用。

9.2.2 西班牙

西班牙建筑工程质量保险是在总结法国建筑工程质量保险经验的基础上，通过立法来实施的，其运作模式与法国大同小异，要求住宅、商住楼和公共建筑必须购买保险。虽然IDI实施的时间较短，但是该险种额度逐年提高，增长较快。从近几年实施的情况看，该保险的推行对降低建筑工程质量事故的发生、转移开发商的风险的确起到了积极的作用。

1. 保险要点

（1）保险范围。保险范围为地基基础、主体结构和围护结构潜在缺陷造成的危及建筑承载力和稳定性的损失。屋面、地下室防水以及装修工程也可以投保，但不是强制的。

（2）保险期限。西班牙IDI中的结构潜在缺陷保险期限为10年，而建筑防水、门窗开关是否正常、墙面是否平整等为 3 年，装饰装修表面为 1 年。[6]

(3) 技术检查服务。西班牙的建筑工程质量检查机构参与施工过程中的质量控制并不是法律强制的，而是保险公司要求介入的。该检查机构与法国一样，都是在方案设计、施工图设计、工程施工和验收整个过程进行质量风险控制，在建筑工程质量保险建议书中列出各阶段的风险，出具评估报告和最终验收报告，竣工 1 年后还要进行检查并出具检查报告。[6]

2. 实施中存在的问题

由于西班牙 IDI 的运行模式与法国不同，只要出现质量问题保险公司就得先行赔付，于是就产生了建筑物权益人的道德风险问题，一些房主自己使用不当而造成质量问题也去索赔，因此增加了保险公司的赔付成本。

9.2.3 澳大利亚

澳大利亚在吸取了法国、西班牙以及自身运行经验的基础上建立了 IDI。在赔偿处理上采用一切损失都由保险公司全面负责赔偿，如果确属建造商责任，则由政府对其进行行政处罚的运行模式。此运行模式必须建立在具有完备的信用体系的基础上，否则可能会导致保险公司偿付不起，如 2001 年澳大利亚最大的保险公司之一——HIH 保险公司由于经营住宅质量保险而亏损，最终因偿付能力不足而倒闭。因此，该保险在实施过程中正进行相关条款的修订。[7]

保险要点：①保险期限。澳大利亚规定保险责任期限为自竣工之日起 7 年。②赔偿处理。当投保建筑物出现质量缺陷时，不用确定其建造商是否存在或丧失赔偿能力，一切损失都由保险公司全面负责赔偿；如果确属建造商责任，则由政府对其进行行政处罚。

针对 IDI 在实施过程中存在的问题，澳大利亚采取了以下改进措施：①通过立法修订了新的保险责任条款，当住宅发生质量问题时，只有当建造商已注销或失去偿付能力时，保险公司才负责赔偿。②该保险为强制保险，所有建筑从业者都必须购买，责任期限由原来的 7 年诉讼时效期改为 10 年责任承保期。③为了确保强制保险的实施，所有的建筑从业者必须登记注册。[7]

9.2.4 日本

日本实行住宅性能保证制度，政府并不直接参与投保过程，而是由日本财团法人住宅保证机构等对合格的承包商以及新建住宅进行注册登记管理。日本法律规定开发商和承包商对新建住宅负有 10 年法律责任，但未强制规定投保 IDI。日本保险行业发达，没有统一的费率计算标准，完全采用浮动费率，且保险市场发展较好，费率较低；设置免赔额也进一步降低了保险费率。

9.3 国内现状

我国运用保险机制开展城市安全风险防控，目前涉及住宅小区的有 IDI 和电梯全生命周期保险两个险种。

9.3.1 IDI 在国内的运用

我国 IDI 的建立经历了漫长的摸索过程。2002 年 10 月，中国保险监督管理委员会（以下简称“保监会”）、建设部和中国人民财产保险股份有限公司（以下简称“中国人保财险公司”）联合推出“A 级住宅质量保证保险”，面向通过建设部 A 级住宅性能认证的住宅小区项目提供期限 10 年的质量保证保险。然而该险种推出后市场反应冷淡，实际运行效果并不理想。2005 年 8 月，保监会与建设部联合下发《关于推进建设工程质量保险工作的意见》，为推进建设工程质量保险工作提出基本制度框架，并明确界定工程质量保证保险主要为工程竣工后一定期限内出现的主体结构问题和渗漏问题等提供风险保障。2006 年 9 月，保监会、建设部和中国人保财险公司联合在北京、上海、天津、大连、青岛、厦门、深圳、兰州等 14 座城市推出新版的建筑工程质量保险产品，正式启动了全国范围的建筑工程质量保险试点工作。相较此前产品，新版建筑工程质量保险保障范围更全面，包括长达 10 年的主体结构保险保障和保险期为 5 年的附加渗漏责任条款。该次试点本被寄予“为制定强制性建筑工程质量保险制度积累经验”的厚望，然而开发商和保险公司双方较低的意向最终使得良好愿景未能如期实现。该次试点后的 10 年，我国工程质量保险的推广处于近乎停滞的状态。直至 2017 年，在《国务院办公厅关于促进建筑业持续健康发展的意见》和《建筑业发展“十三五”规划》推动发展工程质量保险的指引下，住房和城乡建设部印发《住房城乡建设部关于开展工程质量安全提升行动试点工作的通知》，要求上海、江苏、浙江、安徽、山东、河南、广东、广西、四川这 9 个地区试点工程质量保险，逐步建立起符合我国国情的工程质量保险制度。与此同时，IDI 的系统化和标准化工作也在同步推进。2018 年 11 月中国保险行业协会发布的《建筑工程质量潜在缺陷保险质量风险控制机构工作规范》，作为国内第一套正式公开发布的 IDI 质量风险控制机构工作标准，为 IDI 险种的推广落实再添助力。然而发展至今，IDI 仅实现了在上海、广东等试点地区的逐步落地，在全国的应用仍处于起步状态，距离普及仍有较大距离。[8]尽管如此，许多保险公司都在积极尝试之中，并形成了各自的特点，可以归纳为 3 种运行模式。

（1）中国人保财险公司运作模式（以下简称“人保模式”）。人保模式即 A 级住宅建筑工程质量保证保险和建设工程质量保险。中国人保财险公司对 IDI 的探索源于 2001 年，建设部住宅产业化促进中心与中国人保财险公司成立课题组，并赴日考察。2002 年，两机构达成合作协议，建设部负责 A 级住宅性能认定（根据适用性、安全性、耐久性、环境性、经济性评定，将住宅由低到高分为 1A，2A，3A 共 3 个级别），中国人保财险公司为通过认定的 A 级住宅提供 10 年期质量保证保险。建设部住宅性能认定制度，类似于英国国家房屋建筑委员会（National House Building Council，NHBC）和日本财团法人住宅保证机构的注册登记管理模块，经过考核评估，方能通过 NHBC 的单位注册登记和房屋注册登记，享受相应政策，如不遵守规则就会取消注册。由于我国上述住宅性能认定及投保均非强制，开发商投保动力不足，通过预审、终审的住宅项目仅 100 余个，签订保险意向书并最终签署协议的更是寥寥无几。2006 年，中国人保财险公司在保监会备案《建设工程质量保险》条款，并在全国 14 个省市启动建筑工程质量保险试点，以开发商为投保人，对整体或局部倒塌、地基和主体结构潜在缺陷提供10年期质量保险，并设计保险期间为5年的附加渗漏扩展条款，总体费率水平在0.3%左右。此保险亦为自愿投保，国内投保此保险的开发商屈指可数，试点结果并不理想，保险密度及保险深度都远远未达到预期设想。[9]

(2) 长安责任保险股份有限公司运作模式(以下简称“长安模式”)。长安模式即工程竣工后内在工程质量缺陷责任保险。1997年，为落实国务院《质量振兴纲要(1996年—2010年)》推行产品责任保险和产品质量保证保险要求，建设部和中国质量万里行组委会联合10部委倡议组建长安保险公司，旨在研究推广产品责任保险、产品质量保证保险、工程保险等问题。2004年，国务院再次要求大力发展责任保险；保监会牵头举办“中国责任保险发展论坛”；建设部致函保监会，希望批准筹建长安保险公司；2007年，历时10年筹建的长安责任保险股份有限公司开业。2008年，该公司联合中国土木工程学会，选取珠海格力广场、苏州天辰花园小区两处建筑工程，试点工程竣工后内在工程质量缺陷责任保险。保单设计如下：基础工程和结构工程10年责任；屋面漏水5年责任；厨、卫、窗漏水3年责任。该公司协同中国土木工程学会直接参与建筑工程方案设计，对新工艺、新材料应用严格把关，培训工人严格按照样板间施工；开发商积极配合试点工作，为避免质量通病，投入人力、物力、财力；多方共同努力使上述建筑工程成为当地精品工程。这两个项目的成功基于政府意志、开发商主动配合、行业协会的全程参与和监督，但是全国建筑工程规模巨大，同时做到以上三点的工程凤毛麟角，因而其成功不具备可复制、大规模推广的可能性。因此，长安模式未在全国范围广泛推广。[9]

(3) 中国太平洋保险公司运作模式(以下简称“太保模式”)。2008年，中国太平洋保险公司在上海威宁路苏州河桥梁新建工程中引入“工程质量缺陷损失保险”。该项目在国内首创风险管理全委托模式，引进了承保、理赔、防灾、监理专业人员，采取全程跟踪、现场检查工作模式，发现和纠正186个风险隐患，有效控制工程质量缺陷风险。这一模式在防灾防损服务与工程风险控制、风险管理相结合的领域探索出了一条新路径，荣获中国消防协会“全国防灾减灾宣传周消防科普活动十佳组织奖”、2010年度上海金融创新成果一等奖。2012年，中国太平洋保险公司首席承保了上海新富港房地产发展有限公司新世界花园二期项目，该项目是国内首个工程质量潜在缺陷保险项目，是第一张真正意义上的IDI保单，保费规模达1 678.77万元。该项目在上海市人民代表大会、政府推行住宅工程质量潜在缺陷保险的背景下应运而生，中国太平洋保险公司在威宁路苏州河桥梁、地铁项目风险管控经验的基础上，开发系统平台，创新业务流程和理赔模式，为政府创新管理建筑工程行业、管控工程质量安全方式提供有益的借鉴。

上海市是我国最早开展IDI试点的城市之一，相关配套制度已经较为完善。其他地区近年来也在上海等试点城市的基础上，依次开展IDI试点工作。

1. 上海市

首批试点城市中走在前列的上海于2006年发布了《关于推进建设工程风险管理制度试点

工作的指导意见》,在2006—2010年间正式开始了工程质量保险试点。试点采用“三险合一”险种模式,将工程质量保证保险首次引入上海市政府投资的建设工程和政府主导的公共建设工程中。

2010年世博会后,上海调整思路,着重推进住宅工程质量保证保险,并于2011年出台《上海市建设工程质量和安全管理条例》规定,“建设单位投保工程质量保证保险符合国家和本市规定的保修范围和保修期限,并经房屋行政管理部门审核同意的,可以免予交纳物业保修金”,为该险种提供了法律依据,并为其推广作出制度引导。

2012年,上海市城乡建设和交通委员会、上海市住房保障和房屋管理局、保监会上海监管局联合发布了《关于推行上海市住宅工程质量潜在缺陷保险的试行意见》,着手开展为期三年的住宅工程质量潜在缺陷保险试点。当年年底,中国太平洋保险公司首席承保国内首个工程质量潜在缺陷保险项目,与总面积为18万平方米的某住宅项目签订了总保额10亿元的保单。然而统计数据显示,推广一年多来,IDI共为全市4个住宅项目共4 000余户居民的55.4万平方米住宅提供了13.9亿元的风险保障,相较上海市每年竣工2 000万平方米的商品住宅总量,发展速度仍显落后。

为鼓励投保,2016年上海市住房和城乡建设管理委员会、保监会上海监管局发布《关于本市推进商品住宅和保障性住宅工程质量潜在缺陷保险的实施意见》,将上海地区全范围内的保障房和浦东新区的商品房纳入建筑工程质量潜在缺陷保险的强制保险范围。其中“住宅工程在土地出让合同中,应当将投保工程质量潜在缺陷保险列为土地出让条件”的要求,将险种的强制性特征贯彻至住宅开发链的最前端。

这一政策推进卓有成效。统计数据显示,2017年上海市IDI保险金额达到了2 760多亿元,上海援建的项目中也有20多个项目实施了IDI。随着2017年11月《上海市住宅工程质量潜在缺陷保险实施细则(试行)》的正式实施,首次提出的总基准保险费率、牵头保险公司要求等具体细节也对险种运行作出了制度规范。

2019年2月,上海市住房和城乡建设管理委员会等三部门发布《关于本市推进商品住宅和保障性住宅工程质量潜在缺陷保险的实施意见》,将IDI的实施范围扩大到全市商品住宅和保障性住宅工程中,并进一步明确了保障性住房的保险费率、优化了承保范围,将此前的成功经验推广至全市范围。

政策之外,上海还建立起了一系列配套制度:2016年12月起施行的《上海市建设工程质量风险管理机构管理办法(试行)》,对建设工程质量潜在缺陷保险的第三方技术检查机构作出了经营规范;上海市住房和城乡建设委员会于2017年2月公布的首批建设工程质量安全风险管理机构(TIS机构)名单,打破了以往风险管理环节被外资垄断的情形;2018年2月正式投产运行的上海市IDI信息平台实现了保险公司出单系统、报案理赔系统以及上海市建设市场管理信息平台的协同管理。时至今日,上海市IDI保险体系和相关配套制度已经较为完善。

上海市 IDI 制度的建设历程如表 9-1 所列。上海的 IDI 推行经验具有较高的操作性和可复制性。首先，针对参保积极性不高的情况，可通过立法强制实行；其次，可鼓励保险公司委托风险管理机构，通过在工程开工前的提前介入实现对建设工程质量的全流程风险控制；最后，可建共保体共同承保，协同完成条款开发、费率制定、市场推广等工作。

表 9-1　　上海市 IDI 制度建设历程

时间	政策	主要内容	意义
2012.8	《关于推行上海市住宅工程质量潜在缺陷保险的试行意见》	首次明确住宅工程质量潜在缺陷保险的定义； 保险实施的完整流程	在三年的试行期内，为上海市 4 个住宅项目参保提供了参考依据
2016.6	《关于本市推进商品住宅和保障性住宅工程质量潜在缺陷保险的实施意见》	将投保列为土地出让条件强制推行； 强调投保的建设单位可以免于交纳物业保修金	标志着上海市正式实施住宅工程质量潜在缺陷保险制度
2016.10	《上海市建设工程质量风险管理机构管理办法(试行)》	风险管理机构的资格条件及工作内容； 上海市建设行政管理部门审核符合条件的风险管理机构	规范对第三方风险管理机构的管理
2016.11	《上海市住宅建设工程质量潜在缺陷保险理赔服务规范》	规范索赔事件发生时合同各方当事人的行为	明确了保险理赔流程
2017.11	《上海市住宅工程质量潜在缺陷保险实施细则(试行)》	进一步明确保险相关内容； 规定共有产权保障住房必须投保，扩大了强制保险范围	基本确立住宅工程质量潜在缺陷保险制度

资料来源：《国内外工程质量潜在缺陷保险的对比研究》，申琪玉，苏昳，王如钰，等。

2. 浙江省

2017 年 8 月，《浙江省人民政府办公厅关于加快建筑业改革与发展的实施意见》提出以商品住宅为重点，推行工程质量保险及保修担保制度，将保险费用列入工程造价，探索第三方质量风险管控制度。2018 年 3 月，浙江省发布《浙江省住宅工程质量保险试点工作方案》，选取包括杭州在内的五个试点城市，针对新建住宅进行 IDI 试点。方案提出对建设单位投保工程质量潜在缺陷保险的项目，可在住宅物业保修金减免、商品房预售、建设成本列支等方面给予适当的倾斜政策。至此，浙江省正式开始了 IDI 试点工作。

3. 深圳市

2018 年 7 月，深圳市盐田区政府发布《盐田区政府投资代建项目工程质量潜在缺陷保险实施细则》，随后政府投资代建项目工程质量潜在缺陷保险采购招标完成，这也标志着政府基建工程质量潜在缺陷保险在全国范围内率先落地。深圳市盐田区针对政府投资代建项目工程开展工程质量潜在缺陷保险的举措，不仅开创了商业保险参与政府基建项目的新模式——参与市政工程质量管理，分担、简化了政府职能，有效降低政府责任部门的廉政风险，且将 IDI 在我国的应用范围拓宽至市政工程。

4. 江苏省

2018 年 2 月，江苏省下发《关于推行江苏省住宅工程质量潜在缺陷保险试点的实施意见

（试行）》，针对商品住宅和保障性住宅工程，提出应将投保工程质量潜在缺陷保险列为土地出让条件，推行工程质量潜在缺陷保险制度。在此基础上，2018 年 9 月，镇江市发布《关于推行镇江市住宅工程质量潜在缺陷保险试点的实施意见（试行）》，结合当地情况，规定保障性住宅工程强制性投保，而商品住宅工程按自愿原则进行投保。自此，江苏省进入 IDI 起步试点阶段。

5. 珠海市横琴新区

2018 年 12 月 1 日，珠海市横琴新区正式施行《横琴新区住宅工程质量保险试点方案》，针对该区域内的保障性住宅、商品住宅等住宅工程，规定强制投保住宅工程质量保险（实质同 IDI）。横琴新区正式进入 IDI 起步试点阶段。

综上所述，我国开展工程质量保险制度较晚，近年来的 IDI 试点工作推行有一定进展，但与其他国家相比仍有较大差距（表 9-2）。主要体现在以下 3 个方面。

表 9-2 我国与其他国家 IDI 对比

	法国	西班牙	日本	中国
时间	1978 年	1999 年	1999 年	2005 年
政策法规	斯比那塔法	建筑规范法律	住宅性能保证制度	工程质量保险制度
投保工程类型	建筑工程	建筑工程	新建住宅	住宅工程、市政工程
工程质量潜在缺陷保险	强制	强制	市场决定	鼓励
工程质量责任险	强制	鼓励	市场决定	未完善
缺陷险保修年限	10 年（地基结构）、2 年（其他设备）、1 年	10 年（结构安全）、3 年（防水、门窗、墙面等）、1 年（装饰装修表面）	10 年（住宅基础部分、结构部分以及止漏雨部分）	10 年（主体结构）、5 年（保温隔热等）、2 年（附加险）
缺陷险费率厘定模式	固定费率	固定费率、浮动费率	浮动费率	浮动费率
缺陷险费率水平	1%～1.5%	0.5%～1%	0.13%～0.34%	1.25%～2.5%
缺陷险免赔额	未设置	设置	设置	未设置
特点	采取强制手段最大化保障业主利益；保险纠纷问题繁多	针对不同部位，采取不同费率厘定模式；针对同一原因产生的缺陷，设置 1% 投保金额的免赔额	保险业发展成熟，自主投保率近 98%；保险市场发展较好，保险费率较低	处于起步试点阶段，保险市场不成熟，费率水平较高

资料来源：《国内外工程质量潜在缺陷保险的对比研究》，申琪玉，苏昳，王如钰，等。

（1）保险体系不完善。国外开展的工程质量保险是一个完整的保险体系，并不只是单一的保险险种，完整的保险体系包含针对建筑物本身的缺陷险和针对各建设相关方的责任险，二者相互补充，形成完整的工程质量保险框架体系。而目前我国开展的工程质量保险主要涉及建筑使用的缺陷险，忽视了责任险的作用。[10]

（2）不同地区的 IDI 发展较为不均衡，投保工程类型较为单一。上海市 IDI 发展最为成熟，其他地区如浙江省、深圳市、江苏省、珠海市等地仍处于起步试点阶段。上海市是最早进行试点的城市，也是相关制度政策发展最为成熟的地区，当前主要在浦东新区实行强制性 IDI 制度；浙江省 IDI 发展较为缓慢，当前仍处于试点方案研究阶段；深圳市盐田区政府将 IDI 从住宅工程拓展至市政工程领域，进行政府投资代建工程 IDI 试点；江苏省镇江市在上海市保险内容的基础上，对保险的强制性进行补充，结合地区差异，实施保障性住房强制投保、商品住宅自愿投保的政策；珠海市横琴新区也推行了当地的 IDI 试点方案。

(3) 完全浮动费率，市场发展不成熟。保险费率计算模式主要与保险市场发展程度等有关。法国的建筑法律体系较为完善，整体工程质量水平较高，所以采用了固定费率的计算模式；保险市场发展较为成熟的国家则选用浮动费率的模式。而我国当前的保险市场发展仍不成熟，采用浮动费率的计算模式，各保险公司费率水平参差不齐，波动较大。

9.3.2 电梯全生命周期保险

电梯全生命周期保险是一种以"保险＋服务"的模式，开展城市住宅小区电梯使用安全风险防控的电梯"养老"综合保险。它不同于以往的电梯责任保险，是在全国保险领域首创的新险种。电梯使用管理者将电梯日常维保费用、零配件维修更换费用、电梯检验费用等打包组合成一定的资金，投到商业保险进行电梯养老保险。由保险公司委托电梯技术服务公司进行电梯日常维保、维修、检测、意外伤害索赔及监管等代理服务；电梯技术服务公司委托电梯维保单位进行电梯日常维保、维修、检测，维检费用以保险索赔形式由保险公司承付。其中，电梯技术服务公司多方着手，发挥管理优势和电梯、网络技术人才专业优势：①建立电梯管理平台，利用平台的存储功能，为电梯建立全面细致的档案，实时监测电梯主要零件的使用情况，临近损坏前提前更换，保障安全性；②通过物联网技术，对电梯运行数据进行采集、分析、跟踪，合理安排电梯的维修保养，真正实现按需维保和重点维保；③通过平台技术改造，对维修保养技术进行升级，减少人力、物力支出；④通过手机 App 等方式，对维保工作的准确性进行监督管理。[11]

保险公司基于自身利益，主动参与电梯全生命周期安全管理，运用市场化手段倒逼使用单位、维保单位提升电梯运行质量，形成了电梯使用单位支付保费、进行日常管理，电梯维保单位开展日常维保、维修和应急救援，保险公司通过专业技术团队对电梯进行体检、对维保质量进行监督、对零配件修换进行定损和赔付的全新市场生态管理模式。通过推广电梯"养老"综合保险，有效化解了因老旧电梯安全隐患带来的基层治理矛盾，将多元共治引入电梯安全监管，降低了电梯故障率，提升了电梯安全水平，赢得了居民的好评。

9.4 典型案例

由于 IDI 在我国起步实施较晚，且在全国范围内尚未形成保险体系，保险市场相对冷淡，保险机制在城市住宅小区安全风险防控中得到成功运用的典型案例凤毛麟角，且尚不具备可复制性。

9.4.1 珠海格力广场[12]

珠海格力广场是珠海格力地产开发的集高档住宅、商业街区、酒店式公寓于一体的大型综合示范区，地处珠海中心地段。珠海格力广场总占地面积为14.8万平方米，总建筑面积约为60万平方米。一期工程A区占地面积约为5万平方米，建筑面积为18万平方米，是全国推行住宅建筑工程质量责任保险的第一批试点项目。2008年6月，长安责任保险股份有限公司与格力地产股份有限公司签订珠海格力广场工程质量责任保险协议，其投保的责任险包括：房屋建筑工程质量责任保险（保险期10年）、附加渗漏扩展保险（保险期3年）及附加建筑材料污染责任保险（保险期2年）。第一批预计投保总建筑面积为5万平方米，保险费率为100元/平方米（按建筑面积计算）。该项目竣工验收满一年，经质检机构检查通过，保险公司将按议定的内容和格式向业主签发正式保单。由于引入了工程质量责任保险机制，保险公司介入及参与了工程建设的全过程，并针对工程当中的质量通病进行全方位的质量管理，包括基础工程、主体结构、屋面、墙面、窗、卫生间、厨房间的漏雨漏水和成品保护，把这些作为重点，防范质量通病的产生，确保工程质量。

开发商不仅要在前期规划、设计、施工等阶段进行把控，更要发挥主观能动作用，深入材料配备、技术创新、施工监管等方面。作为第一批中国工程质量责任保险的试点项目，保险方介入施工全过程，对其进行全方位的质量监管和把控，监控施工过程的每一个环节，保证工程质量。

（1）组织强有力的现场领导班子，采用“大项目部”组织保证体系，加强现场的质量管理和安全管理。保险公司、业主、监理、施工单位结合在一起，定期对安全、质量进行检查，发现问题及时纠正，使格力广场的管理相互保障、控制有效。

（2）对施工过程进行事前、事中、事后三阶段过程控制，全过程跟踪，确保施工过程始终受控。

（3）时间节点控制。在砌体、外墙、防水、屋面等工程中，结合现场和已有资料制定出专项操作规程，及时跟进工程的每个环节，促进各个环节的有序按时进行，确保任务的完成。

（4）全面落实“样板引路”。在格力广场工地现场建立质量样板示范区，示范区以工程实体的形式展示各分部分项及细部构造的详细做法和质量标准，施工完全按照示范样板工艺实施，保证工程质量。

（5）保证安全文明施工管理。在工地现场布置科学、场地硬化、材料定置、专线运输、标识划一等基础上，为建筑工人办理平安卡、发放“荧光衣”，规范建筑施工行为，减少安全事故。定期邀请各方面专家对管理人员、施工人员进行质量管理、施工安全、消防安全等方面的培训，提高安全文明施工的意识和技能。

（6）在施工过程中，建设方、保险公司还应用先进技术及工艺，如红外热像仪、钢筋扫描仪、电子经纬仪、电子水准仪、混凝土回弹仪、绝缘电阻测阻仪、数显游标卡尺等，对工程质量进行多角度、多方位、全程的检测、监控。

由于建设方、保险公司和其他各相关部门的共同努力，珠海格力广场小区同时被打造成为珠海市精品工程和标志性工程，成为“全国优秀示范小区创建项目”。

9.4.2 全国首单“电梯全生命周期保险”[13]

2017 年 9 月 6 日，杭州市拱墅区小河佳苑、大浒东苑、清水公寓的 5 台电梯，拥有了全国第一批“电梯养老”综合保险保单。首批保单包括大浒东苑 B 区，C 区业委会和保险公司签下的一份保单，投保费用为 9 420 元，投保期为一年。这台电梯是 9 幢 1 单元的电梯，自 2007 年投入使用，已经运转了 10 年，目前故障频出。为此，征得全体业主同意后，业委会为这台电梯投保，投保费用从住宅小区公共收入中出。该保单主要有三方面作用：①电梯使用者如果受伤，能够得到事后补偿；②维保、维修费用可以通过保险费用转化；③日常维保可以得到有效监管。

“保险公司想要降成本，肯定会要求电梯的日常维护保养要做到位，为此我们和杭钢集团等公司合作，有一支专业的专家团队，协助业委会选择高水平的维保公司，对维保质量进行监督，对电梯发生的一般维修进行定损。”保险公司负责人说，一旦投保的电梯出现故障，会由保险公司聘请的第三方公司进行确认，确认要维修的，保险公司出钱，由维保公司进行维修；如果需要更换新电梯，也可以把原先维修旧梯的预算，直接补贴到新梯购置中，这样就可以减少业主们购置新梯的成本。

以大浒东苑 9 幢 1 单元的电梯为例，由于使用多年，加上小毛病不断，业主提出想换新梯。对此，保险公司会把经第三方公司评估确认的原先维修这台电梯的预算，补贴到新梯购置中去，超过维修预算的部分，由业主承担。维保到位，电梯少出问题、使用寿命延长，业主和保险公司自然皆大欢喜。所以电梯全生命周期保险是运用保险机制进行的社会综合治理模式，也是城市住宅小区电梯使用安全风险防控的重要手段。

参考文献

[1] 韩新，丛北华.超大城市公共安全风险防控的主要挑战：以上海市为例[J].上海城市管理，2019，28(4)：4-10.

[2] 孙建平.城市安全风险防控概论[M].上海：同济大学出版社，2018.

[3] 全国一级建造师执业资格考试用书编写委员会.建设工程法规及相关知识[M].北京：中国建筑工业出版社，2018.

[4] 周延礼.保险助力建筑工程建设高质量发展[J].上海保险，2019(7)：7-9.

[5] 徐波，赵宏彦.建筑工程质量保险探析：法国等国家建筑工程质量保险考察[J].建筑经济，2004(9)：5-8.

[6] 吴定富.中国风险管理报告(2009)[M].北京：中国财政经济出版社，2009.

[7] 李慧民.建设工程保险概论[M].北京：科学出版社，2016.

[8] 龚保儿.建筑工程质量潜在缺陷保险：亮点与困难同在[J].建筑，2019，884(12)：20-25.

[9] 李颖.住宅建筑工程质量潜在缺陷保险体系建设研究[J].环球市场信息导报，2016(22)：71-72.

[10] 龚新，丁欣.发展我国建筑工程质量保险的几点思考[J].中国房地产业，2011(2)：103.

[11] 电梯“养老”综合保险模式[J].中国电梯，2019，30(2)：编者的话.

[12] 长安责任保险公司承保首批“建筑工程质量责任保险”[N].浙中新报，2011-02-17.

[13] 华炜，鲍亚飞，章然，等.杭州 5 台 10 岁老电梯拿到全国首单“养老保险”[N].钱江晚报，2017-09-06.

附录 A　住宅建筑加固修缮的方法

加固修缮是为了保证建筑在使用过程中正常发挥使用功能、延长建筑使用寿命而进行的维修与养护工作，指通过技术性手段对建筑物结构部位进行必要的修复和加强，是“排危”的重要措施，能够有效缓解或消除安全隐患，是目前城镇住宅排危中最为常见的形式。该措施特点是原有住宅的内部户型布局与结构形式基本不变(依据结构补强的需求可能会增加若干结构构件)，投入成本因具体案例不同存在差异，但由于房龄增大及周边环境日益恶化等客观因素，存在再次改造的可能。

A.1　加固方法

由于旧建筑大部分未考虑抗震设防，或虽设防但不能满足现行抗震规范要求，故应首先根据有关规范对需要加固的旧建筑进行鉴定与评估，然后根据抗震的要求进行加固。

加固时应尽量减少对原建筑装修的破坏，尽量不减少原建筑使用面积，对内部空间进行合理保护，尽量减少内部湿作业，缩短工期。有时单靠一种加固方法往往不能满足整个建筑加固的需求，必须依据工程实际情况和鉴定报告给出的不同特性、不同环境条件进行综合分析，得出最佳的加固方案。

1. 外加圈梁、构造柱，内设钢拉杆(角钢支托或扁钢拉杆)

外墙增设钢筋混凝土圈梁、构造柱，内墙设置钢拉杆，俗称“捆绑式”抗震加固法。这是一种对结构的整体式加固方法。多次地震已证明该加固法能显著提高砌体结构建筑的整体性与结构延性，圈梁、构造柱及钢拉杆限制了砖墙的开裂及其裂缝发展，砖墙开裂后，其塑性变形和滑移、摩擦消耗能量，从而防止了砖墙的坍塌，提高了建筑的抗震性能。该加固方法具有施工方便、快速、经济等特点，基本不影响管线的走向和建筑装修，因而受到用户的欢迎。但该方法也存在一些缺欠和不足，如钢筋拉杆外露易锈蚀、松动，影响美观，且不能提供足够的预加应力，地震中会产生应力滞后的现象，不能充分发挥其作用。

2. 板墙加固

板墙加固包括内板墙加固和外板墙加固，流程如图 A-1 所示。沿建筑外墙四周植入钢筋，形成钢筋网后喷射 70 毫米厚混凝土(图 A-2)，门窗洞口及阳台处板墙断开，建筑无圈梁、构造柱的要增设圈梁(含钢拉杆)、构造柱。加固后可提高房屋整体性和抗震能力，对居民生活影响较小。

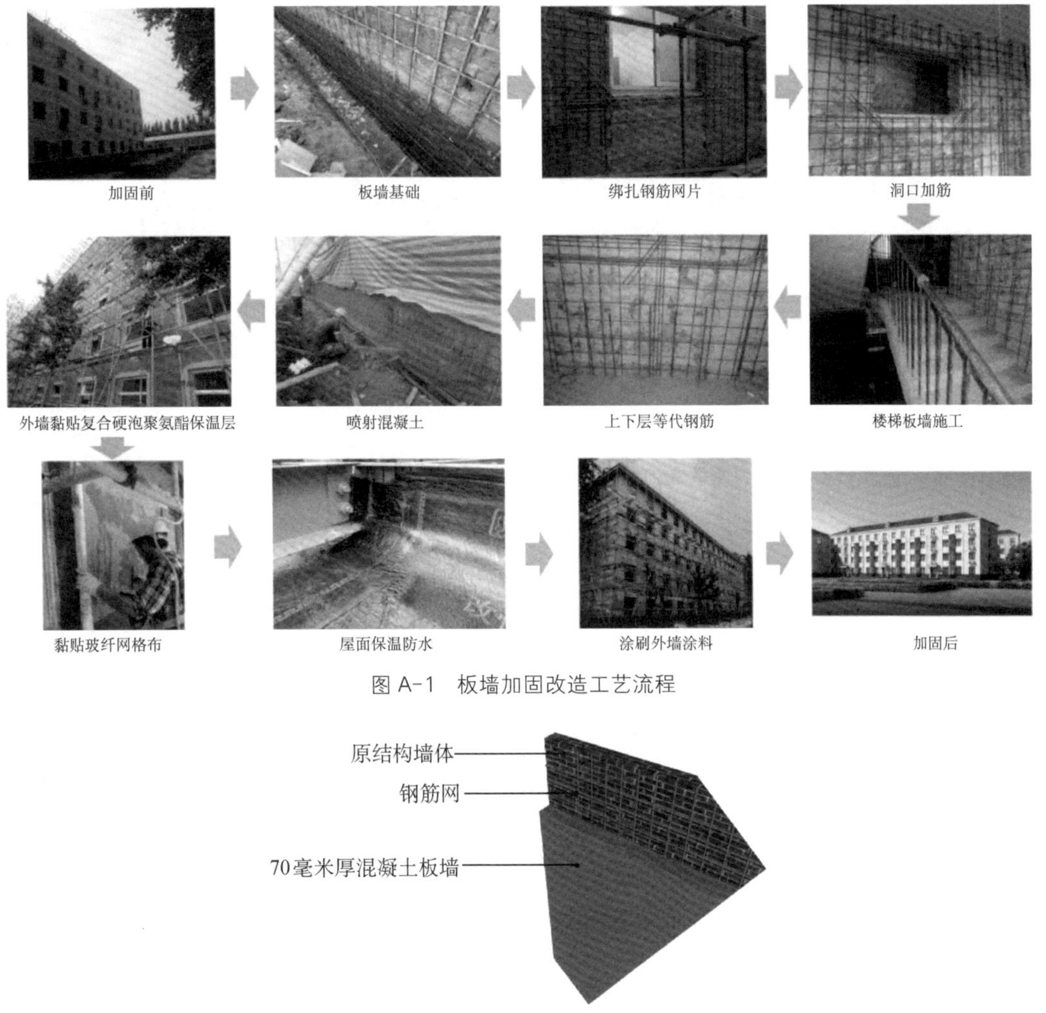

图 A-1　板墙加固改造工艺流程

图 A-2　板墙加固示意

3. 双面混凝土板墙加固

双面混凝土板墙加固是围绕建筑的外墙外侧做钢筋混凝土板墙加固，部分住户内部横墙、纵墙需做钢筋混凝土板墙加固。这种方法会占用室内使用面积，住户同意率低，施工时居民需要进行迁移。

4. 外套式加固

外套式加固较适宜老旧住宅小区建筑的抗震加固改造。其基本做法为围绕建筑的外墙外侧粘贴钢筋混凝土板墙，建筑外侧横墙方向增设钢筋混凝土剪力墙，在建筑外侧楼层标高处增设钢筋混凝土楼板，形成外套结构。原有外纵横墙外表面的阳台、挑板等均拆除重做。

改造后原建筑外轮廓整体变大外扩，对周边道路、绿化、管线等均有影响(图 A-3 和图 A-4)。外套式加固施工时，居民需要寻找住处，进行迁移。外套式加固方法具有以下优点：可以显著提高结构的抗震性能;每户增加面积 10 平方米左右;施工工艺成熟,监管机制成熟。

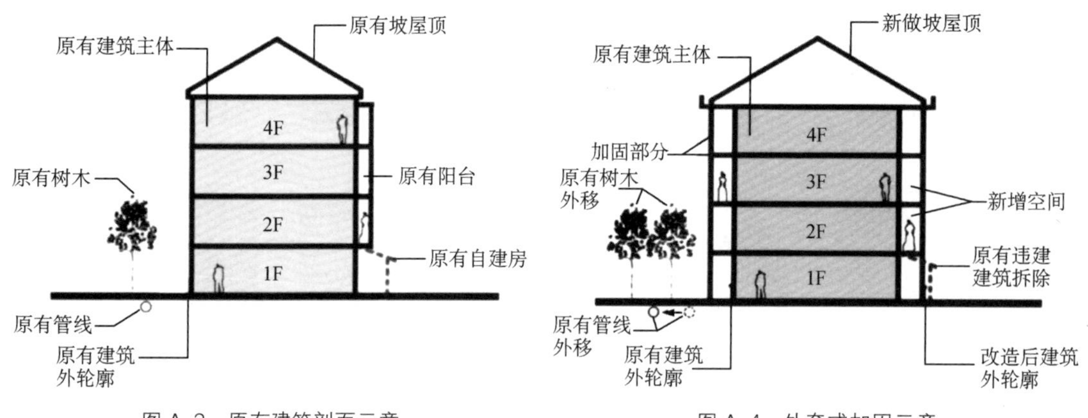

图 A-3　原有建筑剖面示意

图 A-4　外套式加固示意

5. 基础隔震

基础隔震是在上部结构及基础之间设置柔性隔震层。在水平荷载(如地震荷载)作用时,若小震,隔震层有足够的刚度,几乎不产生变形及位移;若强震,隔震层发生足够的水平位移,导致上部结构平动,吸收大量的地震能量,传给上部结构的地震能量就减少了很多,从而降低了地震影响。由于隔震层把基础与上部结构分开,阻隔了地震力的传递,同时柔性隔震层延长了结构的周期,避免与场地的卓越周期接近而发生共振。由于隔震垫有一定的阻尼作用,使结构的振动加速度反应值大大减少,上部结构震动加速度衰减为无隔震结构的 1/12～1/4。同时,上部结构自身的水平刚度远大于隔震层的刚度,所以上部结构层间位移很小,从传统结构的放大晃动型变为隔震结构的整体平动型,这样就确保了结构、设备及生命财产在地震中的安全和建筑的正常使用。

基础隔震具有明显的社会效益和经济效益。由于采用了隔震层的加固方法,上部结构通常不用再进行抗震加固,或只对局部构件进行抗震加固,同时避免了传统抗震加固方法对水、暖、电及围护结构的破坏导致施工后恢复难度大、施工周期长、费用高的缺点。

6. 碳纤维法

碳纤维法是一种常见的建筑加固方法,如今在处理建筑的多种质量问题时,都会优先考虑使用碳纤维法。碳纤维材料主要分为两种类型:一种为碳纤维布,另一种为碳纤维板。碳纤维材料本身强度高、重量轻,加固施工后基本不改变原结构的外形尺寸,同时基本不增加原结构自重。工艺流程简单,施工工期短,效率高。碳纤维法的适用面较广,混凝土构件、钢结构、木结构均可进行加固。该方法可大幅度提高构件的承载能力、抗震性能和耐久性能。即便是在较为恶劣的环境下,采用碳纤维材料也是可以正常施工作业的。

7. 植筋法

在提升建筑的承重能力以及抗震等级时,可以采用增大截面的方法,优先采用植筋法。采用植筋加固时，要把控植筋胶质量、钢筋质量、施工质量，才能确保较好的黏结和固化效果。和碳纤维法相比，植筋法的操作难度较大，而且在施工时需要掌握的施工技术要点也较多，比如注胶量的把控、植筋的原则等，这些细节都是不能被忽视的。

8. 粘钢法

粘钢法的操作便利等级较高，当发现建筑物的抗震能力不过关时，现在也多会使用粘钢法对其进行抗震加固施工。现在市场中销售的钢板等材料价格相对较低，所以在使用粘钢法作业施工时，所需的材料成本也相对较少。由于单位时间内施工师傅们能够完成的粘钢加固工程较少，所以使用此法来提升建筑物的抗震能力，在施工期间所产生的人工成本相对碳纤维法偏高。

9. 混凝土法

混凝土法既是一种较为简单的加固方法，也是一种经济性较高的加固方法。不过，混凝土法也有一个劣势，就是所取得的施工效果不如碳纤维法、植筋法、粘钢法三种抗震加固方法明显，要想通过混凝土法显著提升建筑物的抗震能力，就需要使用高强度的复合型混凝土材料，方能更好地完成建筑物的抗震加固。

A.2 针对不同部位使用不同的加固方法

1. 地基基础加固

(1) 基础注浆加固:适用于由于受力不均匀沉降、冻胀等原因引起的基础裂损。

(2) 加大基础底面积:适用于既有地基承载力不满足使用要求的情况。

(3) 锚杆静压桩:适用于黏性土、淤泥质土、人工填土等地基的纠倾加固。

2. 梁加固

(1) 增大截面和粘贴型钢加固:适用于梁正截面承载力不足的情况。

(2) 碳纤维布加固:适用于梁斜截面受剪承载力不足的情况。

3. 柱加固

(1) 增大横截面:适用于抽压比或配筋超限的情况。

(2) 外包型钢:适用于混凝土柱纵向配筋不足的情况。

(3) 粘贴碳纤维布环向封闭箍加固:适用于混凝土柱水平向配筋(箍筋)不足或为提高柱延性的情况。

4. 墙体加固

(1) 砂浆面层加固:适用于与其承重能力相当的抗震加固与静力加固。

(2) 钢筋网砂浆面层加固:适用于静力加固与中高强度的抗震加固。

(3) 钢筋混凝土板墙加固:适用于增幅较大的静力加固和抗震加固。

5. 楼板加固

按目前的混凝土强度寿命推算，正常受力状况下且使用上不超过正常的设计荷载的钢筋混凝土楼板，一般设计寿命为50～70年。因此，一般以下3种情况下才需对其进行加固：①楼板上局部增加荷载，例如增设大型设备等；②楼板混凝土强度不合格；③楼板开洞，通常采用粘贴碳纤维布加固和粘钢加固这两种加固方法。

6. 屋面加固

20世纪70年代末至80年代初，砌体结构的屋面板流行使用加气混凝土板，但由于抗震性能较差，承载力过低，这种加气混凝土板屋面早已被淘汰。在加固加气混凝土板屋面时常遇到以下问题：①加气混凝土板与其上建筑做法已形成了较强的黏结力，一旦将板上的建筑做法铲除，将使加气混凝土板板面撕裂，降低加气混凝土板的强度，使原加气混凝土板在加固前受到二次破坏；②由于原屋面已做多次防水，一般已超过加气混凝土板的允许荷载(加气混凝土板的允许荷载一般为100～150千克/平方米)，为达到现规范中要求的屋顶保温系数，需新做屋面保温、防水及找平层，新增荷载在100千克/平方米左右，再加上原屋面荷载，显然已超过设计荷载。

为保证加固的加气混凝土板能够正常使用，具体做法如下：在每开间屋面板的上面架设一道钢梁(型号HM250)，在钢梁的下翼缘腹板的每侧各下设一根钢吊杆，钢吊杆穿透加气混凝土板，在加气混凝土板板底沿加气混凝土板搭接的垂直方向设置贯通钢板板带，钢板板带每隔600毫米打孔，下设的钢吊杆穿过钢板孔并与钢板焊接。此方法工艺简单，入户施工时间短，施工时住户不用搬离，对居民的生活影响较小。在北京市门头沟区、丰台区的若干住宅小区得到实践，加固后的屋面结构安全性能得到了较大提高。

7. 门窗洞口加固

为减少混凝土湿作业，针对门窗洞口，通常采用型钢对墙、柱、洞口、纵横墙交接处和结构四周转角进行包角、镶边加固。其作用与增加圈梁、构造柱相似，可提高结构的承载力及抗变形能力。

此外，还有针对性的房屋纠偏平移、构件加固法(阻尼器、防屈体支撑)等。

附录 B　外墙外保温脱落风险分析

经研究，引起外墙外保温脱落的因素很多，可归纳为系统性风险、材料风险、工程质量风险及环境因素等，应针对不同的因素采用不同的解决方案。

B.1　系统性风险

建筑外墙外保温工程是一个系统工程，设计在满足相关规范的同时，应首要考虑所选用的保温系统技术体系是否成熟可靠、适用于该项目。

部分外墙外保温系统在设计中，未按相关规范设置伸缩缝，导致墙面开裂、空鼓，增加了脱落的风险。部分设计未考虑采用锚栓加固或设计锚栓数量不足，特别是在风压较大的地区，仅靠砂浆黏结保温层是远远不够的。外饰面选取时应与保温系统相匹配，宜设计为轻质稳定的涂装系统。个别建筑采用砖饰面外墙外保温系统，仅考虑建筑外表美观而忽略了相关法律法规对建筑采用砖饰面外墙外保温系统时的高度限制，以及饰面砖的重量等参数对黏结层受力的影响，饰面砖一旦脱落将产生较大的冲击力，造成的后果不堪设想。部分雨水较大地区的建筑，在保温层设计中未考虑选取吸水性低的保温层，保温层一旦吸水后重量大幅增加，加大黏结层的受力，导致保温板脱落。

因此，外墙外保温系统的设计不仅要符合国家相关规范要求，同时更要因地制宜，充分考虑技术体系是否适合该项目，避免在外墙外保温系统选用初期出现系统性风险。

B.2　材料风险

设计是基础环节，材料是关键环节，材料的质量与选用是影响外保温脱落的关键因素。

1. 胶黏剂因素

在建筑外墙外保温脱落问题中，因为胶黏剂因素引起的保温脱落问题最为常见。墙体外保温系统保温材料多为高分子泡沫板，为保证保温材料与基层墙体的粘贴，采用的是一种添加了聚合物乳液或可分散胶粉的聚合物砂浆。胶黏剂中的聚合物含量会影响胶黏剂的黏结性、耐水性等，但是成本较高，国内市场某些企业会降低聚合物的用量，以牺牲质量来换取低成本，这样直接导致胶黏剂性能达不到标准规定的要求。

2. 材料因素

(1) 保温板板面黏结性太差。保温板(比如 XPS 板、PU 等)因成形工艺或者材料特点，板面光洁度较高，与胶黏剂或抹面胶浆黏结性太差。

(2) 保温板自身强度太低。保温板的强度太低会导致保温系统从保温层发生破坏从而脱落,故国家标准或行业标准对保温材料拉伸黏结强度都作出了要求,采用了自身强度较低的保温材料(如岩棉)的应采取一定的加固措施。另外,像保温砂浆、发泡水泥板等材料吸水后自身强度会大幅下降,在外墙外保温系统中使用时也应加以注意。

(3) 保温材料质量不合格。以 EPS 板为例,行业标准中明确规定每立方米的容重不应低于 18 千克,拉伸黏结强度不应低于 0.1 兆帕。事实上,许多工程在施工时偷工减料,选用低容重的 EPS 板,导致保温板抗拉强度过低,满足不了保温系统自重和抗负风压的要求,保温板中间破损脱落。另外,部分保温板不具备应有的耐水性,在水的作用下呈松散颗粒状,失去了主导固定的黏结力而脱开,致使保温板外荷载较重的面层处于没有根基的悬空状态,造成外墙面空鼓脱落。

B.3 工程质量风险

外墙外保温工程中,施工是保障环节,施工质量是影响外保温脱落的重要因素。

1. 施工环境

因寒冷气候下施工造成的伤害短期内往往不易被发现,但是后期会出现涂层开裂、破碎或分离,所以相关规范要求外墙外保温系统在施工时,环境温度不应低于 5 ℃,风力不应大于 5 级。因部分保温板在表面裸露的情况下受阳光直射或风化作用极易损坏,施工面应避免阳光直射。突然降雨可将未经养护的新抹涂料直接从墙上冲掉,因此施工中突遇降雨,应采取有效措施,防止雨水冲刷施工面。部分施工单位为加快施工进度,施工时未考虑甚至忽略环境条件对施工的限制,导致保温系统质量可靠度不高。

2. 基层墙体处理和黏结面积

基层墙体强度太低或者其表面浮灰、油污等影响胶黏剂粘贴,导致保温材料与基层墙体黏结不牢,基层墙体表面出现脱落现象。墙体表面平整度偏差较大时,易导致保温板空鼓或脱落。

在施工时胶黏剂涂布量不够,或者采用了不正确的涂布方式,会导致保温板与基层墙体之间的有效黏结面积达不到规定的 40%以上要求。而胶黏剂粘贴保温板是保温系统固定的主要方式,保温板黏结面积直接影响保温系统的黏结牢固度。

3. 施工工艺

施工工艺的选择对保温系统质量起着关键性作用。保温板黏结面在施工时若采用点框法,排板应按水平顺序进行,上下错缝粘贴,阴阳角处做错茬处理。聚苯板的拼缝不得留在窗口的四角处,洞口四角处保温板采用整块板套割成型,不得拼接。外墙外保温系统构造做法是针对竖直墙面和不受雨淋的水平或倾斜表面的,对于水平或倾斜的出挑部位,表面应增设防水层。在施工时,部分施工人员施工操作不规范,未严格按照相关要求施工,导致保温层的密封性和防水性降低,增大了保温层的脱落风险。在墙体保温系统面层施工时,工人不规范施工,在保温板上直接干铺网格布,后批抹抹面胶浆,导致抹面胶浆与保温板板面不完全粘贴,极易出现面层整体脱落的现象。

4. 锚栓要求

锚栓在降低保温脱落风险中起着重要作用，适当增加锚栓数量可有效辅助胶黏剂增加保温层的牢固性。锚固件宜均匀分布，靠近墙面阳角的部位可适当增多。部分施工单位，特别是沿海负风压较大的区域以及采用了岩棉、XPS、酚醛板等保温材料的项目，在施工时偷工减料，锚栓数量设置不够，单靠黏结砂浆黏结，导致保温板存在脱落的隐患。

锚固件钻孔深入基层墙体深度应符合设计和相关标准的要求，且锚栓有效锚固深度不应小于 25 毫米。锚栓锚固深度不够或锚固方式不正确会导致锚栓与基层墙体锚固力不够，从而出现保温系统脱落的现象。例如在设计和施工时，未考虑基层墙体类型，比如加气混凝土或空心砌块墙体等特殊墙体，选用普通膨胀锚栓或锚栓入墙深度不够，导致锚栓与基层墙体锚固力不够，保温系统脱落。

B.4　环境因素

1. 热应力对外保温系统的影响

外保温系统的保温层外侧年温度变化非常剧烈。外保温墙体的抹面层及其装饰层一年四季、白天黑夜温度变化较其他保温形式都要大，其中外保温外饰面年温度变化达 60～70 ℃。保温材料在外界环境变化引起的热应力反复作用下会发生形变，面层的开裂、脱落现象十分严重。

2. 风压对外保温系统的影响

通过风压对外保温系统影响的分析发现，产生风压破坏的位置通常为负风压易发生区和连通空腔构造。负风压力对外保温系统产生由空腔向外保温系统的推力，当负风压大于黏结砂浆与基层、黏结砂浆与保温板的黏结力时，外保温系统会脱落。通常见到的外保温系统被风吹掉的工程案例是负风压力作用的结果。

3. 水渗透对外保温系统的影响

在严寒和寒冷地区，广泛采用新型建筑材料和建筑构件来提高围护结构的保温性能，改善围护结构的气密性，减少传热损失及冷空气渗透的热损失，以满足建筑节能标准的要求，达到建筑节能的效果。但是，围护结构气密性提高，其传湿就可能受阻，室内产生的大量生活水蒸气就很难从室内经围护结构排至室外，当围护结构中的保温材料吸收、集聚过多水分，在冬季会引发其内部冷凝和内表面结露、发霉、长菌，甚至造成结构冻胀、破坏，使建筑物的使用寿命降低。

名词索引